卓越工程师教育培养计划配套教材

机械工程系列

先进制造技术
（第2版）

主编 周俊

清华大学出版社
北京

内 容 简 介

本书系统地介绍了各种先进制造技术的理念、基本内容、关键技术和最新成果,旨在使读者了解国内外先进制造的前沿技术,拓宽知识面,掌握先进制造技术的理念和方法,培养科学思维、科学创新和工程实践的能力。本书是在综合国内外最新研究成果、相关参考文献和发展趋势的基础上,结合作者多年的教学和科研实践编写而成的。本书共分6章:第1章为先进制造技术概论,第2章为现代设计方法学,第3章为先进制造工艺,第4章为先进制造系统,第5章为先进生产管理技术,第6章为先进制造战略、理念与模式。各章后附有思考题与习题。

本书可作为机械工程专业、工业工程专业的本科生教材,也可作为高等职业学校、高等专科学校、成人院校的机电一体化、数控技术及应用、机械制造及自动化等专业的教材,还可作为工程技术人员和管理人员的参考资料或培训教材。

版权所有,侵权必究。举报: 010-62782989,beiqinquan@tup.tsinghua.edu.cn。

图书在版编目(CIP)数据

先进制造技术/周俊主编.—2版.—北京:清华大学出版社,2021.8(2025.1重印)
卓越工程师教育培养计划配套教材. 机械工程系列
ISBN 978-7-302-58892-4

Ⅰ.①先… Ⅱ.①周… Ⅲ.①机械制造工艺—教材 Ⅳ.①TH16

中国版本图书馆CIP数据核字(2021)第159564号

责任编辑:冯 昕
封面设计:常雪影
责任校对:王淑云
责任印制:沈 露

出版发行:清华大学出版社
　　网　　址:https://www.tup.com.cn,https://www.wqxuetang.com
　　地　　址:北京清华大学学研大厦A座　　邮　　编:100084
　　社 总 机:010-83470000　　邮　　购:010-62786544
　　投稿与读者服务:010-62776969,c-service@tup.tsinghua.edu.cn
　　质量反馈:010-62772015,zhiliang@tup.tsinghua.edu.cn
印 装 者:三河市龙大印装有限公司
经　　销:全国新华书店
开　　本:185mm×260mm　　印　　张:12.5　　字　　数:301千字
版　　次:2014年4月第1版　 2021年8月第2版　　印　　次:2025年1月第3次印刷
定　　价:38.00元

产品编号:086367-01

卓越工程师教育培养计划配套教材

总编委会名单

主　任：丁晓东　汪　泓
副主任：陈力华　鲁嘉华
委　员：（按姓氏笔画为序）
　　　　丁兴国　王岩松　王裕明　叶永青　刘晓民
　　　　匡江红　余　粟　吴训成　张子厚　张莉萍
　　　　李　毅　陆肖元　陈因达　徐宝纲　徐新成
　　　　徐滕岗　程武山　谢东来　魏　建

前言

先进制造技术（advanced manufacturing technology，AMT）是传统的制造技术与现代高新技术结合而产生的一个完整的技术群。它是以传统的机械制造技术为基础，又伴随着新科技、新理念的不断出现更新、发展和完善的科学技术。飞速发展的信息技术、网络技术、数字化制造技术、3D打印技术等为21世纪的先进制造技术发展提供了可靠的保证。党的二十大报告提出，必须坚持科技是第一生产力、人才是第一资源、创新是第一动力，深入实施科教兴国战略、人才强国战略、创新驱动发展战略，开辟发展新领域新赛道，不断塑造发展新动能新优势。先进制造技术将为我国制造业的发展带来新的机遇，是我国制造业转型升级的重要途径，将成为我国参与国际竞争的先导力量。

本书阐述了先进制造技术相关的概念、理论、工艺、方法以及生产管理等知识，介绍了先进制造系统的构成和体系结构。通过本书的学习学生可以掌握先进制造技术所涉及的新概念、新理论和新方法。在编写的过程中，参考了国内众多高校相关教材，力求将先进制造技术的最新研究成果展现给读者。

本书第1章主要介绍了制造业的发展和先进制造技术产生的背景、发展历程、内涵和特点、体系结构和关键技术及发展趋势等。第2章介绍现代设计方法学，主要包括优化设计、系统设计、功能设计、模块设计、反求工程、并行设计及可靠性设计。第3章介绍先进制造工艺的内涵、特点及发展趋势，先进制造工艺技术主要介绍超精密加工、高速加工、纳米制造以及快速原型制造技术。第4章介绍先进制造系统，主要包括工业机器人技术，柔性制造技术系统的概念、组成、结构和应用，计算机集成制造系统的组成、结构和应用，虚拟制造系统的定义、体系结构和关键技术，网络化制造系统的背景、内涵和技术体系，智能制造系统的定义、关键技术和体系构架等。第5章介绍先进生产管理技术，主要包括现代生产管理信息技术、产品数据管理以及产品全生命周期管理的基本概念、体系结构、主要功能、系统集成及发展趋势等。第6章介绍先进制造模式，着重介绍精益生产、敏捷制造、服务型制造、绿色制造、生物制造以及云制造的基本概念、内涵特点、关键技术及发展应用等。

本书以基本概念、原理、方法为基础，以基础技术、关键技术和应用技术为主干，内容选择富有实用性、综合性、先进性，并体现其最新发展趋势。各章都附有思考题与习题。

本书可作为机械工程专业、工业工程专业的本科生教材，也可作为高等职业学校、高等专科学校、成人院校的机电一体化、数控技术及应用、机械制造及自动化等专业的教材，还可作为工程技术人员和管理人员的参考资料或培训教材。

  本书感谢上海航天精密机械研究所数控加工专业副主任研究员郭国强博士的大力支持,特别是在高速高效切削加工方面提供的案例分享;感谢上海电器集团自动化工程有限公司徐文龙总监提供的智能产线生产案例;感谢上海云铸三维科技有限公司等众多企业提供的生产实践视频案例分享,为产教融合人才培养做出的贡献。

  在本书成稿之际,感谢清华大学出版社的支持,同时也感谢本书参考文献的作者们。

  先进制造技术是一门不断发展中的综合性交叉学科,涉及的学科多、知识面广,由于编者水平和经验有限,疏漏在所难免,恳请专家、学者和广大师生提出宝贵意见,我们会在适当时机进行修订和补充。

编 者

2020 年末

第1版前言

  21世纪的制造技术是不断创新的制造技术、快速反应的制造技术。其中计算机技术、网络技术、信息技术、纳米制造技术等为21世纪制造技术的发展提供了可靠的保证。先进制造技术已成为各国经济发展和满足人民日益增长需要的主要技术支撑,成为加速高新技术发展和实现国防现代化的主要技术支撑,成为企业在激烈的市场竞争中能立于不败之地并求得迅速发展的关键因素。先进制造技术是一门动态的,以传统的机械制造技术为基础的学科,其伴随着新科技、新理念的不断出现而更新、发展和完善。

  本书通过介绍现代制造系统的构成和体系结构,阐述了先进制造技术相关的概念、理论、工艺、方法以及生产管理等知识。通过本课程的学习学生可以掌握先进制造系统所涉及的新概念、新技术和新方法。在编写的过程中,本书参考了国内外众多相关文献,力求将先进制造技术的最新研究成果展现给读者。

  本书第1章主要介绍制造业的发展和先进制造技术产生的背景、发展历程、内涵和特点、体系结构和分类及发展趋势等。第2章介绍现代设计技术,主要包括优化设计、系统设计、功能设计、模块设计、反求工程、模糊设计、并行设计及可靠性设计。第3章介绍先进制造工艺的内涵、特点及发展趋势,主要介绍超精密加工、高速加工、纳米制造以及快速原型制造技术。第4章介绍制造自动化技术的有关知识,主要包括工业机器人技术,柔性制造技术系统的概念、组成、结构和应用,计算机集成制造系统的组成和信息集成,虚拟制造系统的概念、组成和结构特点,网络化制造系统等。第5章介绍先进生产管理技术,主要包括现代生产管理信息技术、产品数据管理以及产品全生命周期管理的基本概念、体系结构、主要功能、系统集成及发展趋势等内容。第6章介绍先进制造模式,着重介绍精益生产、敏捷制造、高效快速重组生产系统、智能制造、绿色制造、生物制造以及云制造的基本概念、内涵特点、关键技术及发展应用等。各章都附有思考与习题。

  本书以基本概念、原理、方法为基础,以基础技术、关键技术和应用技术为主干,内容选择上力求富有实用性、综合性、先进性。

  本书可作为机械工程、工业工程等专业的本科生教材,也可作为高等职业学校、高等专科学校、成人院校机电专业的教材,还可作为工程技术人员和管理人员的参考资料或培训教材。

  本书写作过程中参考了很多相关文献,在此对相关作者表示感谢。

  先进制造技术是一门不断发展中的综合性交叉学科,涉及的学科多、知识面广,由于编者水平和经验有限,疏漏在所难免,恳请读者批评指正。

编 者
2013年末

CONTENTS 目录

第1章 先进制造技术概论 ·· 1

1.1 制造技术的发展概况 ·· 1
   1.1.1 制造、制造系统和制造业 ······························· 1
   1.1.2 制造业在国民经济中的地位 ··························· 3
   1.1.3 现代制造技术的发展 ···································· 4
1.2 先进制造技术的内涵及体系结构 ······························ 5
   1.2.1 先进制造技术提出的背景 ······························ 5
   1.2.2 先进制造技术的内涵和特点 ··························· 6
   1.2.3 先进制造技术的体系结构及关键技术 ············· 7
1.3 先进制造技术的发展 ·· 10
   1.3.1 先进制造技术的发展趋势 ······························ 10
   1.3.2 我国先进制造技术的发展战略 ······················ 12
本章小结 ··· 16
思考题及习题 ··· 16

第2章 现代设计方法学 ·· 17

2.1 现代设计技术概述 ··· 17
   2.1.1 现代设计技术的内涵和特点 ·························· 17
   2.1.2 现代设计技术的体系结构 ······························ 19
2.2 现代设计技术 ·· 20
   2.2.1 优化设计 ·· 20
   2.2.2 系统设计 ·· 26
   2.2.3 功能设计 ·· 30
   2.2.4 模块设计 ·· 34
   2.2.5 反求工程 ·· 40
   2.2.6 并行设计 ·· 46
   2.2.7 可靠性设计 ··· 52

| 本章小结 | 62 |
| 思考题及习题 | 62 |

第 3 章 先进制造工艺 … 63

3.1 先进制造工艺概述 … 63
- 3.1.1 机械制造工艺的定义和内涵 … 63
- 3.1.2 先进制造工艺的特点 … 63
- 3.1.3 先进制造工艺的发展趋势 … 64

3.2 超精密加工 … 66
- 3.2.1 超精密加工概述 … 66
- 3.2.2 金刚石刀具的超精密切削加工 … 68
- 3.2.3 超精密磨削加工 … 70
- 3.2.4 超精密加工的研究方向 … 70

3.3 高速加工技术 … 72
- 3.3.1 高速加工的概念与特征 … 72
- 3.3.2 高速加工技术的发展与应用 … 73
- 3.3.3 高速切削的关键技术 … 73

3.4 纳米制造技术 … 77
- 3.4.1 纳米材料的定义及分类 … 77
- 3.4.2 纳米技术及其重要性 … 78
- 3.4.3 典型纳米制造技术 … 79
- 3.4.4 纳米制造的发展方向 … 80

3.5 增材制造技术 … 82
- 3.5.1 增材制造技术的原理与特点 … 82
- 3.5.2 增材制造主要工艺方法 … 83
- 3.5.3 增材制造技术的应用及发展趋势 … 87

本章小结 … 90
思考题及习题 … 90

第 4 章 先进制造系统 … 91

4.1 制造自动化技术概述 … 91
- 4.1.1 制造业自动化的内涵 … 91
- 4.1.2 制造业自动化的发展趋势 … 92

4.2 工业机器人技术 … 93
- 4.2.1 机器人工业的现状 … 93
- 4.2.2 工业机器人的定义 … 94
- 4.2.3 工业机器人的组成与分类 … 95
- 4.2.4 工业机器人的主要性能 … 97
- 4.2.5 工业机器人编程技术 … 98

         4.2.6　工业机器人的发展趋势 ·· 100
   4.3　柔性制造系统 ·· 101
         4.3.1　柔性制造系统的基本概念 ·· 101
         4.3.2　柔性制造系统的组成和结构 ·· 102
         4.3.3　柔性制造系统的应用 ·· 104
         4.3.4　柔性制造系统的发展趋势 ·· 106
   4.4　计算机集成制造系统 ·· 107
         4.4.1　计算机集成制造系统的组成与关键技术 ······················ 107
         4.4.2　计算机集成制造系统的递阶控制结构 ·························· 109
         4.4.3　计算机集成制造系统的体系结构 ·································· 110
         4.4.4　计算机集成制造系统的发展 ·· 112
   4.5　虚拟制造系统 ·· 114
         4.5.1　虚拟制造的定义及特点 ·· 114
         4.5.2　虚拟制造的分类 ·· 115
         4.5.3　虚拟制造的体系结构 ·· 117
         4.5.4　基于 Internet 的虚拟制造系统 ·· 119
         4.5.5　虚拟制造的关键技术 ·· 120
   4.6　网络化制造系统 ·· 122
         4.6.1　网络化制造的背景及定义 ·· 122
         4.6.2　网络化制造系统的内涵与特征 ······································ 123
         4.6.3　网络化制造的技术体系 ·· 124
         4.6.4　网络化制造的关键技术 ·· 125
   4.7　智能制造系统 ·· 127
         4.7.1　智能制造系统的定义及特征 ·· 127
         4.7.2　智能制造的关键技术 ·· 128
         4.7.3　智能制造系统的体系构架 ·· 130
   本章小结 ·· 132
   思考题及习题 ·· 132

第 5 章　先进生产管理技术 ··· 133

   5.1　现代生产管理信息技术 ·· 133
         5.1.1　物料需求计划 ·· 133
         5.1.2　闭环 MRP ··· 136
         5.1.3　制造资源计划 ·· 137
         5.1.4　企业资源计划 ·· 139
   5.2　产品数据管理 ·· 141
         5.2.1　产品数据管理概述 ·· 141
         5.2.2　产品数据管理的体系结构与功能 ·································· 142
         5.2.3　产品数据管理在企业中应用 ·· 147

5.3 产品全生命周期管理 ·· 148
    5.3.1 产品全生命周期管理的定义 ·· 148
    5.3.2 产品全生命周期管理的体系结构和功能 ······································ 150
    5.3.3 产品全生命周期管理的发展趋势 ·· 153
  本章小结 ·· 154
  思考题及习题 ·· 154

第 6 章　先进制造战略、理念与模式 ·· 155
  6.1 制造领域竞争战略与发展 ·· 155
    6.1.1 制造领域竞争战略的演变 ··· 155
    6.1.2 制造理念和模式的发展 ··· 156
  6.2 先进制造模式 ·· 157
    6.2.1 精益生产 ·· 157
    6.2.2 敏捷制造 ·· 161
    6.2.3 绿色制造 ·· 165
    6.2.4 服务型制造 ·· 170
    6.2.5 生物制造 ·· 176
    6.2.6 云制造 ··· 179
  本章小结 ·· 184
  思考题及习题 ·· 184

参考文献 ·· 185

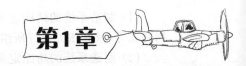

第1章

先进制造技术概论

现代制造业是国民经济的主体,是国家科技水平和综合实力的重要标志。先进制造技术是现代制造业的技术基础,要实现我国从制造大国走向制造强国的目标,必须真正掌握先进制造技术这个"国之利器"。先进制造技术是最终完成由"中国制造"到"中国创造"转变的技术基础,也是我国发展转型的重要技术支撑。党的二十大报告中指出:"加快实施创新驱动发展战略。""以国家战略需求为导向,集聚力量进行原创性引领性科技攻关,坚决打赢关键核心技术攻坚战。"先进制造技术是制造业及战略性新兴产业的基础技术,对发展经济和国家安全至关重要。也是我国制造业转型升级的重要途径。

本章主要介绍制造、制造系统和制造业的概念,先进制造技术的内涵、体系结构以及我国先进制造技术的发展趋势。

1.1 制造技术的发展概况

1.1.1 制造、制造系统和制造业

1. 制造

制造是人类所有经济活动的基石,是人类历史发展和文明进步的动力。所谓制造即为人类按照市场需求,运用主观掌握的知识和技能,借助于手工或可以利用的客观物质工具,采用有效的工艺方法和必要的能源,将原材料转化为最终物质产品并投放市场的全过程。制造的概念有广义和狭义之分:狭义的制造,系指生产车间内与物流有关的加工和装配过程;而广义的制造,则包含市场分析、产品设计、工艺设计、生产准备、加工装配、质量保证、生产过程管理、市场营销、售前售后服务,以及报废后的回收处理等整个产品生命周期内的一系列相互联系的生产活动。

2. 制造系统

制造系统是指由制造过程及其所涉及的硬件、软件和人员组成的一个具有特定功能的有机整体。这里的制造过程,即为产品的经营规划、开发研制、加工制造和控制管理的过程;所谓硬件包括生产设备、工具和材料、能源以及各种辅助装置;软件包括制造理论、制造工艺和方法及各种制造信息等。另外,根据所研究问题的侧重点的不同,借鉴日本京都大学人见胜人教授的观点,制造系统还可以有以下三种特定的定义。

(1) 制造系统的结构定义。制造系统是制造过程所涉及的硬件(包括组织人员、设备、物料流等)及其相关软件所组成的一个统一整体。

(2) 制造系统的功能定义。制造系统是一个将制造资源(原材料、能源等)转变为产品或半成品的输入、输出系统。

(3) 制造系统的过程定义。制造系统可看成产品的生命周期全过程,包括市场分析、产品设计、工艺规划、制造实施、检验出厂、产品销售、回收处理等各个环节的制造全过程。

由上述制造系统的定义可知,制造系统实际上就是一个工厂企业所包含的生产资源和组织机构。而通常意义所指的制造系统仅是一种加工系统,仅是上述定义系统的一个组成部分,例如:柔性制造系统,只应称之为柔性加工系统。

可以从不同的角度对制造系统进行分类。如图 1-1 所示,从人在系统中的作用、零件品质和批量、零件及其工艺类型、系统的柔性、系统的自动化程度及系统的智能程度等方面对制造系统进行分类。各类型的不同组合,可以得到不同类型的制造系统。

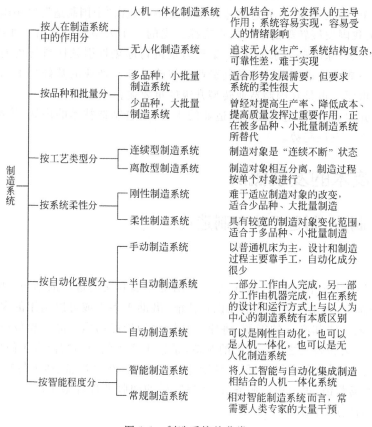

图 1-1 制造系统的分类

3. 制造业

制造业是指将制造资源,包括物料、设备、工具、资金、技术、信息和人力等,通过制造过程转化为可供人们使用和消费的产品的行业。制造业是所有与制造有关的企业群体的总称。制造业涉及国民经济的许多部门,包括一般机械、食品工业、化工、建材、冶金、纺织、电子电器、运输机械等。

制造业是国民经济的支柱产业,在整个国民经济中一直处于十分重要的地位,是国民经济收入的重要来源。它一方面创造价值,生产物质财富和新的知识,另一方面为国民经济各个部门以及国防和科学技术的进步与发展提供先进的手段和装备。在工业化国家中,约有1/4 的人口从事各种形式的制造活动,在非制造业部门中,约有半数人的工作性质与制造业密切相关。纵观世界各国,如果一个国家的制造业发达,它的经济必然强大。大多数国家和地区的经济腾飞,制造业功不可没。

1.1.2 制造业在国民经济中的地位

人类文明的发展与制造业的进步密切相关。在石器时代,人类利用石料制造劳动工具,以采集、利用自然资源作为主要生活手段。到青铜器、铁器时代,人们开始采矿、冶炼、织布,使用铸锻工具,满足以农业为主的自然经济的需要,采取了作坊式手工业的生产方式。生产使用的原动力主要是人力,局部也利用水力和风力。世界工业化发展进程如图 1-2 所示。

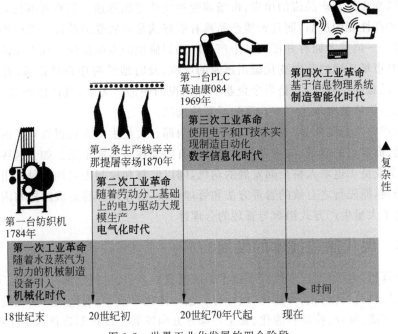

图 1-2　世界工业化发展的四个阶段

18 世纪 60 年代,瓦特改良蒸汽机,纺织业、机器制造业取得了革命性的变化,引发了第一次工业革命,近代工业化大生产开始出现。从 19 世纪初到 20 世纪 20 年代,主要是用机器代替人力进行生产。工厂的组织结构分散,管理层次简单,业主直接与所有的顾客、雇员和协作者联系,采用的是作坊式单件化生产方式。在这种生产方式下,从业者在产品设计、机械加工和装配方面都有高超的技艺,所以又称"技艺"性生产方式。这种生产方式的最大缺点是产品价格高、生产周期长。

第一次世界大战后,美国人福特(Henry Ford)和通用汽车公司的斯隆(Alfred Pritchard Solon),将欧洲人创造的技艺性生产方式改为流水线、大量生产方式,使制造业发生了革命性变化。但从本质上看,大量生产方式的诞生是一种历史的必然。1776 年英国古典经济学家亚当·斯密出版了《国民财富的性质和原因的研究》一书，系统地阐述了专业化及劳动分工理论，奠定了大量生产方式的理论基础。泰勒创立的科学管理理论以及互换性原理的推行，对制造技术和管理科学的发展也起到了极大的推动作用。19世纪末20世纪初，人类对产品的需求不仅数量大，而且复杂性增加，这就要求制造业采用更复杂的生产技术并增加产品产量。大型设备的使用和多台机器的联用，不仅是技术复杂性的要求，也是批量制造所必需的。使用机器的制造过程自然牵涉到众多劳动者，在这种情况下，企业作为协调劳动者之间相互关系的一种制度安排，显然优越于市场方式。企业生产规模越大，内部分工越细，专业化程度就越高，简单熟练操作提高了劳动生产率，使生产成本随生产规模而递减，有力地刺激了大量生产方式的应用。

大量生产方式为社会提供众多的廉价产品，满足消费者的基本生活需求。它是如此的实用、高效与经济，以至人们将其视为制造生产的固有模式。然而20世纪70年代以后，市场环境发生了巨大的变化。从全球范围看，一个更加激烈的竞争环境正在形成，消费者的价值观正在发生结构性的变化，呈现出日趋主体化、个性化和多样化的发展。与此同时，随着更广泛、持续变化的新产品流的出现，市场演变和变革更加迅速。消费者不仅要求购置高质量、低成本和高性能的产品，而且希望产品具有恰好满足其感受的特性。新的质量概念正是意味着满意——消费者拥有并使用某个产品时感到愉悦的本能反应。在未来消费者导向的时代，如何对市场环境的急剧变化做出迅速的反应，及时地掌握用户的需求，有效地生产和提供令用户满意的产品服务，是当今企业不容忽视的使命。无疑，这使以产品为中心、以规模经济为竞争优势的大量生产方式遇到了新的挑战。

大量生产方式受到的另一挑战来自于企业内部。大量生产方式得以建立的基础是平稳的市场环境、低素质的雇员、决策者及管理者的有限理性与体能不足。如今这些状况都改变了，特别是企业员工追求人格全面发展的动机，同以监督和控制为基调的科层组织体系形成了尖锐的冲突，原先行之有效的管理方法和管理手段，如今却容易造成摩擦与内耗。这些从根本上动摇了大量生产方式组织与管理的合理性。

1.1.3 现代制造技术的发展

随着计算机、电子信息、现代管理技术的高速发展，现代机械制造技术综合了机械、计算机、电子信息、材料、自动化、智能化、设计与工艺一体化等技术，现代机械加工设备逐渐向着高精、高速、多能、复合、控制智能化、安全环保等方向发展。现代制造技术是计算机技术、信息技术、管理等科学与制造科学的交叉融合，朝着精密化、柔性化、集成化、绿色化、全球化等方向发展。现代制造技术的形成和发展有以下特点：

（1）现代制造技术的内涵更加广泛，包括产品设计、加工制造到产品销售、使用、维修和回收的整个生命周期。

（2）现代制造技术综合性更强，是机械、计算机、信息、材料、自动化等学科有机结合而发展起来的跨学科的综合科学。

（3）现代制造技术更加环保。它讲究的是优质、高效、低耗、无污染或少污染的加工工艺，在此基础上形成先进加工工艺。

（4）现代制造技术的目标更加广泛。它强调优化制造系统的产品上市时间、质量、成本、服务、环保等要素，以满足日益激烈的市场竞争的要求。

(5) 现代制造技术要求设计与工艺一体化。传统的制造工程设计和工艺是分步实施的,产品受加工精度、表面粗糙度、尺寸等限制。而设计与工艺一体化是以工艺为突破口,把设计与工艺密切结合在一起。

(6) 现代制造技术强调精密性。精密和超精密加工技术是衡量先进制造水平的重要指标之一,当前,纳米加工代表了制造技术的最高水平。

(7) 现代制造技术体现了人、组织、技术三结合。现代制造技术强调人的创造性和作用的永恒性,提出了由技术支撑转变为人、组织、技术的集成;强调了经营管理、战略决策的作用。在制造工业战略决策中,提出了市场驱动、需求牵引的概念,强调用户是核心,用户的需求是企业成功的关键,并且强调快速响应需求的重要性。

1.2 先进制造技术的内涵及体系结构

1.2.1 先进制造技术提出的背景

随着各种制造技术的不断革新,先进制造技术的概念于20世纪80年代在美国首次被提出。由于美国和苏联的竞争日益白热化,国防、军工等多项大型制造业面临严峻的挑战和拓展的压力,美国根据自身制造业存在的问题进行了调查反馈,制定了"先进制造技术(AMT)计划"和"制造技术中心(manufacturing technology center,MTC)计划"。20世纪90年代初,克林顿政府发起了振兴美国经济计划,突出了现代装备制造业的支撑作用,提出了增强产品市场竞争力的关键是发展"先进制造技术"的新观念。由此,先进制造技术作为一个新的概念在政府层面上被接受,同时作为一项高层次水平上的制造技术受到众多发达国家及部分新兴工业国家的重视。在美国制造业引起了革新的风暴,给美国制造业领域带来了新的思潮,显著地推动了美国制造业的发展。随后发达国家争相效仿。以日本为主导,多国制订并参与"智能制造技术(intelligent manufacturing technology,IMT)计划",该计划于1992年秋开始执行,预算投资10亿美元,形成了一个大型国际共同研究项目,旨在组合工业发达国家的先进制造技术,探索将研究成果转变为生产技术的途径及开发下一代的标准化技术。其目标重点是实现制造技术的体系化、标准化,开发出能使人和智能设备不受生产操作和国界限制、彼此合作的高技术生产系统,以适应当今制造全球化的发展趋势。在欧共体各国,政府和企业界共同掀起了一场旨在通过"欧共体统一市场法案"的运动,制订了一系列发展计划,如尤里卡(EVREKA)计划、欧洲工业技术基础研究计划、欧洲信息技术研究发展战略计划(ESPRIT)。德国也在20世纪末提出了"德国生产2000"的计划,进而提出了"工业4.0"计划。这些计划都有效地促使各国的制造业技术得到长足的发展。

我国制造业发展起步较晚,大型制造业技术较为落后,但是改革开放后,国家开始大力支持先进制造业。20世纪90年代,我国启动了先进制造技术基础重大自然科学基金项目研究。1995年9月《中共中央关于制定国民经济和社会发展"九五"计划和2010年远景目标的建议》中明确提出要大力采用先进制造技术。《全国科技发展"九五"计划和到2010年长期规划纲要》中将先进制造技术专项列入高技术研究与发展专题。先进制造技术的提出,给我国制造业指明了新的方向与目标,引领了一个有制造业技术现代化的革新浪潮。

1.2.2　先进制造技术的内涵和特点

目前对先进制造技术尚没有一个明确的、一致公认的定义，经过近年来对发展先进制造技术方面开展的工作，通过对其特征的分析研究，可以认为：先进制造技术是制造业不断吸收信息技术和现代管理技术的成果，并将其综合应用于产品设计、加工、检测、管理、销售、使用、服务乃至回收的制造全过程，以实现优质、高效、低耗、清洁、灵活生产，提高对动态多变的市场的适应能力和竞争能力的制造技术的总称。

先进制造技术的核心是优质、高效、低耗、清洁等基础制造技术，它是从传统的制造工艺发展起来的，并与新技术实现了局部或系统集成，其重要的特征是实现优质、高效、低耗、清洁、灵活的生产。这意味着先进制造技术除了通常追求的优质、高效外，还要针对21世纪人类面临的有限资源与日益增长的环保压力的挑战，实现可持续发展，要求实现低耗、清洁。此外，先进制造技术也必须面临人类在21世纪消费观念变革的挑战，满足对日益"挑剔"的市场的需求，实现灵活生产。

先进制造技术最终的目标是要提高对动态多变的产品市场的适应能力和竞争能力，为确保生产和经济效益持续稳步的提高，能对市场变化做出更敏捷的反应，以及对最佳技术效益的追求，提高企业的竞争能力。先进制造技术比传统的制造技术更加重视技术与管理的结合，更加重视制造过程组织和管理体制的简化以及合理化，从而产生了一系列先进的制造模式。随着世界自由贸易体制的进一步完善，以及全球交通运输体系和通信网络的建立，制造业将形成全球化与一体化的格局，新的先进制造技术也必将是全球化的模式。

与传统制造技术比较，先进制造技术具有以下特点：

（1）先进制造技术的系统性。传统制造技术一般只能驾驭生产过程中的物质流和能量流。随着微电子、信息技术的引入，先进制造技术还能驾驭信息生成、采集、传递、反馈、调整的信息流动过程。先进制造技术是可以驾驭生产过程的物质流、能量流和信息流的系统工程。一项先进制造技术的产生往往要系统地考虑到制造的全过程，如并行工程就是集成地、并行地设计产品及其零部件和相关各种过程的一种系统方法。这种方法要求产品开发人员与其他人员一起共同工作，在设计的开始就考虑产品整个生命周期中从概念形成到产品报废处理等所有因素，包括质量、成本、进度计划和用户要求等。一种先进的制造模式除了考虑产品的设计、制造全过程外，还需要更好地考虑到整个制造组织。

（2）先进制造技术的实用性。先进制造技术最重要的特点在于，它首先是一项面向工业应用，具有很强实用性的新技术。从先进制造技术的发展过程，从其应用于制造全过程的范围，特别是达到的目标与效果，无不反映这是一项应用于制造业，对制造业、对国民经济的发展可以起重大作用的实用技术。先进制造技术的发展往往是针对某一具体的制造业（如汽车制造、电子工业）的需求而发展起来的先进、适用的制造技术，有明确的需求导向的特征；先进制造技术不是以追求技术的高新为目的，而是注重产生最好的实践效果，以提高效益为中心，以提高企业的竞争力和促进国家经济增长和综合实力为目标。

（3）先进制造技术应用的广泛性。先进制造技术相对传统制造技术在应用范围上的一个很大不同点在于，传统制造技术通常只是指各种将原材料变成成品的加工工艺，而先进制造技术虽然仍大量应用于加工和装配过程，但由于其组成中包括了设计技术、自动化技术、系统管理技术，因而将其综合应用于制造的全过程，覆盖了产品设计、生产准备、加工与装配、销售使用、维修服务甚至回收再生的整个过程。

（4）先进制造技术的动态特征。由于先进制造技术本身是在针对一定的应用目标，不断地吸收各种高新技术逐渐形成、不断发展的新技术，因而其内涵不是绝对的和一成不变的。反映在不同的时期，先进制造技术有其自身的特点；也反映在不同的国家和地区，先进制造技术有其本身重点发展的目标和内容，通过重点内容的发展以实现这个国家和地区制造技术的跨越式发展。

（5）先进制造技术的集成性。传统制造技术的学科、专业单一独立，相互间的界限分明；先进制造技术由于专业和学科间的不断渗透、交叉、融合，界线逐渐淡化甚至消失，技术趋于系统化、集成化，已发展成为集机械、电子、信息、材料和管理技术为一体的新型交叉学科，因此可以称其为"制造工程"。

1.2.3 先进制造技术的体系结构及关键技术

1. 先进制造技术的体系结构

对先进制造技术的体系结构认识很不统一，在此提供两种先进制造体系结构以供参考。

1) AMST 多层次先进制造技术体系

美国机械科学研究院（AMST）提出的先进制造技术由多层次技术群构成的体系图（见图 1-3），强调了先进制造技术从基础制造技术、新型制造单元技术到先进制造集成技术的发展过程，也表明了在新型产业及市场需求的带动之下，在各种高新技术（如能源技术、材料技术、微电子技术和计算机技术以及系统工程和管理科学）的推动下先进制造技术的发展过程。

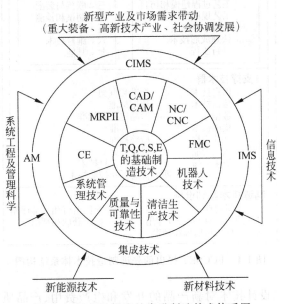

图 1-3　AMST 提出的先进制造技术体系图

先进制造技术是制造业为了提高竞争力以适应时代要求，对制造技术不断优化及推陈出新而形成的高新技术群。在不同的国家、不同的发展阶段，先进制造技术有不同的内容及组成。我国目前属于先进制造技术范畴的技术是一个三层次的技术群。

第一个层次是现代设计、制造工艺基础技术,包括CAD、CAPP、NCP、精密下料、精密塑性成形、精密铸造、精密加工、精密测量、毛坯强韧化、精密热处理、优质高效连接技术、功能性防护涂层等;

第二个层次是制造单元技术,包括制造自动化单元技术、极限加工技术、质量与可靠性技术、系统管理技术、CAD/CAE/CAPP/CAM、清洁生产技术、新材料成形加工技术、激光与高密度能源加工技术、工艺模拟及工艺设计优化技术等;

第三个层次是系统集成技术,包括网络与数据库、系统管理技术、FMS、CIMS、IMS以及虚拟制造技术等。

以上三个层次都是先进制造技术的组成部分,但其中每一个层次都不等于先进制造技术的全部。

2) FCCSET三位一体的体系结构

美国联邦科学、工程和技术协调委员会(FCCSET)下属的工业和技术委员会先进制造技术工作组提出了先进制造技术由主体技术群、支撑技术群、制造基础设施组成的三位一体的体系结构。这种体系不是从技术学科内涵的角度来描绘先进制造技术,而是着重从比较宏观组成的角度来描绘先进制造技术的组成以及各个部分在制造技术发展过程中的作用,如图1-4所示。

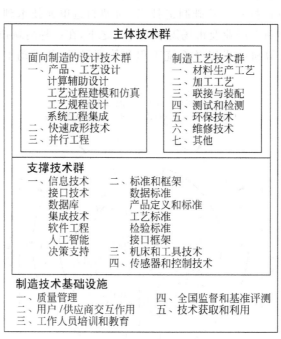

图1-4 FCCSET提出的先进制造技术体系结构图

(1) 主体技术群。设计技术对新产品的开发和生产费用、产品质量以及新产品上市时间都有很大的影响。为提高产品和工艺设计的效率及质量,必须采用一系列先进的工具(如CAD系统、CAE软件等)。

制造工艺技术群又称加工和装配技术群,指用于物质产品生产的过程和设备。

(2) 支撑技术群。支撑技术群指支持设计和制造工艺两方面取得进步的基础性核心技术,是保证和改善主体技术协调运行所需的技术、工具、手段和系统集成的基础技术。支撑技术群包括:①信息技术;②标准和框架;③机床和工具技术;④传感器和控制技术。

(3) 制造技术基础设施。制造技术基础设施是使先进制造技术适用于具体企业应用环境,充分发挥其功能,取得最佳效益的一系列基础设施,是使先进制造技术与企业组织管理体制和使用技术的人员协调工作的系统过程,是先进制造技术生长和壮大的机制和土壤。

2. 先进制造的关键技术

(1) 成组技术(group technology,GT),揭示和利用事物间的相似性,按照一定的准则分类成组,同组事物采用同一方法进行处理,以便提高效益的技术。在机械制造工程中,成组技术是计算机辅助制造的基础,将成组哲理用于设计、制造和管理等整个生产系统,改变多品种小批量生产方式,获得最大的经济效益。

成组技术的核心是成组工艺,它是将结构、材料、工艺相近似的零件组成一个零件族(组),按零件族制定工艺进行加工,扩大批量、减少品种,便于采用高效方法、提高劳动生产率。零件的相似性是广义的,在几何形状、尺寸、功能要素、精度、材料等方面的相似性为基本相似性,以基本相似性为基础,在制造、装配等生产、经营、管理等方面所导出的相似性,称为二次相似性或派生相似性。

(2) 敏捷制造(agile manufacturing,AM)是指企业实现敏捷生产经营的一种制造哲理和生产模式。敏捷制造包括产品制造机械系统的柔性、员工授权、制造商和供应商关系、总体品质管理及企业重构。敏捷制造是借助于计算机网络和信息集成基础结构,构造有多个企业参加的"VM"环境,以竞争合作的原则,在虚拟制造环境下动态选择合作伙伴,组成面向任务的虚拟公司,进行快速和最佳生产。

(3) 并行工程(concurrent engineering,CE)是对产品及其相关过程(包括制造过程和支持过程)进行并行、一体化设计的一种系统化的工作模式。在传统的串行开发过程中,设计中的问题或不足,要分别在加工、装配或售后服务中才能被发现,然后再修改设计,改进加工、装配或售后服务(包括维修服务)。而并行工程就是将设计、工艺和制造结合在一起,利用计算机互联网并行作业,大大缩短生产周期。

(4) 快速成形技术(rapid prototyping manufacturing,RPM)是集CAD/CAM技术、激光加工技术、数控技术和新材料等技术领域的最新成果于一体的零件原型制造技术。它不同于传统的用材料去除方式制造零件的方法,而是用材料一层一层积累的方式构造零件模型。它利用所要制造零件的三维CAD模型数据直接生成产品原型,并且可以方便地修改CAD模型后重新制造产品原型。由于该技术不像传统的零件制造方法需要制作木模、塑料模和陶瓷模等,可以把零件原型的制造时间减少为几天、几小时,大大缩短了产品开发周期,减少了开发成本。随着计算机技术的快速发展和三维CAD软件应用的不断推广,越来越多的产品基于三维CAD设计开发,使得快速成形技术的广泛应用成为可能。快速成形技术已广泛应用于宇航、航空、汽车、通信、医疗、电子、家电、玩具、军事装备、工业造型(雕刻)、建筑模型、机械行业等领域。

(5) 虚拟制造技术(virtual manufacturing technology,VMT),以计算机支持的建模、仿真技术为前提,对设计、加工制造、装配等全过程进行统一建模,在产品设计阶段,实时并行模拟出产品未来制造全过程及其对产品设计的影响,预测出产品的性能、产品的制造技术、产品的可制造性与可装配性,从而更有效、更经济地灵活组织生产,使工厂和车间的设计布局更合理、有效,以达到产品开发周期和成本最小化、产品设计质量的最优化、生产效率的最高化。虚拟制造技术填补了 CAD/CAM 技术与生产全过程、企业管理之间的技术缺口,把产品的工艺设计、作业计划、生产调度、制造过程、库存管理、成本核算、零部件采购等企业生产经营活动在产品投入之前就在计算机上加以显示和评价,使设计人员和工程技术人员在产品真实制造之前,通过计算机虚拟产品来预见可能发生的问题和后果。虚拟制造系统的关键是建模,即将现实环境下的物理系统映射为计算机环境下的虚拟系统。虚拟制造系统生产的产品是虚拟产品,但具有真实产品所具有的一切特征。

（6）智能制造(intelligent manufacturing,IM)是制造技术、自动化技术、系统工程与人工智能等学科互相渗透、互相交织而形成的一门综合技术。其具体表现为：智能设计、智能加工、机器人操作、智能控制、智能工艺规划、智能调度与管理、智能装配、智能测量与诊断等。它强调通过"智能设备"和"自治控制"来构造新一代的智能制造系统模式。

智能制造系统具有自律能力、自组织能力、自学习与自我优化能力、自修复能力,因而适应性极强,而且由于采用 VR 技术,人机界面更加友好。因此,智能制造技术的研究开发对于提高生产效率与产品品质,降低成本,提高制造业市场应变能力、国家经济实力和国民生活水准,具有重要意义。

1.3 先进制造技术的发展

1.3.1 先进制造技术的发展趋势

当前,全球范围内新一轮科技革命与产业变革正在孕育兴起,推动制造业生产方式、发展模式深刻变革,制造业重新成为全球经济竞争制高点。国际金融危机发生后,各国在应对危机的同时,也都在谋划新一轮的发展。实体经济是经济发展的基础已经成为各国共识,多数国家都把制造业发展作为经济发展的重点,总体来看,制造业呈现出一些新的趋势和特点。

1. 从生产方式看,智能制造将成为制造业变革的重要方向

新一代信息通信技术与制造业融合发展,是新一轮科技革命和产业变革的主线。德国的"工业 4.0"、美国的"工业互联网"、法国的"新工业法国"等发达国家制造业发展战略都将智能制造作为发展和变革的重要方向。智能制造包括智能化的产品、装备、生产、管理和服务,主要载体是智能工厂和智能车间。信息物理系统(cyber-physical systems,CPS)是实现智能制造的重要手段,这一系统通过集成数据、通信与控制于一体,实现大型物理系统与信息交互系统的实时感知和动态控制,使得人、机、物融合在一起,通过全面交互和实时反馈实现对生产过程精准化管理,极大地提高了生产效率。利用这一系统可以实现传统制造业无法实现的目标,典型的是通过批量化定制生产最大限度满足个性化需求,主要做法是在每一个制造环节嵌入多个生产模块,通过数字化管理实现从产品下单开始,每一道工序都通过生产模块的无缝切换同每一件产品生产要求进行匹配,在生产过程不间断的情况下实现批量化定制。

2. 从发展模式看，绿色化、生产性服务业日渐成为制造业转型发展新趋势

从绿色发展看，一方面，太阳能光伏、页岩气等新能源技术不断进步，清洁能源应用日渐成熟，碳、硫化合物等温室气体和污染物排放逐步减少，制造业进一步向低能耗、低污染方向发展；另一方面，欧美的"绿色供应链""低碳革命"、日本的"零排放"等新的产品设计和生产理念不断兴起，节能环保产业、再制造产业等产业链不断完善，"绿色制造""增材制造"日益普及，进一步丰富了制造业绿色发展的内涵和方式。例如"增材制造"技术（又称"3D 打印"技术），是以数字模型为基础，将材料逐层堆积制造出实体物品的新兴制造技术。回顾制造业发展史，人类最早采用的是"等材制造"，如青铜器的铸造，不需要经过复杂加工制成最终产品。随着电的发明，人类开始采用"去除—切削"加工技术进行"减材制造"，提高产品的精度和质量，但却带来材料的浪费和能源的消耗，而且对于复杂形体的零部件，这种加工方式受到一定的限制。而现在的"增材制造"从原来的做"减法"改成做"加法"，通过材料一层一层的精确"堆积—热熔"，可以达到或接近切削所达到的精度，又可以形成复杂形状的零部件，节约了资源、提高了效率，这就是一种新的绿色发展技术和理念。从生产性服务业发展看，新一代信息技术的广泛应用，推动企业生产从以传统的产品制造为核心向提供具有丰富内涵的产品和服务转变。制造企业摆脱了产业价值链"微笑曲线"的低端锁定，变卖产品为卖服务，在更好满足客户需求的同时，取得了更高的收益。

3. 从创新方式看，网络协同创新将重组传统的制造业创新体系

随着信息技术尤其是互联网技术的不断发展和技术的应用，跨领域、协同化、网络化的创新平台正在重组传统的制造业创新体系。传统的创新活动中，新技术、新产品的推出很大程度上依赖于单个企业的技术研发和产业化等活动。随着产业分工日益细化，产品复杂程度不断提升，技术集成的广度和深度也在大幅拓展，单个企业难以也无法覆盖全部创新活动，需要与不同创新主体联合，开展协同创新，实现创新资源的优化配置。网络化的众包、众创、众筹、线上到线下（O2O）等新型创新方式密集涌现，进一步拓展了制造业技术研发和商业模式创新的方式。

4. 从组织方式看，内部组织扁平化和资源配置全球化将成为制造企业培育竞争优势的新途径

企业内部管理方面，很多企业运用互联网开放、协作与共享的特点，减少了企业内部管理的层级结构，在产业分工中更加注重专业化与精细化，企业的生产组织更富有柔性和创造性。企业外部资源配置方面，随着制造业全球化步伐加快，生产、流通以及全球贸易方式都发生了巨大变化，企业通过网络将价值链与生产过程分解到不同国家和地区，技术研发、生产以及销售的多地区协作日趋加强，企业生产组织方式也发生了很大变化。

5. 从发展格局看，新一轮全球制造业分工争夺战日益激烈

国际金融危机以来，制造业迎来发达国家和发展中国家争相介入的新一轮国际分工争夺战。随着比较优势逐步转化，各国在全球制造体系中的地位将动态调整，并重塑全球制造

业版图。发达国家纷纷制定"再工业化"战略,推动中高端制造业回流,并进一步加强全球产业布局调整,力图保持全球制造业领先地位。发展中国家利用低成本竞争优势,积极吸引劳动密集型产业和低附加值环节转移,一些跨国企业直接到新兴国家投资设厂。发达国家高端制造回流与新兴经济体争夺中低端制造转移同时发生,对我国形成"双向挤压"。面对技术和产业变革及全球制造业竞争格局的重大调整,我国既面临重大机遇也面临重大挑战。

1.3.2 我国先进制造技术的发展战略

1. 我国制造业的发展现状

制造业是国民经济的主体,是立国之本、兴国之器、强国之基。装备制造业是制造业的核心和脊梁,是工业化发展的重要标志,是为国民经济和国防建设提供技术装备的基础性、战略性产业。新中国成立特别是改革开放以来,我国装备制造业取得了令人瞩目的成就,已经成为名副其实的装备制造业大国。

1) 产业规模和综合实力大幅提升

我国是世界上唯一拥有联合国产业分类中全部工业门类的国家,完整的工业体系是我国装备制造业持续发展的优势和保障。2014年,中国220多种工业品产量居世界第一位,制造业净出口居世界第一位,制造业增加值在世界占比达到20.8%。2014年装备制造业产值规模突破22万亿元,占全球装备制造业的比重超过1/3,连续5年居世界首位。我国多数装备产品产量位居世界第一。2014年发电设备产量1.5亿千瓦,约占全球总量的60%;造船完工量3905万载重吨,占全球比重的41.7%;汽车产量2372.3万辆,占全球比重的26.3%。

2) 重大技术装备自主化实现重大突破

2010年我国研制出世界上最高时速380km CRH380A型高速动车组;2013年济南二机床大型全自动冲压装备成功获得美国工厂6条生产线订单;大型客机C919已于2015年11月正式下线,ARJ21-700新型涡扇支线飞机正式交付使用。载人航天与探月工程、"蛟龙"载人深潜器取得重大突破。百万千瓦级超超临界火电机组、百万千瓦级核电机组、百万千瓦级水电机组、百万伏级特高压交流输电设备和±80万伏级高压直流输电设备等大型成套电力装备已经达到国际领先水平。百万吨级乙烯装置关键设备、年产百万吨级煤直接液化装置、高速龙门五轴加工中心、4000吨级履带起重机等一批大型重大技术装备研制取得重大突破并投入使用。

3) 部分行业国际竞争优势显著增强

轨道交通装备形成了具有自主知识产权的系列产品,并已在土耳其、委内瑞拉、巴西、阿根廷等国家登陆,2015年9月,中美成功签订西部快线高铁项目。电力设备产品技术水平已经国际领先,核电装备顺利进入英国、罗马尼亚等国家,110兆瓦风电设备打开瑞典市场。在2014年全球工程机械制造商50强中,中国企业入榜11家,与日本并列数量第一;17万方大型LNG船、万箱级以上集装箱船、深水半潜式钻井平台等已批量进入国际市场。一批优势装备制造企业国际化经营打开新局面,华为在全球电信设备制造领域已经处于领先地位,海外业务收入比重超过60%。

4) 新兴产业发展迈上新台阶

增材制造装备、智能制造装备等新兴产业发展取得重大突破。大型承力构件金属增材制造和生物增材制造已达国际先进水平。民用无人机发展迅速，大疆创新研制的民用无人机已广泛应用于航拍领域，市场份额占全球的70%。新型传感器、智能化仪器仪表、机器人等智能制造装备产业发展速度明显加快。

虽然我国已成为装备制造业大国，但还不是装备制造业强国，与先进国家相比，还有较大差距。主要表现在：

（1）自主创新能力薄弱。除少数领域处于世界先进水平外，大多数装备研发设计水平较低，试验检测手段不足，关键共性技术缺失，企业技术创新仍处于"缩小差距"阶段，底层技术的"黑匣子"尚未突破。例如，航空发动机被誉为工业皇冠上的明珠，是一个国家军用、民用飞机发展最关键的核心，世界上能制造飞机的有很多国家，但能制造高性能的航空发动机的只有少数几家企业。之所以这么难，主要在于航空发动机对产品结构设计、轻量化、高承压材料的研发、整个控制系统以及相关工艺技术的要求非常高，需要长期大量的投入和反复不断的试验。这方面，我国技术积累明显不足，没有走过发动机研发的全过程，研发设计能力以及产品性能同发达国家相比还有非常大的差距，这是制约我国大飞机发展的最核心因素。

（2）基础配套能力不足。整机系统的创新能力和产品质量主要取决于关键基础材料、核心基础零部件的性能，而基础产品和技术支撑不够，整机和系统集成创新空间不足，产品品牌难以确立，严重制约了整机、系统创新能力和产品质量的提升，成为产业可持续发展和提升核心竞争力的瓶颈。我国具有竞争力的高速铁路、核电等关键零部件都很难实现产业配套，产品无论是工艺、质量还是排放标准同先进水平相比仍有很大差距，很多产品进口还受到发达国家出口限制。因此，我们既要关注核心技术，也要关注"卡脖子"技术，例如泵、阀、芯片等关键零部件。

（3）部分领域产品质量可靠性有待提升。产品质量发展不均衡，一些领域产品质量与国际先进水平相比仍有较大差距，突出体现在产品质量安全性、质量稳定性和质量一致性等方面。标准结构不合理，部分技术标准水平低、适用性差，一些领域的产品标准、检测方法标准跟不上新产品研发速度，高新技术、高附加值产品的关键技术标准缺乏。品牌建设滞后，缺少一批能与国外知名品牌相抗衡、具有一定国际影响力的自主品牌。据不完全统计，世界装备制造业中90%的知名商标所有权掌握在发达国家手中。一些企业质量意识淡薄，质量和品牌管理系统性不强，效率不高，质量安全保障和监督管理体系尚不完善，一批影响质量的关键、共性技术问题长期得不到解决。

（4）产业结构不合理。低端产能过剩、高端产能不足，产业同质化竞争问题仍很突出。而真正体现综合国力和国际竞争力的高精尖产品和重大技术装备生产不足，远不能满足国民经济发展的需要。以新能源汽车动力电池为例，我国动力电池企业数量虽然多，但是有技术资金实力、具有可持续发展能力的企业很少，大部分企业的产品质量不高、性能差，低端产能过剩、高端产能不足的问题很严重。

从世界工业化300年进程看，工业化是现代化的核心内容，也是实现现代化不可逾越的历史阶段；制造业是技术创新的最主要承担者，是国家竞争力不断提升的根本保障，世界主要经济强国都是从制造大国和强国发展起来的。从新中国建设和改革开放实践看，制造业的发展带动了我国综合国力和人民生活水平大幅提升，促进人民生活实现了从温饱到全面小康的历史性跨越。在发展进程中，服务业会超过制造业而占有更大的比例，但是制造业在我国国民经济中的主导作用和支柱地位长期不会改变。没有高度发达的制造业,生产性服务业发展就缺乏强有力的支撑;没有坚实的实体经济,服务业发展将成为无本之木,对于一个大国而言,就很难实现现代化,就很难在全球竞争格局中脱颖而出。

历史证明,每一次制造技术与重大装备的创新突破,都深刻影响了世界竞争格局。制造业的兴衰印证着世界强国的兴衰,装备制造业的崛起已经成为国家间博弈最重要的领域。我国已经进入全面建成小康社会的决胜阶段,装备制造业已经成为实现中华民族伟大复兴这一中国梦的顶梁柱,也已经到了爬坡过坎、由大变强的重要关口。

2. 我国制造业发展的目标—中国制造 2025

18 世纪中叶开启工业文明以来,世界强国的兴衰史和中华民族的奋斗史一再证明,没有强大的制造业,就没有国家和民族的强盛。打造具有国际竞争力的制造业,是我国提升综合国力、保障国家安全、建设世界强国的必由之路。

新中国成立尤其是改革开放以来,我国制造业持续快速发展,建成了门类齐全、独立完整的产业体系,有力推动了工业化和现代化进程,显著增强了综合国力,支撑了世界大国地位。然而,与世界先进水平相比,中国制造业仍然大而不强,在自主创新能力、资源利用效率、产业结构水平、信息化程度、质量效益等方面差距明显,转型升级和跨越发展的任务紧迫而艰巨。

2008 年经济危机发生后,美国大力推进"再工业化"政策;2011 年 2 月,美国政府发布《美国创新实施战略:确保美国经济增长和繁荣》;2011 年 6 月,奥巴马首倡"先进制造业合作伙伴计划";2012 年 2 月,美国国家科学技术委员会颁布了"先进制造业国家战略计划",2013 年 1 月,美国总统执行办公室、国家科学技术委员会和高端制造业国家项目办公室联合发布《国家制造业创新网络:一个初步设计》报告,2013 年 4 月,德国发布"工业 4.0 战略计划实施建议",2014 年韩国提出"制造业创新 3.0 计划",2015 年日本提出《机器人新战略》、《中小企业技术创新制度》报告等,2015 年 10 月法国提出"未来工业计划",2016 年 2 月英国提出《工业 2050》战略。

在此背景下,2015 年 3 月 5 日,李克强在全国两会上作《政府工作报告》时首次提出"中国制造 2025"的宏大计划。他说,要实施"中国制造 2025",坚持创新驱动、智能转型、强化基础、绿色发展,加快从制造大国转向制造强国。从国家层面确定了我国建设制造强国的总体战略,"中国制造 2025"明确提出:以加快新一代信息技术与制造业深度融合为主线,以推进智能制造为主攻方向,强化工业基础能力,促进产业转型升级,实现制造业由大变强的历史跨越。"中国制造 2025"由百余名院士专家着手制定,为中国制造业未来 10 年设计顶层规划和路线图,通过努力实现中国制造向中国创造、中国速度向中国质量、中国产品向中国品牌三大转变,推动中国到 2025 年基本实现工业化,迈入制造强国行列。"中国制造 2025"的基本方针如图 1-5 所示:

(1)创新驱动。坚持把创新摆在制造业发展全局的核心位置,完善有利于创新的制度环境,推动跨领域跨

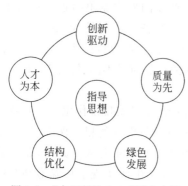

图 1-5 "中国制造 2025"基本方针

行业协同创新,突破一批重点领域关键共性技术,促进制造业数字化、网络化、智能化,走创新驱动的发展道路。

(2) 质量为先。坚持把质量作为建设制造强国的生命线,强化企业质量主体责任,加强质量技术攻关、自主品牌培育。建设法规标准体系、质量监管体系、先进质量文化,营造诚信经营的市场环境,走以质取胜的发展道路。

(3) 绿色发展。坚持把可持续发展作为建设制造强国的重要着力点,加强节能环保技术、工艺、装备推广应用,全面推行清洁生产。发展循环经济,提高资源回收利用效率,构建绿色制造体系,走生态文明的发展道路。

(4) 结构优化。坚持把结构调整作为建设制造强国的关键环节,大力发展先进制造业,改造提升传统产业,推动生产型制造向服务型制造转变。优化产业空间布局,培育一批具有核心竞争力的产业集群和企业群体,走提质增效的发展道路。

(5) 人才为本。坚持把人才作为建设制造强国的根本,建立健全科学合理的选人、用人、育人机制,加快培养制造业发展急需的专业技术人才、经营管理人才、技能人才。营造大众创业、万众创新的氛围,建设一支素质优良、结构合理的制造业人才队伍,走人才引领的发展道路。

"中国制造 2025"是我国实施制造强国战略的一个 10 年的行动纲领,为中国制造业转型升级设计了规划,将"中国制造"向"中国智造"推进,突出表现为转型升级和价值链攀升。一方面,原有劳动密集型产业向东南亚和印度等劳动力成本更低的国家转移;另一方面,中国制造正向价值链更高端产品延伸,制造业和互联网紧密融合。"中国制造 2025"战略规划如图 1-6 所示。

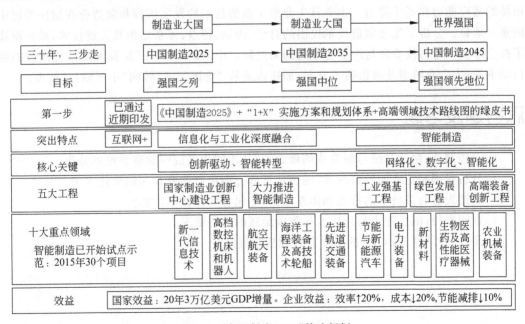

图 1-6 "中国制造 2025"战略规划

(1) 力争用 10 年时间,迈入制造强国之列。到 2020 年,基本实现工业化,制造业大国地位进一步巩固,制造业信息化水平大幅提升。掌握一批重点领域关键核心技术,优势领域竞争力进一步增强，产品质量有较大提高。制造业数字化、网络化、智能化取得显著进展。重点行业单位工业增加值能耗、物耗及污染物排放明显下降。到 2025 年制造业整体素质大幅提升，创新能力显著增强，全员劳动生产率明显提高，工业化和信息化融合迈上新台阶。重点行业单位工业增加值能耗、物耗及污染物排放达到世界先进水平。形成一批具有国际竞争力的跨国公司和产业集群，在全球产业分工和价值链中的地位明显提升。

（2）到 2035 年我国制造业整体达到世界制造强国中的中等水平。创新能力大幅提升，重点领域发展取得重大突破，整体竞争力明显增强，优势行业形成全球创新引领能力，全面实现工业化。

（3）新中国成立 100 年时，制造业大国地位更加巩固，综合实力进入世界制造强国前列，制造业主要领域具有创新引领能力和明显竞争优势，建成全球领先的技术体系和产业体系。

"中国制造 2025"是在新国际国内环境下，中国政府立足于国际产业变革大势，做出的全面提升中国制造业发展质量和水平的重大战略部署。其根本目标在于改变中国制造业"大而不强"的局面，通过 10 年努力使中国迈入制造强国行列，为到 2035 年将中国建成具有全球引领能力和影响力的制造强国奠定坚实基础。

美的智能制造

本章小结

随着现代制造技术的不断创新，20 世纪 80 年代以来先进制造技术得到快速发展。先进制造技术的主要目标是实现优质、高效、低耗、清洁、灵活的生产，提高对动态多变的产品市场的适应能力和竞争能力。本章首先介绍了制造技术的发展历程和制造业在国民经济中的重要地位。分析了先进制造技术提出的背景、内涵、特点、体系结构及关键技术，最后阐述了在全球新一轮科技革命与产业变革的到来之际，"中国制造 2025"是我国实施强国战略的行动纲领，为企业转型升级指明了方向，加速推进从"中国制造"转向"中国创造"转型。

思考题及习题

1. 简述制造、制造系统与制造业的概念，并从不同角度说明制造系统的分类。
2. 分析我国制造业的发展现状，阐述从哪些方面可以提升我国制造化水平。
3. 简述先进制造技术的特点和体系结构，它包含哪些技术内容？
4. 查阅资料，阐述先进制造技术在我国最新的发展情况。
5. 简述"中国制造 2025"的基本方针和战略规划。

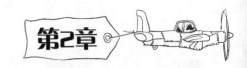

第2章 现代设计方法学

随着科学技术和生产力的不断发展,设计和设计科学也不断地向更深、更广的层次发展,其内容、要求、理论和手段等都在不断更新,设计的内涵和外延也都在扩大,从而产生了许多先进的现代设计方法。现代设计方法是随着当代科学技术的飞速发展和计算机技术的广泛应用而在设计领域发展起来的一门新兴的多元交叉学科,是以设计产品为目标的一个知识群体的统称。它是为了适应市场剧烈竞争的需要,以提高设计质量和缩短设计周期,从而提高企业竞争力而产生的。

2.1 现代设计技术概述

现代设计是过去长期的传统设计活动的延伸和发展,是传统设计的深入、丰富和完善。随着设计经验的积累、设计理论的发展以及科学技术的进步,特别是计算机技术的高速发展,设计工作包括机械产品的设计过程产生了质的飞跃。为区别于过去常用的传统设计理论与方法,人们把这些新兴理论与方法称为现代设计。"现代设计方法"就是以满足产品的质量、性能、时间、成本、价格等综合效益最优为目的,以计算机辅助设计技术为主体,以知识为依托,以多学科方法及技术为手段,研究、改进、创造产品活动过程所用到的技术群体的总称。

2.1.1 现代设计技术的内涵和特点

1. 现代设计技术的内涵

从系统工程的观点来分析,现代设计技术是一个由时间维、逻辑维和方法维共同组成的三维系统,如图 2-1 所示。

1) 时间维

时间维反映按时间顺序的设计过程,分为产品规划、方案设计、技术设计和施工设计四个设计阶段。

(1) 产品规划阶段。主要包含需求分析、市场预测、可行性分析、确定总体参数、制定制约条件和设计要求,以此作为设计、评价和决策的纲领性文件和依据。

(2) 方案设计,又称为概念设计,即对产品的功能原理进行设计。从社会需求出发,采用功能分析法以及在必要的原理试验的前提下,确定最优的原理方案。方案设计是整个产

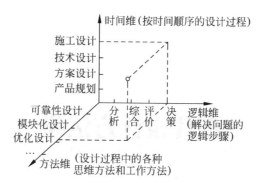

图 2-1 从系统工程观点对现代设计技术定义的示意图

品设计的关键,其创新性、先进性如何往往决定了产品的命运。在产品方案设计阶段实际投入的费用往往只占总成本的 1%,却决定了产品总成本 70% 的特性。

(3) 技术设计。该阶段的任务是将产品的功能原理具体化为产品及其零部件的具体结构,它又可进一步细分为总体设计、结构设计、商品化设计、模型试验等过程。

(4) 施工设计阶段。主要指零件、部件工程图和产品总装配图的绘制,工艺文件的编写,设计说明和使用说明书的编写等工作。

2) 逻辑维

逻辑维指解决问题的逻辑步骤。在设计过程中解决问题的合理步骤是：分析、综合、评价、决策过程。分析的目的是明确设计任务的本质要求,这是解决设计问题的前提；综合是在一定条件下对未知系统探求解决方案的创造性过程,一般要采用"抽象""发散""逆向"等思维方法寻求尽可能多的解法；评价是筛选的过程,即采用科学的方法对多种方案进行比较和评定,并针对某些方案的弱点进行调整和改进,直至得到比较满意的结果；决策是在对各种设计方案进行综合和评价的基础上,选择综合指标最佳的设计方案。

3) 方法维

方法维指设计过程中的各种思维方法和工作方法。传统设计多采用直觉法、类比法等以经验为主的设计方法,其设计周期长、反复多；而现代设计采用各种先进的设计理论、方法和工具,使产品设计过程进入高效、优质和创新的新阶段。

2. 现代设计技术的特点

现代设计技术的定义为：以满足应市产品的质量、性能、时间、成本/价格综合效益最优为目的,以计算机辅助设计技术为主体,以知识为依托,以多种科学方法及技术为手段,研究、改进、创造产品活动过程所用到的技术群体的总称。

从以上定义可以看出,现代设计技术有一系列特点,这里值得说明的有以下两点。

(1) 现代设计技术是多学科交叉融合的产物。就目前现代设计技术所涉及的理论、方法的范畴来看,可以认为它是由现代设计方法学、计算机辅助设计技术、可信性设计技术、试验设计技术等多种学科的交叉与融合。而其中每一个具体的设计技术,同样也是若干学科的交叉与融合。例如优化设计是数学规划的方法与计算机编程的有机结合；计算机辅助设计可以看作是数学建模、计算机软件和硬件技术、工程图学等的有机结合；模糊优化设计是模糊方法与优化技术的结合等。在这些现代设计技术群体中，各学科之间既相对独立又相互联系、相互渗透。根据设计对象与任务的不同，以及设计各个阶段的特点，宜采用其中某些适宜的、有效的方法和技术，以解决设计中的总体和各个具体问题。

（2）现代设计是传统设计技术的继承、延伸和发展。从传统设计发展至现代设计，都有着时序性、继承性，并在一定时间和一定的对象中共存于一体。例如，传统的运动学、动力学、机构学、结构力学、强度理论等基本原理与方法是现代设计技术的数学建模及许多分支学科（如可靠性设计、疲劳设计、防断裂设计、健壮设计等）的基础；另外，许多现代设计技术与方法是在吸收了传统设计技术中的思想、观点、方法的精华的基础上而发展起来的，如系统设计、功能设计、模块化设计、优化设计、并行设计等。因此，介绍与应用现代设计技术与方法时，不应片面夸大，成为玄而又玄的万能法宝，而应当认识到，它们的许多内容是传统设计技术的继承、延伸和发展。

2.1.2 现代设计技术的体系结构

现代设计技术内容广泛，涉及的相关学科繁多。有人按分支学科的特征分类，有人从方法论对其聚类归纳，有人按学科的任务、作用分类，以期说明现代设计任务的内容与体系。为了便于对现代设计技术的全面了解，下面对现代设计技术的体系结构进行简要的分析与说明。

如图 2-2 所示，可将现代设计技术分解为由基础技术、主体技术、支撑技术和应用技术 4 个不同层次的技术所组成。

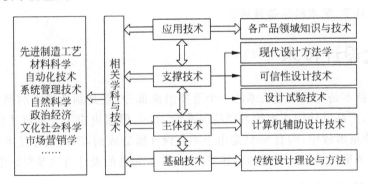

图 2-2　现代设计技术的体系结构及与相关学科的关系

1. 基础技术

基础技术是指传统的设计理论与方法，包括运动学、静力学、动力学、材料力学、热力学、电磁学、工程数学等。这些基础技术为现代设计技术提供了坚实的理论基础，是现代设计技术发展的源泉。

2. 主体技术

现代设计技术的诞生和发展与计算机技术的发展息息相关、相辅相成。可以毫不夸张地说，没有计算机科学与计算机辅助技术（如计算机辅助设计、智能 CAD（intelligent computer aided design，ICAD）、优化设计、有限元分析程序、模拟仿真、虚拟设计和工程数据库等),便没有现代设计技术;另外,没有其他现代设计技术的多种理论与方法,计算机技术的应用也会大大受到限制,因为运用优化设计、可靠性设计、模糊设计等理论构造的数学模型,来编制计算机应用程序,可以更广泛、更深入地模拟人的推理与思维,从而提高计算机的"智力"。而计算机辅助设计技术正是以计算机对数值计算和对信息与知识的独特处理能力,成为现代设计技术群体的主干。

3. 支撑技术

支撑技术包括设计方法学、可信性设计技术以及试验设计技术,这些技术为设计信息的处理、加工、推理与验证提供了多种理论、方法和手段的支撑。现代设计方法学包括:系统设计、功能设计、模块化设计、价值工程、反求工程、绿色设计、模糊设计、面向对象设计、工业设计等各种现代设计方法;可信性设计主要指可靠性与安全性设计、动态设计、防断裂设计、疲劳设计、耐腐蚀设计、健壮设计、耐环境设计、人机工程设计等;设计试验技术包括通常的产品性能试验、数字仿真试验和虚拟试验等。

4. 应用技术

应用技术是针对实用的目的,解决各类具体产品设计领域的技术,如机床、汽车、工程机械、精密机械等设计的知识和技术。

现代设计已扩展到产品的规划、制造、营销和回收等各个方面。因而,所涉及的相关学科和技术除了先进制造技术、材料科学、自动化技术、系统管理等技术之外,还涉及政治、经济、法律、人文科学、艺术科学等领域。

2.2 现代设计技术

现代设计技术是先进制造技术的一个重要组成部分,它是制造技术的第一个环节。据有关资料介绍,产品设计的成本约占产品成本的 10%,但却决定了产品制造成本的 70%~80%,在产品质量事故中,约有 50% 是由于不良设计所造成的,所以设计技术在制造技术中的作用和地位举足轻重。在激烈的市场竞争中,许多先进的设计方法孕育而生。

2.2.1 优化设计

优化设计(optimal design)是 20 世纪 60 年代发展起来的一门新的科学,是现代设计方法的重要内容之一,它以数学规划为理论基础,以计算机和应用软件为工具,在充分考虑多种设计约束的前提下寻求满足某项预定目标的最优设计方案。

所谓优化就是一种对问题寻优的过程,在日常的设计过程中,常常需要根据产品设计的要求,合理地确定各种参数,以达到最佳的设计目标。实际上,在任何一项设计工作中都包含寻优过程,但这种寻优在很大程度上带有经验性,多根据人们的直觉、经验、感悟及不断试验而实现,由于受到各种限制,往往难以得到最佳的结果。优化设计为工程设计提供了一种重要的科学设计方法,在解决复杂设计问题时,它能从众多的设计方案中找到尽可能完善、最适宜的设计方案。要实现问题的优化必须具备两个条件:一个是存在一个优化目标;另一个是具有多个方案可供选择。

1. 优化设计建模

优化设计的基本术语有：设计变量、设计约束及可行域、目标函数。

1) 设计变量

设计变量是表达设计方案的一组基本参数。如几何参数：零件外形尺寸、截面尺寸，机构的运动学尺寸等；物理参数：构件的材料、截面的惯性矩、固有频率等；性能导出量：应力、应变、挠度等。设计变量是对设计性能指标好坏有影响的量，应在设计过程中选择，并且应是互相独立的参数。全体设计变量可以用向量来表示，包含 n 个设计变量的优化问题称为 n 维优化问题，这些变量可表示成一个 n 维列向量。

$$\boldsymbol{x} = \begin{bmatrix} x_1 \\ x_2 \\ \vdots \\ x_n \end{bmatrix} = [x_1, x_2, \cdots, x_n]^{\mathrm{T}} \tag{2.1}$$

式中，$x_i(i=1,2,3,\cdots,n)$ 表示第 i 个设计变量。当 x_i 的值都确定之后，向量 $\boldsymbol{x}$ 就表示一个设计方案。

设计变量的个数 n 也称为优化问题的维数，它表示设计的自由度。设计变量越多，设计的自由度越大，可供选择的方案也越多，设计也更灵活。但是，维数越多，优化问题的求解也越复杂，难度也随之增加。因此，对于一个优化设计问题来说，应该适当地确定设计变量的数目，应尽量减少设计变量的个数，使优化设计的数学模型得以简化。

通常，将优化设计的维数 $n=2\sim10$ 的优化问题称为小型优化问题；$n=10\sim50$ 的称为中型优化问题；而维数 $n>50$ 以上时称为大型优化问题。

在设计变量的取值范围中，多取连续变化量。但有些设计变量只能选取规定的离散量，如齿轮的模数、齿数等。含有离散变量的优化问题，其求解的难度和复杂性要高于连续变量的优化问题。

由 n 个设计变量所组成的一个向量空间，称为设计空间。例如，当 n 为 1 时，其设计空间有一根实数轴，为一维优化问题；当 $n=2$ 时，其设计空间为一平面，为二维优化问题；当 $n=3$ 时，则设计空间为三维立体；当 $n>3$ 时，设计空间称为超越空间。每个设计方案均由一组设计变量构成，一个设计方案相当于设计空间中的一个点，也称为设计点。因此，所谓的设计空间就是设计方案的集合，而优化问题即为在该设计空间中寻找最优的设计点。

2) 设计约束与可行域

优化设计不仅要使所选择方案的设计指标达到最佳值，同时还必须满足一些附加的设计条件，这些附加设计条件都构成对设计变量取值的限制，在优化设计中被称为设计约束。

设计约束的表现形式有两种：不等式约束和等式约束。

(1) 不等式约束形式为

$$g_u(\boldsymbol{x}) = g_u(x_1, x_2, \cdots, x_n) \leqslant 0 \quad u = 1, 2, \cdots, m \tag{2.2}$$

式中，m 为不等式约束个数。

(2) 等式约束形式为

$$h_v(\boldsymbol{x}) = h_v(x_1, x_2, \cdots, x_n) = 0 \quad v = 1, 2, \cdots, p, \text{且 } p < n \tag{2.3}$$

式中，p 为等式约束个数。

等式约束的个数 p 必须小于设计变量的个数 n，否则该优化问题就成了没有优化余地的既定系统。等式约束 $h_v(\boldsymbol{x})=0$ 也可以用 $h_v(\boldsymbol{x})\leqslant 0$ 和 $-h_v(\boldsymbol{x})\leqslant 0$ 两个不等式约束代替。不等式约束 $g_u(\boldsymbol{x})\geqslant 0$ 可以用 $-g_u(\boldsymbol{x})\leqslant 0$ 的等价形式代替。

根据约束性质的不同，可将设计约束分为区域约束和性能约束。所谓区域约束是指对设计变量取值范围的约束限制，如限制齿轮齿数和模数在给定的数值范围之中。而性能约束是由某些必须满足的设计性能要求推导出来的约束条件，如在机械产品设计中需根据对零件的强度、刚度和稳定性等提出一定设计要求。

由于设计约束的存在，整个设计空间范围分为可行域和非可行域两个不同的区域。所谓可行域是指设计变量所允许取值的设计空间，在该区域内满足设计约束条件；而非可行域是不允许设计变量取值的空间。如图 2-3 所示，设计约束条件 $g(\boldsymbol{x})=0$ 曲线将二维设计空间划分为两个区域：$g(\boldsymbol{x})<0$ 区域满足设计约束，为可行域；$g(\boldsymbol{x})>0$ 区域则不满足设计约束，为非可行域。其分解面为 $g(\boldsymbol{x})=0$，称为约束面，由于它满足设计约束，也属于可行域。

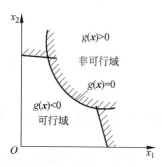

图 2-3 设计空间的可行域与非可行域

3) 目标函数

每一个设计问题，都有一个或多个设计中所追求的目标，它们可以用设计变量的函数来表示，被称为目标函数。目标函数是评价工程设计优化性能的准则性函数，又称评价函数。可表示为

$$F(\boldsymbol{x})=F(x_1,x_2,\cdots,x_n)^{\mathrm{T}}$$

式中，$\boldsymbol{x}=(x_1,x_2,\cdots,x_n)$ 为设计变量。

优化设计的目的，就是按要求选择所需的设计变量，使目标变量达到最佳值。目标函数的最佳值可能是极大值，也可能是极小值。如求产值最大、效率最高等问题，属于求目标函数的极大值问题，记为

$$\max F(\boldsymbol{x})$$

又如：求产品的质量最小、成本最低等问题，即为求目标函数的极小值问题，记为 $\min F(\boldsymbol{x})$。

为了优化算法与处理程序的统一，可将目标函数规格化为求极小化问题，即 $\min F(\boldsymbol{x})=-\max F(\boldsymbol{x})$。

在工程设计中，所追求的目标可能是多种多样的。当目标函数只包含一项设计指标时，被称为单目标优化；当目标函数包含多项设计指标时，称为多目标优化。单目标优化设计，由于指标单一，易于评价设计方案的优劣，求解过程比较简单明确；而多目标优化则比较复杂，多个指标往往构成矛盾，很难或者不可能同时达到极小值。求解多目标优化问题，较为简单的方法是将一些优化目标转化为约束函数，或采用线性加权的形式，使之成为单一目标，即：

$$F(\boldsymbol{x})=w_1f_1(\boldsymbol{x})+w_2f_2(\boldsymbol{x})+\cdots+w_qf_q(\boldsymbol{x})$$

式中，$f_1(\boldsymbol{x}),f_2(\boldsymbol{x}),\cdots,f_q(\boldsymbol{x})$ 为 q 个优化目标；$w_1,w_2,\cdots,w_q$ 为各目标的加权系数。

这样的处理可将多目标问题转化为单目标问题的求解，简化了计算求解的难度。当然，这是以牺牲优化求解的精度为代价的。

正确地建立目标函数是优化设计过程中的一个重要的环节，它不仅直接影响到优化设

计的质量,而且对整个优化计算的繁简难易也会有一定的影响。因此,设计人员在建立目标函数时应认真分析设计对象,深入理解设计意图,精通相关的专业知识,不断总结设计经验,并与相关人员及时沟通,使目标函数真正反映所设计的要求。

2. 优化问题的数学模型

优化问题的数学模型是实际优化设计问题的数学抽象。在明确设计变量、约束条件、目标函数之后,优化设计问题就可以表示成一般数学形式。

目标函数:
$$\min F(\boldsymbol{x})$$

设计变量:
$$f(\boldsymbol{x}) = f(x_1, x_2, \cdots, x_n)$$

设计约束:
$$g_u(\boldsymbol{x}) = g_u(x_1, x_2, \cdots, x_n) \leqslant 0 \quad u = 1, 2, \cdots, m$$
$$h_v(\boldsymbol{x}) = h_v(x_1, x_2, \cdots, x_n) = 0 \quad v = 1, 2, \cdots, p, 且 p < n$$

优化方法的分类:工程设计中的优化方法有多种类型,有不同的分类方法。按设计变量数量的不同,可将优化设计分为单变量(一维)优化和多变量优化;按约束条件的不同,可分为无约束优化和有约束优化;按目标函数数量不同,又有单目标优化和多目标优化;按求解方法的特点,可将优化方法分为准则法和数学规划法两大类。

所谓准则法是根据力学或其他原则,构造达到最优的准则,如满应力准则、优化准则等;然后根据这些准则寻求最优解。数学规划法是从解极值问题的数学原理出发,运用数学规划的方法来求最优解。数学规划法又可以按设计问题优化求解的特点,分为线性规划、非线性规划和动态规划几大类。

当目标函数与约束函数均为线性函数时,称为线性规划。线性规划多用于生产组织和管理问题的优化求解。

若在目标函数和约束方程中,至少有一个与设计变量存在非线性的关系时,即为非线性规划。在非线性规划中,若目标函数为设计变量的二次函数,而约束条件与设计变量呈线性函数的关系时,称为二次规划。当目标函数为一广义多项式时,称为几何规划。若设计变量的取值为部分或全部是整型量时,称为整数规划;若为随机值时,称为随机规划。对上述不同类型的规划问题都有一些专门算法进行求解。

所谓的动态规划是指当设计变量的取值随时间或位置变化时,则将问题分为若干个阶段,利用递推关系或一个接一个地做出最优决策,即用多级判断方法使整个设计取得最优结果。

机械优化设计问题多属于多维、有约束的非线性规划。

3. 优化设计的步骤

如图 2-4 所示,优化设计过程可概括为设计对象分析、设计变量和约束的确定、优化设计数学模型的建立、合适的优化计算方法的选择以及优化结果分析等步骤。

(1)设计对象的分析。在优化设计作业前,要全面细致地分析优化对象,明确优化设计要求,合理确定优化的范围和目标,以保证所提出的问题能够通过优化设计来实现。对众多的设计要求要分清主次,抓住主要矛盾,可忽略一些对设计目标影响不大的因素,以免模型过于复杂、求解困难，不能达到优化的目的。

应注意优化设计与传统设计在求解思路、计算工具和计算方法上的差别，根据优化设计的特点和规律，认真分析设计对象和要求，使之适应优化设计的特点。例如，传统设计广泛使用的数表和线图，在优化设计时首先需要将它们转化为计算机能够识别和处理的计算机程序或文件，以便优化作业时进行调用。

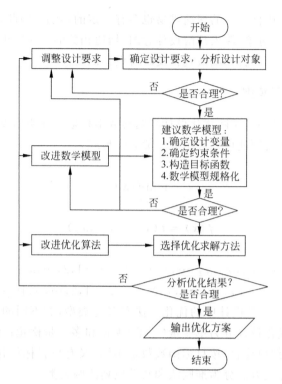

图 2-4　优化设计的基本步骤

（2）设计变量和设计约束条件的确定。设计变量是优化设计时可供选择的变量，直接影响设计结果和设计指标。选择设计变量应考虑的问题：①设计变量必须是对优化设计指标有直接影响的参数，能充分反映优化问题的要求；②合理选择设计变量的数目，设计变量过多，将使问题的求解难度加大，设计变量过小，设计的自由度太低，难以体现优化效果，应在满足优化设计要求的前提下尽量减少设计变量的个数；③各设计变量应相互独立，相互间不能存在隐含或包容的函数关系。

设计约束条件是规定变量的取值范围。在通常的机械设计中，往往要求设计变量必须满足一定的设计准则，满足所需的力学性能要求，规定几何尺寸范围。在优化设计中所确定的约束条件必须合理，约束条件过多，将使可行域变得很小，增加了求解的难度，有时甚至难以达到优化目标。

（3）目标函数的建立。建立目标函数是优化设计的核心，建立目标函数首先应选择优化指标。在机械产品设计中，常见的优化指标有最低成本、最小质量、最小尺寸、最小误差、最大生产率、最大经济效益、最优的功率需求等。目标函数应针对影响设计要求最显著的指标来建立。

若优化的目标可能不止一个，例如对于齿轮传动问题，要求齿轮在重量最小的前提下实现功率最大,这就涉及多目标优化的问题。多目标优化要比单目标优化复杂得多,可以采用多目标优化方法进行计算处理,也可以将一些不重要的目标转化为约束条件,使之成为单目标优化来处理,会大大提高求解效率。

当优化设计数学模型建立之后,还应注意数学模型的规格化问题,包括数学表达式的规格化和参数变量的规格化。数学表达式的规格化在前面已有论述,这里简要叙述一点参数变量的规格化。

数学模型中的参数常有不同的量纲和数量级,若不能很好地匹配将影响优化结果的收敛性、稳定性和参数变量的灵敏度。例如在目标函数 $F(x)=x_1^2+10\,000x_2^2$ 中,变量 x_2 在目标函数中反应很灵敏,而 x_1 则很不灵敏,这说明该模型出现了病态。若将目标函数进行改造,设 $y=100x_2$ 使目标函数变为 $F(x,y)=x_1^2+y^2$,则变量 x_1 和 y 的灵敏度差距大大减小。此外,不同量纲的参数在优化计算中也会有不同灵敏度。对此可对变量进行无量纲化处理,使表达式成为无量纲的表达式,以解决量纲灵敏度问题。

(4) 合适的优化计算方法的选择。当数字模型建立之后,应选择合适的优化方法进行计算求解。目前,优化设计已经较为成熟,有很多现成的优化算法,表 2-1 归纳了常用的各种优化方法。

表 2-1　常用优化方法及其特点

优化方法名称			特　点
一维搜索法	黄金分割法		简单、有效、成熟的一维直接搜索方法,应用广泛
	多项式逼近法		收敛速度较黄金分割法快,初始点的选择影响收敛效果
无约束非线性规划算法	间接法	梯度法(最速下降法)	需计算一阶偏导数,对初始点的要求较低,初始迭代效果较好,在极值点附近收敛很慢,一般与其他算法配合,在迭代开始时使用
		牛顿法(二阶梯度法)	具有二次收敛性,在极值点附近收敛速度快,但要用到一阶、二阶导数的信息,并且要用到 Hesse 矩阵,计算工作量大,所需存储空间大,对初始点的要求很高
		DFP 变尺度法	共轭方向法的一种,具有二次收敛性,收敛速度快,可靠性较高,需计算一阶偏导数,对初始点的要求不高,可求解 $n>100$ 的优化问题,是有效的无约束优化方法,但所需的存储空间较大
	直接法	Powell(方向加速法)	共轭方向法的一种,具有直接法的共同优点,即不必对目标函数求导,具有二次收敛性,收敛速度快,适合于中小型问题($n<30$)的求解,但程序较复杂
		单纯形法	适合于中小型问题($n<20$)的求解,不必对目标函数求导,方法简单,使用方便
有约束非线性规划算法	直接法	网格法	计算量大,只适合于解小型问题($n<5$),对目标函数要求不高,易于求得近似局部最优解,也可用于求解离散变量问题
		随机方向法	对目标函数的要求不高,收敛速度较快,可用于中小型问题的求解,但只能求得局部最优解
		复合形法	具有单纯形法的特点,适合于求解 $n<20$ 的规划问题,但不能求解有等式约束的问题
	间接法	拉格朗日乘子法	只适合于求解只有等式结束的非线性规划问题,求解时要解非线性方程组。经改进,可以求解不等式的约束问题,效率也较高
		罚函数法	将有约束问题转化为无约束问题,对大中型问题的求解均较合适,计算效果较好
		可变容差性	可用来求解有约束的规划问题,适合问题的规模与其采用的基本算法有关

从表中可以看出，各种优化方法有着不同的特点及适用范围，其选用原则为：①根据优化问题规模的大小；②根据目标函数的性质和复杂程度；③考虑算法的可靠性、精确性、程序的简便性以及方法的经济性；④考虑计算机的内存、计算速度及计算时间；⑤根据设计变量数目和约束特点等。

(5) 优化结果分析。优化计算结束后，还需对求解的结果进行综合分析，以确认是否符合原先设想的设计要求，并从实际出发在优化结果中选择满意的方案。有时优化设计所求取的结果并非是可行的，这时需要对优化设计的变量和目标函数进行修正和调整，直到求得满意的结果。例如齿轮模数的优化结果往往不符合标准模数要求，此时还需对其进行圆整。

2.2.2 系统设计

系统设计就是设计师在给定的条件(称为约束条件)下，设计出满足需要的最佳系统。那么系统是什么？系统是指具有特定功能的、由相互间具有有机联系的若干要素构成的、达到规定目的的一个整体。一般认为，由两个或两个以上的要素组成的、具有一定结构和特定功能的整体都可看作一个系统。

系统有以下一些特点：

(1) 整体性。系统是由若干要素构成的有机整体，对内呈现各要素之间的最优组合，使信息流畅、反馈敏捷，对外则呈现出整体特性。要研究系统内各要素发生变化对整体特性的影响。

(2) 相关性。构成系统的要素之间是有机联系的，即相关的，它们之间相互作用、相互影响而形成特定的关系。这意味着其中的一个要素发生变化，都将对其他要素产生影响。因此，应研究影响范围、影响方式和影响程度。

(3) 目的性。系统的价值体现在其功能上，完成特定的功能是系统存在的目的。一个系统可以是单一目的，也可以是多个目的。这些目的往往是相互矛盾的，因此就必须应用运筹学中的多目标优化设计法，求出各目标的折中最优解。

(4) 环境适应性。任何一个系统都存在于一定的物质环境中，外部环境的变化，会使系统的输入发生变化，甚至产生干扰，引起系统功能的变化。一般情况下，系统与外部环境总是有能量交换、物质交换和信息交换。一个好的系统，其工作特性不应受环境的影响，能在环境对系统的输入发生变化时，自动调节自己的参数，始终使自己处于最佳运行状态。这样的系统具有"学习"功能，称为自适应系统。

对于一个系统 Y，它可以用这样的数学表示，该系统的若干要素所组成的集合 X 为

$$X = \{x_i \in X \mid_{i=1,2,\cdots,n}\} n \geq 2$$

当 $x_i \in X_I$ 和 $x_j \in X_J$ 之间存在着一一对应关系时，关系 R 就是 X_I 和 X_J 的顺序对关系，表示为

$$R = X_I X_J = \{(x_i, x_j) \mid_{x_i \in X_I, x_j \in X_J, x_j = R(x_i), x_i = R(x_j)}\}$$
$$i, j = 1, 2, \cdots, n \quad i \neq j$$

其中，$X_I X_J$ 是集合 X_I 和 X_J 的乘积集合，即是作为条件来实现系统的。所以系统 Y 可以用下式来定义：

$$Y = \{X \mid R\}$$

即系统 Y 以具有 R 关系的集合 X 来表征。

一个大的系统可由若干小的系统组成，这些小的系统常称为子系统。子系统又可由它

所属的更小的子系统组成。系统本身也可以是别的更大系统的组成部分。

1. 系统设计的方法和步骤

系统设计过去一般包括计划、外部系统设计、内部系统设计和制造销售4个阶段,还应包括系统运行和维修阶段以及系统报废阶段。系统设计必须考虑系统的运行和出现故障时的维修,以及系统报废时资源的再利用和对环境的污染。

传统的设计方法只注重内部系统的设计,且以改善零部件的特性为重点,至于各零部件之间、外部系统与内部系统之间的相互作用和影响则考虑得较少。因此,虽然对零部件的设计考虑得很仔细,但设计的系统仍然不够理想。零部件的设计固然应该给予足够的重视,但全部用好的零部件未必能组成好的系统,其技术和经济未必能实现良好的统一。

系统一般来说是比较复杂的,为便于分析和设计,常采用系统设计中常用的系统分解法,把复杂的系统分解为若干个相联系的、相对比较简单的子系统,这样可以使系统的分析和设计比较简单。根据需要,各子系统还可再分解为更小的子系统,依次逐级分解,直到能进行适宜的设计和分析为止。

系统分解时应注意:

(1) 分解数和层次应适宜。分解数太少,子系统仍很复杂,不便于模型化和优化等工作;分解数和层次太多,又会给总体系统的综合设计造成困难。

(2) 避免过于复杂的分界面。分解的界面应尽可能选择在要素间结合作用较弱的地方。

(3) 保持能量流、物料流和信息流的合理流动途径。系统工作时能量、物料和信息进行转换,它们从系统输入到系统输出的过程中,按一定的方向和途径流动,既不能中断阻塞,也不能紊流,即使分解的各个子系统的流动途径仍应明确和畅通。

(4) 系统分解与功能分解不同。系统分解时,每个子系统仍是一个系统,它把具有比较密切结合关系的要素集合在一起,其结构组成虽稍为简单,但其功能往往还有多项。而功能分解时,则是按功能体系进行逐级分解,直至功能不能再分解为止。

系统分析是系统设计中的一项重要工作。系统分析不同于一般的技术经济分析,它是从系统的整体优化出发,采用各种工具和方法,对系统进行定性和定量分析的过程。系统分析时,不仅分析技术、经济方面的有关问题,而且还要分析内部系统、外部系统之间及系统内部各子系统之间的联系因素,并且做出评价,为决策者选择最优系统方案提供主要依据。

在系统分析时,要遵循下面的原则:

(1) 外部条件与内部条件相结合。一个系统不仅受到内部因素的影响,而且也受到外部条件的约束。因此,一定要把内外部条件的各种有关因素结合起来进行综合分析。

(2) 眼前利益与长远利益相结合。选择一个良好的方案,不仅只限于眼前利益,而且还要考虑将来的利益。如果方案对目前不是很有利而对长远有利,则从系统分析观点来看,它还是合理的方案。

(3) 局部利益与整体利益相结合。系统要求的是整体效益和最优化,只有从整体系统的目标去分析才是合理的。

(4) 定量分析与定性分析相结合。定量分析是数量指标的分析,而定性分析常常是指质量指标,而且不容易用数量和数学公式表达出来。对这些因素往往只能根据经验进行数理统计分析和主观判断来加以解决。

由于系统中存在着许多矛盾和不确定因素，不同系统的目的、要求和系统结构也不同，没有一个通用的系统分析方法，随分析对象和分析目的的不同，所采用的分析方法也不同。

系统分析的一般步骤如下：

(1) 分析与确定系统的目的和要求。充分了解建立系统的目的和要求，是建立系统的依据，也是系统的出发点和进行评价、决策的主要依据。如果对系统的目的和要求不能全面地正确理解和把握，或目的不明确，或要求不高、过低，或系统边界提得过宽、过窄等，都会导致系统不完善或失误，引起决策的失误。

(2) 模型化。模型是描述实体系统的映像，包括各种数学模型、实物模型、计算机模型和各种图表等。无论是已有的系统还是未建立的系统，要想对其进行定性和定量的分析，都需要将其进行模型化。在建立模型时，必须全面考虑其影响因素，分清主次，尽可能如实地描述系统的主要特征。在能满足主要要求的前提下，应尽量简化，以需要、简明、易解为原则。

(3) 系统最优化。系统最优化是应用最优化理论和方法，对各候选方案进行最优计算，以获得最优的系统方案。

(4) 系统评价。优化后的系统方案可能是几个，为了进行决策，须对各优化方案进行评价。系统优化时应考虑的因素很多，如各项功能、可靠性、成本、寿命、工期、使用性等。系统评价的方法很多，但都不是十分完善和全面的，一般采用较多的方法是将系统的总投资费用与总收益之比作为评价值。

系统设计的过程如图2-5所示。首先，要明确在外部系统设计阶段设计系统应具备的特性和条件。在此阶段，由于能掌握系统的主要因素和概略结构，所以称为系统探讨。其次，是指定满足要求的系统草案。对它们进行分析，并分解为子系统，研究其特性和做出评价，进行最佳设计。再次将它们综合起来进行综合设计。最后，对已设计的系统的功能和可靠性等进行审查，确定最初预想的性能是否满足。各个阶段完成时，都要对其结果进行审查，确认达到目的后，再向下一阶段进行。如果结果不能满足，就要对阶段的设计进行修正。当审查仍不满意时，则应毫不犹豫地逐段向上追究。

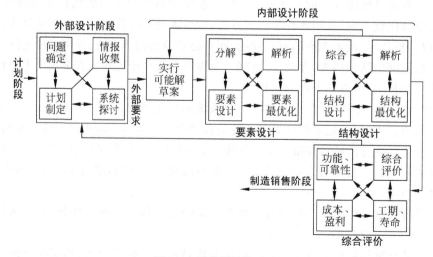

图 2-5 系统设计的过程

通过以上讨论我们把系统设计的一般步骤大致归纳为：

(1) 明确求解的问题。系统设计的第一步是明确求解的问题和范围，就是说明确设计目的和要求。

(2) 因素分析。对与被描述问题有关的因素进行分析，确定因素的类型：可控的、不可控的、质的属性、量的属性。系统的最优化就是对量的可控因素优化确定的过程。

(3) 模型的建立。建立模型就是用适当的(一般是数学的)方式来描述问题与因素之间的关系，建立模型时一般应忽略次要因素，突出主要因素。建立模型时，应首先明确下面的几个问题：系统的目标、系统的约束(现在常称为环境因素)、系统的输入、系统的输出。模型可以是下面方式的任一种或它们的组合：物理模型(用来进行模拟试验)、图解模型(如流程图、工序图、决策树等)、数学模型(用数学的形式来表示，可用来求出最佳解)和计算机模型(用程序语言表示，可以进行仿真求解)。

(4) 决策过程。所谓决策是运用适当的手段求解模型，确定实现系统目标的系统结构及其运用方法。当所建的是数学模型时，则可运用运筹学中的数学规划法去求解。在求解数学模型时，恰当地选择优化准则是很重要的，优化准则不同，则所确定的系统的结构和对外表现大不相同。

(5) 运用与管理。①验证：根据实际情况确定决策过程中的各种参数是否符合实际；②预测：预测系统各部分变化时对输出的影响；③系统运行的评价：主要评价系统是否达到预期的目的，评价可以从下面几个方面着手，即可靠性、响应性、稳定性、适应性、可维修性、经济性和对环境的影响；④修正：根据评价结果确定是否需要进行修正，一般情况下，系统经过数次修正后，系统的特性总能得到逐步改善。对于无法改善的系统，则应考虑重新进行系统设计。

对于大规模系统的设计是不允许失败的，由于模型复杂，约束条件众多，要想求得总体最优解难度很大，可以采用下述方法求得近似最优解：

(1) 采用模块方式。采用这种方式时，首先将大系统分割成为几个独立性很强的子系统，力求使各子系统局部最优化。然后对整体进行协调统一，以求得整个系统的近似最优解。

(2) 采用多层次系统理论。当采用这种理论时，首先将构成整体系统的子系统按垂直方向排列，高层次的子系统行动最优，并对低层次子系统产生作用。这样，低层次子系统的行为成果取决于高层次的子系统，并对上部进行反馈。这样构成的系统就称为多层次系统。

2. 机械系统设计

机械系统中机械本身构成的系统是内部系统，而任何环境构成的系统是外部系统。机械系统种类繁多，结构也越来越复杂，但从实现系统功能的角度看，主要包括动力系统、传动系统、执行系统、操作及控制系统等子系统，如图 2-6 所示。每个子系统又可根据需要继续分解为更小的子系统。

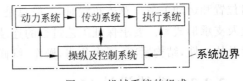

图 2-6 机械系统的组成

1) 机械系统设计的任务

机械系统设计的最终目的是为市场提供优质高效、价廉物美的机械产品，在市场竞争中取得优势、赢得用户，并取得较好的经济效益。

产品质量和经济效益取决于设计、制造和管理的综合水平,而产品设计是关键。机械系统设计时,特别强调和重视从系统的观点出发,合理确定系统功能,增强可靠性,提高经济性,保证安全性。

(1) 合理确定系统功能。产品的推出是以社会需求为前提,没有需求就没有市场,也就是确定产品存在的价值和依据。设计师必须确立市场的观念,以社会需求作为根本出发点,掌握市场动态,查清市场当前的需求和预测今后的需求,了解市场对现有产品或同类产品的反应,掌握现有竞争对手和潜在竞争对手的动向,确定自己的方针和策略,力求使设计的产品达到尽善尽美的境地。

(2) 提高可靠性。可靠性是衡量系统质量的一个重要指标。提高系统可靠性的最有效的方法是进行可靠性设计。

(3) 提高经济性。①提高设计和制造的经济性:主要是通过降低产品成本、减少物质消耗、缩短生产周期等措施来实现。从设计角度来说可采取:合理确定可靠性要求和安全系数,在设计中贯彻标准化,把新技术(包括新产品、新方法、新工艺、新材料等)应用到产品设计中,不断改善零部件结构的工艺性等。②提高使用和维修的经济性:主要有提高产品的效率,确定经济寿命,提高维修保养的经济性。

(4) 保证安全性。安全性包括机械系统执行预期功能的安全性和人-机-环境系统的安全性。机械系统执行预期功能的安全性是指机械运行时系统本身的安全性,如满足必要的强度、刚度、稳定性、耐磨性等要求。人-机-环境系统的安全性是指劳动安全和环境保护,即机械工作时,不仅机械本身应具有良好的安全性,而且对使用机械的人员及周围的环境也应有良好的安全性。

2) 机械系统的方案设计与总体设计

方案设计一般从系统的功能出发,通过分析机械作业过程的工艺原理,确定人在技术过程中的参与程度,即确定内部系统的边界,以及确定技术过程中各作业的顺序,找出实现预定设计目标的原理方案。确定各部件(子系统)的基本结构和形式,进行初步计算和运动分析,使整个机械系统与其他相关的外部系统相适应,并对整机进行必要的工作能力计算和性能预测,以确保实现重要的性能目标。分析各个可行的候选方案的薄弱环节并加以改进,进而对各可行的候选方案作较为全面的分析比较,确定最佳设计方案,必要时应对方案中的关键技术系统进行试验研究。最后对所设计的机械系统的结构给出完整的描述。

3) 机械系统的总体布置

总体布置必须要有全局观点,不仅要考虑机械本身的内部因素,还要考虑人机关系、环境条件等各种外部因素,按照简单、合理、经济的原则,妥善地确定机械中各零部件之间的相对位置和运动关系。总体布置时,一般总是先布置执行系统,然后再布置传动系统、操纵系统及支承形式等。要求保证工艺过程的连续和流畅,降低质心高度,减小偏置,保证精度、刚度及抗振性,结构紧凑,层次分明,操作、维修、调整简便,外形美观等。

2.2.3 功能设计

1. 功能设计的概念

设计工作的核心问题就是功能问题,那什么是功能呢?

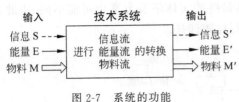

图 2-7 系统的功能

功能是对技术系统或产品能完成的任务的抽象描述,是反映产品所具有的特定用途与各种性能。功能可以这样定义:功能是指某一系统所具有的转化能量、物料、信息、运动或其他物理量的特性,是其输入量和输出量之间的关系,如图 2-7 所示。

从系统的观点出发,可将系统的功能分为总功能和分功能。每个系统都有其总功能,对系统整体的功能要求就是该系统所具有的总功能,系统输入、输出的能量、物料、信息的差别和关系反映了系统的总功能。

一个系统可以分解为一些子系统。由于要解决的问题的复杂程度不同,一个系统所出现的功能就有不同的复杂程度,那么也可以将复杂的功能关系分解成为若干个复杂程度比较低的、可以看清楚的分功能。分功能是总功能的组成部分。一般不把功能分得过细,而是分解到功能单元的水平上。这样的功能单元是可以看清楚的,它是既有一定的独立性,又有一定复杂程度的技术单元。

设计中对功能的要求是第一位的,用户购买产品时要求的不是产品本身,而是产品所具有的满足某种需要的功能。因此,在设计的全过程中努力追求产品功能的最佳实现。

2. 功能设计的步骤

功能设计是过程设计中探求原理方案的一种有效方法,它以系统工程为基础,从功能分析着手,其步骤如图 2-8 所示。功能设计紧紧抓住系统功能这个本质,具有化简为繁、原理解答多、最佳解答多中选优等特点,是一种较好的原理方案设计的方法。

3. 功能分析

功能分析是设计中的一种重要手段,只有用功能的观点来观察和认识技术系统才能抓住其本质。

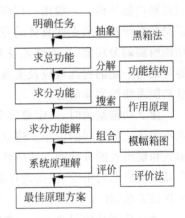

图 2-8 功能设计的步骤

一个系统可以逐步分解为许多分功能或功能单元。由总功能分解为分功能,最后做出功能结构的过程称为功能分析。功能分析的过程就是设计人员酝酿系统实体解答的过程,这个过程往往不是一次完成的,而是随着设计工作的逐步深入而不断修改、不断完善的。功能分析是通过将功能分解为相互独立的功能单元,对于每个功能单元列出所有可能的可行方案,再按一定的规则将这些单元方案组合起来形成总方案。

1) 功能分解

一个系统的总功能确定后,通常很难立即找到相应的实体解答,因此必须将相对比较难以寻求实体解答的总功能,分解为相对比较容易简单的容易寻求实体解答的分功能或功能单元,这个过程就是功能分解,如图 2-9 所示。进行功能分解的目的就是将总功能分解为较为简单的分功能或功能单元,以便能找到实体解答。总功能相同,分解的结果可能不同,相应的实体解答方案也可能不同,因此对诸多的功能分解方案应该进行比较选择。就是同一功能分解方案,由于可以选用的功能载体不同,其最终的实体解答方案也可能不同,因此在功能分解方案确定后,还须对功能载体的选用进行比较选择。

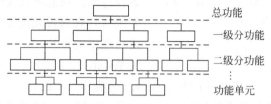

图 2-9　系统的总功能、分功能、功能单元

功能是系统必须完成的任务,它的实现必然要通过一系列必要的操作或经过一定的作用过程,同时还可能涉及实现此功能所必需的其他若干方面。它们都是实现系统总功能所必需的分功能。

功能分解的步骤为:
(1) 根据经验、惯例或参考现有系统,初步完成所需完成的操作或须经过的作用过程。
(2) 明确在此过程中,系统应完成的动作和发挥的作用及有关载体。
(3) 根据各动作或作用初步划分分功能,通常首先考虑主要的工作过程。
(4) 补充其他方面的考虑,完成整个系统的功能分解。

2) 功能结构的建立

功能结构描述系统各分功能之间的关系,或者说将系统的各个分功能有机地组合起来就得到功能结构。一般用一框图来描述,这个框图就称为功能结构图。功能结构图的建立就是使系统从抽象走向具体的重要环节之一。通过建立功能结构图,明确了实现系统的总功能所需的分功能、功能单元及其顺序关系。这些较简单的分功能或者功能单元,可以比较容易地与一定的物理效应及实现这些效应的实体结构相对应,从而可以得出实现所规定的总功能需要的实体解答。

建立功能结构时,一定要区分创新设计和适应性设计。创新设计通常是不知道分功能,也不知道它们之间的关系。建立功能结构的出发点是设计要求,由此常可得到功能结构在输入和输出处的分功能。适应性设计可以通过对需要进一步开发的产品进行分析,从已知产品的功能结构出发,根据设计的要求,通过变异、纳入或者取消个别分功能,以及改变其相互连接关系,建立功能机构。

建立功能结构图的工作步骤为:
(1) 根据技术过程的分析,划定技术系统的边界,定出系统的总功能。
(2) 将总功能分解为分功能或者功能单元,具体做法如图 2-9 所示。
(3) 建立功能结构图。根据系统的物理作用原理、经验或参照已有的类似系统,首先排出与其主要工作过程有关的分功能或功能单元的顺序。通常先提出一个粗略方案,然后检验并完善其相互关系,补充其他部分。

建立功能结构图时应注意:体系分功能或功能单元之间的顺序关系;各分功能和功能单元的分解及排列要有一定的理论依据(物理作用原理)或经验支持;不能漏掉必要的分功能或功能单元;尽可能简单、明了,但要便于实体解答方案的求取。

实现同一总功能的功能结构可能有很多,因此建立功能结构图时应尽可能有多个方案,以便进行评比,选出最佳的功能结构方案,改变功能结构常可发展出新的产品。

4. 寻求作用原理

作用原理是指某一功能载体上由某一物理效应实现某一分功能的工作原理。它与功能载体密切相关。作用原理的确定包括物理效应和功能载体的确定,在进行了功能分析后,对于各个分功能,必须找出能够实现各分功能的作用原理和功能载体,然后将它们以适当的方式组合起来,即形成了不同的解答方案。同一物理效应和功能载体可以为不同的分功能服务。同一物理效应也可以由不同的功能载体实现。如杠杆效应不仅可以放大力,而且可以改变行程、改变速度;杠杆效应不仅可以通过撬杠实现,也可通过齿轮实现。因此,只有针对某一分功能,在某一确定载体上由某一确定的物理效应产生的作用,才是实现该分功能的作用原理。

1) 寻求物理效应

物理效应泛指自然界一切现象的作用效果经物理学家、化学家、生物学家等分析出来的、具有普遍规律性的结果,包括这些学科中的定理、定律和法则。自然科学已经为工程技术提供了大量的可以利用的物理效应,可参考有关手册,从中查到所需要的物理效应。

2) 寻求功能载体

当物理效应确定之后,就要寻求使该物理量实现该效应规定的变化的实体,即能实现该分功能的功能载体。功能载体的构成可以用几何特征、运动特征和材料特征来描述。改变几何特征和材料特征,可以形成多功能载体。

3) 寻求作用原理的方法

寻求作用原理的常用方法有很多,究竟采用哪一种或者哪几种取决于设计者的经验和知识。常用的方法有:

(1) 文献检索。对设计师来说,这是获得信息的重要渠道。这种信息可以从专业书刊、专利,甚至可以从竞争者的产品说明中获得。由此可对现有的各种解答的可能性作一次重要的展望。

(2) 分析自然系统。研究自然界中的形状、结构、生物和过程,可以引出有多方面用途而技术上新颖的解答。

(3) 分析已有系统。分析已有的系统得到新的解答或者改进的解答。

(4) 偏重于直觉的方法。有智暴法、提问法等,就是利用群体效应,通过互相启发,寻求解决问题的途径。

(5) 设计目录的应用。设计目录是一种用于设计的信息库,是一定设计任务或者分功能的已知解或经过考验的解的汇编。

4) 组合作用原理,形成原理解答方案

确定了各分功能的作用原理之后,按照功能结构图规定的逻辑顺序和关系,把这些作用原理组合在一起,可以实现系统总功能的那些组合,就是所设计的系统的原理解答方案。

由于实现各分功能的物理效应有很多种,而实现每种物理效应的功能载体又可以有多种,所以可以组合的原理方案为作用原理数和分功能数的乘积,实现上有许多不合理或无法实现的方案。由于作用原理的组合比较复杂,它涉及所形成的原理解答方案是否合理可行,要求不要遗漏可能的优选方案,建议采用形态矩阵进行作用原理的组合。

将各分功能与相应的作用原理按顺序以矩阵的形式列出,组成的图形就是形态矩阵,如

图 2-10 所示。

分功能	1	2	...	n_1	...	n_2	...	n_3
F_1	L_{11}	L_{12}	...	L_{1n_1}	...	L_{1n_2}	...	L_{1n_3}
F_2	L_{21}	L_{22}	...	L_{2n_1}	...	L_{2n_2}	...	L_{2n_3}
⋮	⋮	⋮	⋮	⋮	⋮	⋮	⋮	⋮
F_m	L_{m1}	L_{m2}	...	L_{mn_1}	...	L_{mn_2}	...	L_{mn_3}

图 2-10 系统的形态矩阵图

5) 系统原理解答方案的评价和决策

在众多的方案中选取最佳方案,一般先进行粗筛选,把与设计要求不符或各分功能解答不相容的方案去除。在粗筛选的基础上,对所有可行的解答进行科学的定量评价,以便进一步比较优选。这样做的工作量可能很大,也可在众多的可行方案中,定性地选取几个较为满意的方案进行科学的定量评价。

2.2.4 模块设计

1. 模块化设计的基本概念和方法

为开发具有多种功能的不同产品,不必对每种产品施以单独设计,而是精心设计出多种模块,将其经过不同的方式组合来构成产品,以解决产品品种、规格与设计制造周期、成本之间的矛盾,这就是模块化设计的含义。模块化设计与产品标准化设计、系列化设计密切相关,即所谓的"三化"。"三化"互相影响、互相制约,通常合在一起作为评定产品质量优劣的重要指标,是现代化设计的重要手段。机械产品的模块化设计始于20世纪初;1920年左右,模块化设计原理开始作用于机床设计;到20世纪50年代,欧美一些国家正式提出"模块化设计"概念,把模块化设计提高到理论高度来研究。目前,模块化设计的思想已渗透到许多领域,例如机床、减速器、家电、计算机等。在每个领域,模块及模块化设计都有其特定的含义,此处所指为机械产品的模块化设计。

1) 模块

模块是指一组具有同一功能和结合要素(指连接部位的形状、尺寸、连接件间的配合或啮合等),但性能、规格或结构不同却能互换的单元。

机床卡具、联轴器可称为模块,有些零部件如插头、插座,广而言之也可称为模块,但不如称为标准件为好。在模块化设计中,也用到大量的标准件,但模块多指标准件之外、仍需设计而又可以用于不同的组合、从而形成具有不同功能的设备的单元。

系统各组成部分之间可传递功能的共享界面称为接口。物质、能量、信息通过接口进行传递,模块通过接口组成系统。

广义地说,接口在产品中可谓无处不在,构成产品的每一个元素的输入、输出口就是它的接口界面。若把产品看作一个由许多元素(零件、元器件)组成的链状系统,则每一个元素可看作其前后两个元素的接口环节。对整个产品来说,某一环节或某一元素的输入/输出界面的可靠性出了问题,则产品就会出现故障。接口结构的规模有大有小,但对系统功能及可靠性的影响不依大小而不同,连接两个模块的导线有时必须采用屏蔽线或同轴电缆,甚至连接线的长度也应限制,以免信号的过度衰减。从大范围看,譬如机电一体化产品的传感器系统可看作各种物理量的接口,执行机构系统可看作机械本体与信息处理系统间的接口结构。

(1) 机械接口。机械接口是机械各零部件间的连接界面,通过接口结构实现静态结合或动态结合(传递力、运动)。接口结构包括接口形式和接口尺寸及精度,除满足功能外,应具有互换性和兼容性,例如采用标准的结构要素(燕尾槽、锥度、螺纹、齿轮模数等);对于不能互换与兼容的界面间,应设计接口零部件。机械接口还包括流体动力与机械本体的接口,如各种泵、控制阀、液压缸、液压(气动)马达等。对电子设备机械结构,其外形及连接尺寸应具有互换性及兼容性,要求符合某一模数系列。

(2) 电气接口。电气接口是传递各种电气信息的界面,其功能除传递信息外,还要求被连接的两个电路阻抗匹配。仅传递信息可用电缆(带接头)、开关及连接器,为在多个模块间传输一组统一信息和数据则可采用标准的总线(BUS)结构。对于模块间无兼容性的接口,则需采用具有接收、处理和发送功能的接口电路(板)或接口设备。例如,模拟信号与数字信号间的A/D、D/A 转换;高、低电压间的变压器;电路与所提供的电源间的整流、逆变、变频等。

(3) 机电接口。机电接口是间接型接口,也可以认为其间有机械量与电量转换的变换器,在机电接口中有能量转换和传输的效率问题、阻抗匹配问题、信息的传输和变换问题等。数控机床伺服系统中的步进电机及电液伺服阀是将电量转化为机械量的接口元件,而感应同步器、光栅、磁栅等位移测量装置及行程开关等则是将机械量转化为电量的接口元件。

(4) 其他物理量与电量的接口。在机电一体化产品中还常用到许多物理量,这些物理量都需转换成电量才能为信息处理系统所接受。例如,接收电线是将电磁波转换成电量,而发射天线则是将电量转换成电磁波;光电管将光能转换成电能,而各种显示件则是将电能转换成光能;话筒将声能转换成电能,扬声器则反之;而语音识别的接口关键则是一块语言识别插件板。广义地说,各种热敏、力敏和压敏、气敏、湿敏、化学敏、光敏、磁敏等传感器都是一种接口元件,而由传感器与相应 A/D 转换器构成的设备,则构成一种将物理量变换为电量的接口设备。

(5) 软件接口。软件接口除了计算机程序模块间的接口程序外,还包括诸如信号线描述、时序与控制规约、数据传输协议、字符与图像传送及识别规范等。

(6) 人-机-环接口。机电一体化产品需由人进行操作和控制方能运行,从系统工程着眼,人与机处于一个系统之中,把人看作系统的一个环节,而任何人机系统又必定处在特定的环境之中,构成所谓人-机-环的广义系统。为使大系统中的这三个环节能协调匹配,应妥善解决人-机-环的接口问题。人-机接口包括人机对话(通信)接口与人机匹配。人机对话接口主要是解决人与计算机间的通信,其手段有穿孔带输入、磁盘输入、键盘输入、图形输入、手写方式输入、语音输入及人脑生物电信号输入等。人机匹配是寻求人的特性和机器特性之间的最佳匹配,以提高整个系统的效率,应使显示器及控制器的设计及布局符合人的心理及生理特点,以有利于提高信息传递的效率和准确性。机-环接口是指机器对其所处环境的协调性。机器总是处于某一特定的气候环境(温度、湿度、大气压力)、机械环境(振动、冲击、噪声)、电磁环境(电场、磁场、电磁场、静电)、化学环境(盐雾、二氧化硫、臭氧)、生物环境(霉菌和真菌、动物)之中,这些环境因素会对产品的正常运行产生影响。为此,需进行设备的冷却、防振动冲击、屏蔽接地、"三防"等机-环接口设计。人-环接口是指人在监视、控制机器时对环境因素的协调性,如物理因素(温度、照明、色彩、噪声、振动、辐射)、化学因素(如有毒有害气体)、社会因素(如人际关系)对人的生理机能及心理状态的影响和干扰。为此需要进行环境控制,如在控制室设计时应考虑空气调节、控制光环境、协调环境色彩、控制噪声等。

上述各接口要素贯穿、渗透于机电一体化产品系统之中,如同神经及血管遍布于人的全身。

2) 模块化设计

在对产品进行市场预测、功能分析的基础上,划分并设计出一系列通用的功能模块;根据用户的要求,对这些模块进行选择和组合等,就可以构成不同功能、或功能相同但性能不同、规格不同的产品。这种设计方法称为模块化设计。

模块化设计的主要方式有以下几种。

(1) 横系列模块化设计:不改变产品主参数,利用模块发展变形产品。这种方式最易实现,应用最广,常是在基型品种上更换或添加模块,形成新的变形品种。例如,更换端面铣床的铣头,可以加装立铣头、卧铣头、转塔铣头等,形成立式铣床、卧式铣床或转塔铣床等。

(2) 纵系列模块化设计:在同一类型中对不同规格的基型产品进行设计。主参数不同,动力参数也往往不同,导致结构形式和尺寸不同,因此比横系列模块化设计复杂。若把与动力参数有关的零部件设计成相同的通用模块,势必造成强度或刚度的欠缺和冗余,欠缺影响功能发挥,冗余则造成结构庞大、材料浪费。因而,在与动力参数有关的模块设计时,往往先合理划分区段,只在同一区段内模块通用;而对于与动力或尺寸无关的模块,则可在更大范围内通用。

(3) 横系列和跨系列模块化设计:除发展横系列产品之外,改变某些模块还能得到其他系列产品者,便属于横系列和跨系列模块化设计了。德国沙曼机床厂生产的模块化镗铣床,除可发展横系列的数控及各型镗铣加工中心外,更换立柱、滑座及工作台,即可将镗铣床变为跨系列的落地镗床。

(4) 全系列模块化设计:全系列包括纵系列和横系列。例如,德国某厂生产的工具,除可改变为立铣头、卧铣头、转塔铣头等形式成横系列产品外,还可以改变车身、横梁的高度和长度,得到三种纵系列的产品。

(5) 全系列和跨系列模块化设计:主要是在全系列基础上用于结构比较类似的跨系列产品的模块化设计上。例如,全系列的龙门铣床结构与龙门刨、龙门刨铣床和龙门导轨磨床相似,可以发展跨系列模块化设计。

2. 模块化系统的分类

按产品中模块使用多少,模块化系统可分为:

(1) 纯模块化系统,一个完全由模块组合成的模块化系统。

(2) 混合系统,一个由模块和非模块组成的模块化系统。机械模块化系统多是这种类型。

按模块组合可能性多少,模块化系统可分为:

(1) 闭式系统,有限种模块组合成有限种结构型式。设计这种系统时须考虑到所有可能的方案。

(2) 开式系统,有限种模块能组合成相当多种结构型式。设计这种系统时主要考虑模块组合变化规则。

模块实现一定功能,对整个产品系列而言,功能和相应的模块类型如图 2-11 所示。

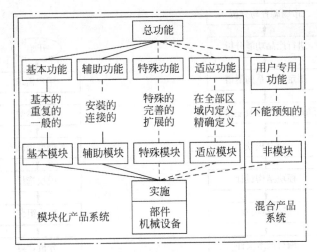

图 2-11　模块化产品系统中功能和模块类型

基本功能是系统中基本的、经常重复的、不可缺少的功能,在系统中基本不变,如车床中主轴的旋转功能。其相应模块称为基本模块。

辅助功能主要指实现安装和连接所需的功能,例如一些用于连接的压板、特制连接件,其相应模块称为辅助模块。

特殊功能是表征系统中某种或某几种产品特殊的、使之更完善或有所扩展的功能。如仪表车床中的球面切削装置模块,便扩展了它的功能。其相应模块称为特殊模块。

适应功能是为了和其他系统或边界条件相适应所需要的可临时改变的功能。其相应模块称为适应模块。它的尺寸基本确定,只是由于上述未能预知的条件,某个(些)尺寸须根据当时情况予以改变,以满足预定要求。一些厚度尺寸可变的垫块即可构成这种性质的模块。

用户专用功能指某些不能预知的、由用户特别定制的功能,该功能有预期不确定性和极少重复,由非模块化单元实现。

3. 模块化设计的步骤

传统设计的对象是产品,但模块化设计的产物既可是产品,也可是模块。实际上常形成两个专业化的设计、制造体系,一部分工厂以设计、制造模块为主,一部分工厂则是以设计制造产品(常称为整机厂)为主。

模块化设计也可分为两个不同层次,将模块化系统总体设计和模块系统设计合并为第一个层次,即为系列模块化产品研制过程,需要根据市场调研结果对整个系列进行模块化设计,本质上是系列产品研制过程,如图 2-12 所示。第二个层次为单个产品的模块化设计,需要根据用户的具体要求对模块进行选择和组合,并加以必要的设计计算和校核计算,本质上是选择及组合过程,如图 2-13 所示。

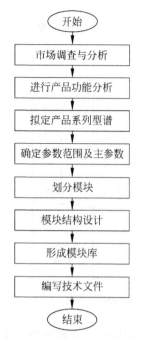
图 2-12 模块化系列产品研制过程

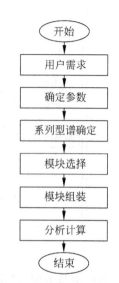
图 2-13 模块化产品设计过程

总的来说,模块化设计遵循一般技术系统的设计步骤,但比后者更复杂,花费更高,要求每个零部件都能实现更多的部分功能。

(1) 市场调查与分析。这是模块化设计成功的前提。必须注意市场对同类产品的需求量、市场对同类产品基型和各种变型的需求比例,分析来自用户的要求,分析模块化设计的可行性等。对市场需求量很少而又需要付出很大的设计与制造花费的产品,不应在模块化系统设计的总体功能之中。

(2) 进行产品功能分析。拟定产品系列型谱、合理确定模块化设计所覆盖的产品品种和规格。种类和规格过多,虽对市场应变能力强,有利于占领市场,但设计难度大,工作量大;反之,则对市场应变能力减弱,但设计容易,易于提高成品性能和针对性。

(3) 确定参数范围和主参数。产品参数有主参数、运动参数和动力参数(功率、转矩、电压等),须合理确定,过高过宽造成浪费,过低过窄不能满足要求。另外,参数数值大小和数值在参数范围内的分布也很重要,最大、最小值应以使用要求而决定。主参数是表示产品主要性能、规格大小的参数,参数数值的分布一般用等比或等差数列。

(4) 确定模块化设计类型,划分模块。只有少数方案用到的特殊功能,可由非模块实现;若干部分功能相结合,可由一个模块实现(对于调整功能尤其如此)。

(5) 模块结构设计,形成模块库。

由于模块要具有多种可能的组合方式,因此设计时要考虑到一个模块的较多接合部位,应做到加工合理、装配合理;应尽量采用标准化的结构;尽量用多工位组合机床同时加工,否则模块的加工成本将非常可观;还应保证模块寿命相当,维修及更换方便。

(6) 编写技术文件。由于模块化设计建立的模块常不直接与产品联系,因此必须注意其技术文件的编制,才能将不同功能的模块有机联系起来,指导制造、检查和使用。技术文件主要包括以下内容：①编制模块组合与配置各产品的关系表，其中应包括全系列的模块种类及各产品使用的模块种类和数量；②编制所有产品的模块组和模块目录表，标明各产品和模块组的组成；③编制系列通用的制造与验收条件、合格证明书及装箱单；④编制模块的使用说明，以适应不同产品、不同模块的需要。

4. 模块化设计的关键

（1）模块标准化。它是指模块结构标准化，尤其是模块接口标准化。模块化设计所依赖的是模块的组合，即连接或啮合，又称为接口。显然，为了保证不同功能模块的组合和相同功能模块的互换，模块应具有可组合性和可互换性两个特征，而这两个特征主要体现在接口上，必须提高其标准化、通用化、规格化的程度。例如，具有相同功能、不同性能的单元一定要具有相同的安装基面和相同的安装尺寸，才能保证模块的有效组合。在计算机行业中，由于采用了标准的总线结构，来自不同国家和地区厂家的模块均能组成计算机系统并协调工作，使这些厂家可以集中精力，大量生产某些特定的模块，并不断进行精心改进和研究，促使计算机技术达到空前的发展。相比之下，机械行业针对模块化设计所做的标准化工作就逊色一些。机械产品中模块化设计仅应用于为数不多的机床行业。

（2）模块化的划分。模块化设计的原则是力求以少数模块组成尽可能多的产品，并在满足要求的基础上使产品精度高、性能稳定、结构简单、成本低廉，且模块结构应尽量简单、规范，模块间的联系尽可能简单。因此，如何科学地、有节制地划分模块，是模块化设计中很具有艺术性的一项工作，既要照顾制造管理方便，具有较大的灵活性，避免组合时产生混乱；又要考虑到该模块系列将来的扩展和向专用、变形产品的辐射。划分的好坏直接影响到模块系列设计的成功与否。总的来说，划分前必须对系统进行仔细的、系统的功能分析和结构分析，并要注意以下各点：

① 模块在整个系统中的作用及其更换的可能性和必要性。
② 保持模块在功能及结构方面有一定的独立性和完整性。
③ 模块间的接合要素要便于连接与分离。
④ 模块的划分不能影响系统的主要功能。

5. 模块化设计的现状与趋势

模块化设计在设计思想上是对传统设计的一种创新，早期模块化设计多采用手工操作管理，缺乏现代化的设计与管理手段，不能充分发挥模块化设计的优越性。随着计算机应用技术向各行各业的渗透及以计算机辅助设计为主体的现代设计技术的发展，模块化设计从设计手段上已有了极大的不同，形成了以计算机为工具、以模块化设计为目标的各种学科交叉融合的新型技术领域，如计算机辅助模块化设计、模糊模块化设计、智能模块化设计、优化模块化设计等，这些手段反过来又促进了模块化设计思想的发展。例如，早期的模块化设计主要追求功能的实现，现在则要求模块化产品生命周期全过程多目标的权衡、分配及综合政策，如开发周期短，易于回收、装配、维修，产品报废后某些模块仍可再利用，模块可以升级、重新设置等。综合起来，现代模块化设计呈现以下几种趋势：

（1）各种教学方法（模糊数学、优化等）引入模块化设计各个环节，如模块的划分、结构设计、模块评价、结构参数优化等。

(2) 不同层次计算机软件平台的渗透,如二维绘图、实体造型、特征建模、概念设计、曲面设计、装配模拟等软件均可用于模块化设计之中。

(3) 数据库技术及成组技术的应用。产品系列型谱确定之后,在系列功能模块设计时,采用数据库技术及成组技术,首先对一系列模块的功能、结构特征、方位、接合面的形状、形式、尺寸、精度、特性、定位方式进行分类编码,以模块为基本单元进行设计,存储在模块数据库中。具体设计某个产品时,首先根据功能及结构要求形成编码,根据编码在数据库中查询,若查出满足要求的模块,则进行组合、连接;否则,则调出功能和结构相似的模块进行修改。组合连接好之后,与相应的图形库连接,形成整机。分类编码识别从技术上容易实现一些,另有一些研究者正在研究更为直观的图形识别方法。

(4) 模块化产品建模技术。与产品建模技术同步,模块化产品模型有其自身的特点。目前研究的建模技术有三维实体建模、特征建模、基于 STEP 的建模等。

(5) 人工智能的渗透。模块的划分、创建、组合、评价过程,除用到数值计算和数据处理外,更重要的是大量设计知识、经验和推理的综合运用。因此,应用人工智能势在必行。

(6) 生命周期多目标综合。并行工程要求在设计阶段就考虑从概念形成到产品报废整个生命周期的所有因素。在模块化设计中,不同目标导致模块化的方法与结果不同,各种目标在对模块的要求方面相互冲突,在同一个产品中,不同模块对目标的追求也不一致,这就需要对各目标综合考虑、权衡、合理分配,取得相对满意的结果。专家系统、模糊数学、优化等手段都在这一领域获得了充分的发展空间。

(7) 上述各种研究综合应用,形成适用的单项或集成的商业化软件系统。

从总的产品设计份额来看,国内机械行业模块化设计应用并不是十分广泛。究其原因,在于机械产品本身的复杂性及多样性,虽然有种种新的设计技术,但模块化设计还需要做大量的基础工作,其中最主要的是对大量现有零部件结构、功能、接合部位做认真的分析、规范化、分类,建立一系列一整套相关标准,吸取计算机软件行业的软件工程规范、硬件行业的总线标准、各类图形图像处理软件之间的接口标准等成功的经验,推动模块化设计的发展。当然,这是一项巨大的工程,也是模块化设计应用普及的必经之路。

2.2.5 反求工程

1. 反求工程的含义

随着市场竞争的加剧,产品生命周期越来越短,企业界对新产品的开发力度也得到不断的加强。从总体上说,新产品的开发有两种不同的模式:一种是从市场需求出发,历经产品的概念设计、结构设计、加工制造、装配检验等产品开发过程,被称为产品的正向工程;另一种是以已有产品为基础,进行消化、吸收并进行创新改进,使之成为新产品,这一种开发模式即所谓的反求工程(reverse engineering,RE)。

世界各国在其经济技术发展过程中,都非常重视应用反求过程对国外的先进技术进行引进和研究的工作,并都取得较显著的效果。在这方面,日本是一个最成功的范例。"战后"日本制定了"吸收性战略"的基本国策,应用反求工程对其引进的技术进行消化、吸收和创新,给第二次世界大战后的日本国民经济注入了新的活力,推动了日本经济的高速发展,使日本国民经济从 20 世纪 50 年代落后先进国家 20~30 年的状态,到 20 世纪七八十年代成为世界第二经济强国。

反求工程是一项涉及多学科、多种技术交叉的综合工程。在进行反求工程设计时不可避免地要应用计算机辅助设计技术、有限元分析等现代设计和分析技术。随着计算机应用技术、数据检测技术、数控技术的广泛应用,反求工程受到人们日益广泛的重视,已成为新产品快速开发的有效工具。

根据产品信息的来源不同,可将反求工程分为:①实物反求,其信息源为产品的实物模型;②软件反求,信息源为产品的工程图样、数控程序、技术文件等;③影像反求,信息源为图片、照片或影像等资料。人们对其中的实物反求的研究最为深入,其应用也最为广泛。

反求工程的实现存在着多种途径和手段,涉及各种影像因素,其主要影像因素有:①信息源的形式;②反求对象的形状、结构和精度要求;③制造企业的软、硬件条件及工程技术人员自身的素质。

随着CAD/CAM技术的成熟和广泛应用,以CAD/CAM软件为基础的反求工程应用越来越广泛,其基本过程是:采用某种测量设备和测量方法对实物模型进行测量,以获取实物模型的特征参数,将所获取的特征数据借助于计算机重构反求对象模型,对重建模型进行必要的创新改进、分析,进行数控编程并快速地加工出创新的新产品。

反求工程技术不同于一般常规的产品仿制,采用反求工程技术开发的产品往往比较复杂,通常由一些复杂曲面构成,精度要求比较高,若采用常规仿制方法难以实现,必须借助于如CAD/CAE/CAM/CAT等计算机辅助(CAX)技术手段。可以说,反求工程是计算机辅助技术的一种典型应用。

2. 反求工程技术的研究对象和研究内容

1) 反求工程技术的研究对象

反求工程技术的研究对象多种多样,所包含的内容也比较多,主要可以分为以下三大类:①实物类,主要是指先进产品设备的实物本身;②软件类,包括先进产品设备的图样、程序、技术文件等;③影像类,包括先进产品设备的图片、照片或以影像形式出现的资料。

2) 反求对象分析

(1) 反求对象设计指导思想、功能原理方案分析

要分析一个产品,首先要从产品的设计指导思想分析入手。产品的设计指导思想确定了产品的设计方案,深入分析并掌握产品的设计指导思想是分析了解整个产品设计的前提。

充分了解反求对象的功能有助于对产品原理方案的分析、理解和掌握,才有可能在进行反求设计时得到基于原产品而又高于原产品的原理方案,这才是反求工程技术的精髓所在。

(2) 反求对象材料的分析

反求对象材料的分析包括了材料成分的分析、材料组织结构的分析和材料的性能检测几大部分。其中,常用的材料成分分析方法有:钢种的火花鉴别法、钢种听音鉴别法、原子发射光谱分析法、红外光谱分析法和化学分析微探针分析技术等;而材料的结构分析主要是分析研究材料的组织结构、晶体缺陷及相之间的位相关系,可分为宏观组织分析和微观组织分析;性能检测主要是检测其力学性能和磁、电、声、光、热等物理性能。

反求对象材料分析的一般过程如图2-14所示。

在对反求对象进行材料分析时,要充分考虑到材料表面的改性处理技术。

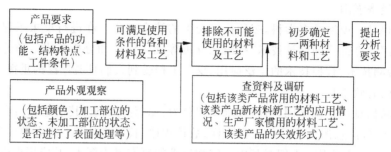

图 2-14 反求对象材料分析的一般过程

(3) 反求对象工艺、装配分析

反求设计和反求工艺是相互联系的,缺一不可。在缺乏制造产品的先进设备与先进工艺方法和未掌握某些技术诀窍的情况下,对反求对象进行工艺分析通常采用以下几种常用的方法:

① 采用反判法编制工艺规程。以零件的技术要求如尺寸精度、形位公差、表面质量等为依据,查明设计基准,分析关键工艺,优选加工工艺方案,并依次由后向前递推加工工艺,编织工艺规程。

② 改进工艺方案,保证引进技术的原设计要求。在保证引进技术的设计要求和功能的前提条件下,局部地改进某些实现较为困难的工艺方案。对反求对象进行装配分析主要是考虑选用什么装配工艺来保证性能要求、能否将原产品的若干个零件组合成一个部件及如何提高装配速度等。

③ 用曲线对应法反求工艺参数。现将需分析的产品的性能指标或工艺参数建立第一参照系,以实际条件建立第二参照系,根据已知点或某些特殊点把工艺参数及其有关的量与性能的关系拟合出一条曲线,并按曲线的规律适当拓宽,从曲线中找出相对于第一参照系性能指标的工艺参数,就是需求的工艺参数。

④ 材料国产化,局部改进原型结构以适应工艺水平。由于材料对加工方法的选择起决定性作用,所以,在无法保证使用原产品的制造材料时,或在使用原产品的制造材料后,工艺水平不能满足要求时,可以使用国产化材料,以适应目前的工艺水平。

(4) 反求对象精度的分析

产品的精度直接影响到产品的性能,对反求分析的产品进行精度分析,是反求分析的重要组成部分。

反求对象精度的分析包括对象形体尺寸的确定、精度的分配等内容。

根据反求对象为实物、影像或软件的不同,在确定形体尺寸时,所选用的方法也有所不同。若是实物反求,则可通过常用的测量设备如万能量具、投影仪、坐标机等对产品直接进行测量,以确定形体尺寸;若是软件反求和影像反求,则可采用参照对比法,利用透视成像的原理和作图技术并结合人机工程学和相关的专业知识,通过分析计算来确定形体尺寸。

在进行精度的分配时,根据产品的精度指标及总的技术条件、产品的工作原理图,并且综合考虑生产的技术水平、产品生产的经济性和国家技术标准等,按以下步骤进行:

① 明确产品的精度指标;

② 综合考虑理论误差和原理误差,进行产品工作原理设计和总体布局安排;

③ 在完成草图设计后,找出全部的误差源,进行总的精度设计;

④ 编写技术说明书，确定精度；

⑤ 在产品的研制、生产的全过程中，根据实际的生产情况，对所做的精度分配进行调整、修改。

（5）反求对象造型的设计

产品造型设计是产品设计与艺术设计相结合的综合性技术，其主要目的是运用工艺美学、产品造型原理、人机工程学原理等对产品的外形结构、色彩设计等进行分析，以提高产品的外观质量和舒适方便程度。

（6）反求对象系列化、模块化分析

分析反求对象时，要做到思路开阔，要考虑到所引进的产品是否系列化了，是否为系列型谱中的一个，在系列型谱中具有代表性产品的模块化程度如何等具体问题，使在实际制造时少走弯路，提高产品质量，降低成本，生产出多品种、多规格、通用化较强的产品，提高产品的市场竞争力。

3. 反求工程的基本步骤

反求工程的基本步骤如图 2-15 所示，分为如下 3 个设计阶段。

1）分析阶段

首先需对反求对象的功能原理、结构形状、材料性能、加工工艺等方面有全面深入的了解，明确其关键功能及关键技术，对设计特点和不足之处做出评估。该阶段对反求工程能否顺利进行及成功与否至关重要。通过对反求对象相关信息的分析，可以确定样本零件的技术指标以及其中几何元素之间的拓扑关系。

2）再设计阶段

在反求分析的基础上，对反求对象进行再设计工作，包括对样本模型的测量规划、模型的重构、改进设计、仿制等过程。具体任务有：① 根据分析结果和实物模型的几何元素拓扑关系，制定零件的测量规划，确定实物模

图 2-15 反求工程的基本步骤

型测量的工具设备，确定测量的顺序和精度等；② 对测量数据进行修正，因在测量过程中不可避免含有测量误差，修正的内容包括提出测量数据中的坏点，修正测量值中明显不合理的测量结果，按照拓扑关系的定义修正几何元素的空间位置与关系等；③ 按照修正后的测量数据以及反求对象的几何元素拓扑关系，利用 CAD 系统，重构反求对象的几何模型；④ 在充分分析反求对象功能的基础上，对产品模型进行再设计，根据实际需要在结构和功能等方面进行必要的创新和改进。

3）反求产品的制造阶段

按照产品的通常制造方法，完成反求产品的制造。采用一定的检测手段，对反求产品进

行结构和功能检测。如果不满足设计要求,可以返回分析阶段或再设计阶段重新进行修改设计。

反求工程的最终目的是完成对反求对象(样本零件)的仿制和改进,要求整个反求工程的设计过程快捷、精确。因而,在实施反求工程中应注意以下几点:①从应用角度出发,综合考虑样本零件的参数舍取及再设计过程,尽可能提高所获取参数的精度和处理效率;②综合考虑反求对象的结构、测量及制造工艺,有效控制制造过程引起的各种误差;③充分了解反求对象的工作环境及性能要求,合理确定仿制改进零件的规格和精度。

4. 反求工程的关键技术

1) 反求对象的数字化方法与技术

反求对象的数字化是反求工程的一个关键环节。根据反求对象信息源(实物、软件或影像)的不同,确定反求对象形体尺寸的方法也不同。下面以实物零件反求中的形体尺寸确定为例加以说明。

实物零件的数字化是通过特定的测量设备和测量方法获取零件表面离散点的几何坐标数据。只有获得了零件的表面三维信息,才能实现复杂曲面的建模、评价、改进、制造。因而,如何高效、高精度地实现零件表面的数据采集,一直是逆向工程的主要研究内容之一。一般来说,三维表面数据采集方法可分为接触式数据采集和非接触式数据采集两大类。接触式有基于力-变形原理的触发式和连续扫描式数据采集及基于磁场、超声波的数据采集等。而非接触式数据采集主要有激光三角测量法、激光测距法、光干涉法、结构光学法、图像分析法等。另外,随着计算机技术计算机断层扫描(computed tomography,CT)的发展,断层扫描技术也在反求工程中取得了应用。实物数字化方法见表2-2。

表2-2 实物数字化方法

数据获取方法										
接触方法				非接触方法						其他	
机械手	坐标测量机	声波	电磁	光学					声波	电磁	层析法
				三角测量	激光测距	干涉测量	结构光	图像分析			

(1) 接触式数据采集方法

接触式数据采集方法包括使用基于力触法原理的触发式数据采集和连续式数据采集、磁场法等。

① 触发式数据采集方法。触发式数据采集采用触发探头,当测头的探针接触到样件的表面时,由于探针尖受力变形触发采样中的开关,这样通过数据采集系统记下探针尖(测球中心点)的即时坐标,逐点移动,就能采集到样件表面轮廓的坐标数据。该方法数据采集速度较低。

② 连续式数据采集方法。连续式数据采集采用模拟量开关采样头,由于数据采集过程是连续进行的,采样速度比点接触触发式采样头快许多倍,采样精度也较高。该方法采样速度快,可以用来采集大规模的数据。

③ 磁场法。该方法是将被测物体置于被磁场包围的工作台上,手持触针在物体表面上

运动,通过触针上的传感器感知磁场的变化来检测触针位置,实现对样件表面的数字化,其优点是不需要像坐标测量机一类的设备,但不适宜于导磁的样件。

(2) 非接触式数据采集方法

非接触式数据采集方法主要运用光学原理进行数据的采样,有激光三角测距法、距离法、结构光法、图像分析法及断层扫描成像法等。

① 激光三角测距法。激光三角测距法是反求工程中曲面数据采集运用最广泛的方法,具有以下特点:(a)探针不与样件接触,因而能对松软材料的表面进行数据采集,并能很好地测量到表面尖角、凹位等复杂轮廓;(b)数据采集速度很快,对大型表面可在CMM或数控机床上迅速完成数据采集,所采集的数据是表面上的实际数据,无须测头补偿;(c)价格较贵,杂散反射,对于垂直壁等表面特征会影响采样精度。

② 距离法。利用光束的飞行时间来测量被测点与参考平面的距离,主要有脉冲波、调幅连续波、调频连续波等工作方式。由于激光的单向性好,多采用激光为能量源,这种方法的精度也较高。

③ 结构光法。将一定模式的光照射到被测样件的表面,然后摄得反射光的图像,通过对比不同模式之间的差别来获取样件表面的点的位置,典型的是"shadow moire"干涉条纹法。它的特点是不需要坐标测量机等精密设备,造价比较低,但精度较低,操作复杂。

④ 图像分析法。与结构光法的区别在于它不采用投影模板,而是通过匹配确定物体同一点在两幅图像中的位置,由视差计算距离。由于匹配精度的影响,图像分析法对形状的描述主要是用形状上的特征点、边界线与特征描述物体的形状,故较难精确地描述复杂曲面的三维形状。

⑤ 工业计算机断层扫描成像法。工业计算机断层扫描成像(industrial computer tomograph, ICT)是对产品实物经过ICT层析扫描后,获得一系列断面图像切片和数据,这些切片和数据提供了工件截面轮廓及其内部结构的完整信息,不仅可以进行工件的形状、结构和功能分析,还可以提取产品工件的内部截面,并由工件系列截面数据重建工件的三维几何模型。ICT的最大优点在于它能测量工件内部断面的信息,因而适用于任意的形状结构,但测量精度低。

非接触式激光三角形法由于同时拥有采样精度高和采样速度快的特点,因而在反求工程中应用最为广泛;接触式连续扫描测量方法由于具有高精度、较高速度,同时价格较合适等诸多优点,其应用潜力也相当大。

除触发式数据采集外,其他各种方法都能对零件表面实现密集的数据采集,在反求工程中,这种极为密集的测量数据被称为"点云",密集、散乱的"点云"数据是反求工程数据采集的主要特点之一。

当用测量设备获取零件形状数据时,为使得到的数据真实、完整,应重视并解决以下测量问题:标定、精度、可观性、阻碍、固定、多视图、噪声及不完整数据、零件的统计分布、表面粗糙度、数据通信、探头半径补偿等。

2) 模型重构技术

所谓模型重构,就是根据所采集的样本几何数据在计算机内重构样本模型的技术。坐标测量技术的发展使得对样本的细微测量成为可能。样本测量数据十分庞大,常达几十万甚至上百万个数据点,海量的数据给数据处理以及模型重构带来了一定困难。

按照所处理的数据对象的不同,模型重构可分为有序数据的模型重构和散乱数据的模型重构。有序数据是指所测量的数据点集不但包含了测量点的坐标位置,而且包含了测量点的数据组织形式,如按拓扑矩形点阵排列的数据点、按分层组织的轮廓数据点、按特征线和特征面测量的数据点等。散乱数据则是指除坐标位置以外,测量点集中不隐含任何的数据组织形式,测量点之间没有任何相互关系,而要凭借模型重构算法来自动识别和建立。

有序数据的模型重构充分利用了模型间的相互关系,其算法具有针对性,可以简化计算方法,提高模型重构效率。然而,这类模型的重构往往只能处理某类数据,不具有通用性。通常测量机一次测得的数据往往仅具有一定的数据组织形式,而许多样本(如带有手柄的茶壶)的测量都是靠多视点测量数据的拼合来完成,经坐标转换并拼合后的数据在整体上一般不再具有原来数据组织的规律。此外,海量数据在模型重构前往往需要进行数据简化,也会影响原有的数据组织形式。

散乱数据的模型重构,不依赖于数据的特殊组织方式,可以对任意测量数据进行处理,扩大了所能解决的问题域,具有更强的通用性。因此,海量散乱数据的模型重构更为人们所关注。

测量机测得的原始数据点,彼此之间没有连接关系。按对测量数据重构后表面表示形式的不同,可将模型重构分为两种类型:一种是由众多小三角片构成的网格曲面模型;另一种是分片连续的样条曲面模型。其中由三角片构成的网格曲面模型应用更为普遍,其基本构建过程是采用适当的算法将集中的三个测量点连成小三角片,各个三角片之间不能有交叉、重叠、穿越或存在缝隙,从而使众多的小三角片连接成分片的曲面,它能最佳地拟合样本表面。

通常,样本模型重构的基本步骤为:

(1) 数据预处理。测量机输出的数据量极大,并包含一些噪声数据。数据预处理就是要对这些原始数据进行过滤、筛选、去噪、平滑和编辑等操作,使数据满足模型重构的要求。

(2) 网格模型生成。测量数据经过预处理后,就可以采用适当的方法生成三角网格模型。根据各种测量设备所输出数据点集的特点,开发配套的专用模型重构软件;也可以采用通用的反求工程模型重构软件生成网格模型。

(3) 网格模型后处理。基于海量数据所构成的三角网格模型中的小三角片数量较大,常有几十万甚至更多的小三角片。因此,在精度允许范围内,有必要对三角网格模型进行简化。此外,由于各种原因,模型重构所得到的三角网格面往往存在一些孔洞、缝隙和重叠等缺陷,还需对存在问题的三角网格面进行修补作业。

经过上述步骤,就可以在计算机中得到重构的样本零件模型。

2.2.6 并行设计

1. 并行设计概念生产的背景和过程

质量、时间和成本是衡量产品开发成功与否的核心因素,一个企业要保持其市场竞争力,必须在尽可能短的时间内,将满足客户要求的高性价比产品投入市场。随着全球化市场竞争的日益激烈,"在变得越来越生机勃勃的周围环境中,产品的寿命周期变得越来越短,所提供的产品不仅越来越复杂,而且批量越来越小"。在这样的周围环境中,将来所占的市场份额"内部的周转时间和创造价值的成本明显地取决于面向时间的开发设计"。在激烈的市场竞争中,"不再是大吃小,而是快吃慢",充分表达了时间这个因素具有特别重要的意义。

并行设计正是在市场激烈竞争的背景下,为缩短产品开发周期,同时提高产品质量、降低设计制造成本,而逐步形成和建立起来的新的设计思想和策略方法。

为了缩短产品开发时间,人们首先从"硬件"入手:通过装备更先进的加工设备来提高加工效率,用计算机代替人工设计来提高设计效率。在取得了预期效果后,人们又进而认识到:要想大幅度地缩短产品开发时间,还要从研究和改进产品开发过程本身入手,建立新的产品开发策略思想。美国麻省理工学院一份题为"汽车业的第二次革命"的研究报告首先提出了"精益开发"的思想。以后在1992年6月日本东京 CIRP 国际会议上提出"并行工程(concurrent engineering,CE)"的概念。近年来,又进一步拓展为"快速产品开发"。

并行工程作为一种崭新的设计"哲学",是以缩短产品开发周期、降低成本、提高质量和提高产品设计一次成功率为目标,把先进的管理思想和先进的自动化技术结合起来,采用集成化和并行的思想设计产品及其相关过程。它是对产品及其相关过程(包括制造和支持过程)进行集成地并行设计的系统化工作模式。它在产品设计阶段,实时并行地模拟产品在制造过程中各环节的运作;在决定产品结构的同时能模拟产品在实际工作中的运转情况,预测产品的性能、产品可制造性(含可装配性)及其对结构设计的影响,评价制造过程的可行性及企业集团资源分配的合理性;以及对可能取得的效益及所承担的风险评估等进行模拟运作。这种模式力图使产品生产开发人员从设计一开始就考虑到产品全生命周期中的各种因素,包括质量、成本、进度及用户需求。

回顾人类发展的历史,当社会生产仍然处于手工作坊方式时,开发什么样的产品?怎样设计产品?怎样制造产品?以及用什么样的价格销售这种产品?所有这些问题都是由手工作坊的师傅个人综合考虑和操作的。从这种意义上说,那时的产品开发是"并行"的。随着机器的应用和工业化社会大生产的形成,产品越来越复杂多样,与产品开发有关的技术越来越复杂,产品开发的任务不再由一个人来承担了。在众人参与的产品开发过程中出现了分工,逐步形成了市场营销、设计、工艺、制造这些与产品开发有关的相对独立的部门,并形成一套称之为"泰勒制"的工作哲理。"泰勒制"的核心思想是:将产品开发过程尽可能细地划分为一系列的工作步骤,由不同的工程技术人员承担,一次执行。因此,"泰勒制"实质上是"串行工程"。图 2-16 所示为"泰勒制"产品开发进程,"泰勒制"存在着"先天性"缺陷,即:

(1) 每一个工程技术人员只承担局部工作,影响他对产品开发整体过程的综合考虑。

(2) 在任一步骤发现问题,都要向上追溯到某一步骤中重新循环,致使设计周期冗长。

(3) 与产品开发有关的部门相对独立,各自业务的专业性相距甚远,考虑问题的角度不同,难免发生冲突,又不能及时得到协调,各自为政,似有大墙阻隔,因而被称为"过墙工程"。

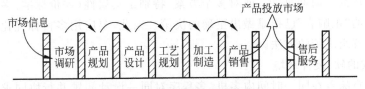

图 2-16 "泰勒制"产品开发进程

如果说"泰勒制"的这些缺陷在过去相当长的时期内并没有对正常产品开发的造成太大影响的话,那么,在全球化市场竞争日益激烈的今天,就成为制约产品开发速度、影响产品开发质量、增大产品开发成本的重要因素了。一种以工作群为组织形式,以计算机应用为技术手段,强调整体集成,强调交流和协调的并行工程应运而生。

2. 并行设计的技术特征

并行设计通过下列技术特征表现它的具体内涵。

1) 产品开发过程的并行重组

产品开发是一个市场获得需求信息,据此构思产品开发方案,最终形成产品投放市场的过程。虽然在产品开发过程中并非所有步骤都可以平行进行,但根据对产品开发过程的信息分析,可以通过一些工作步骤的平行交叉,大大缩短产品开发时间。

2) 支持并行设计的群组工作方式

在工业化社会大生产的环境下,设立供应、营销、设计、工艺、制造这些部门是必要的,但产品开发过程的并行设计要求与产品开发有关部门的工程技术人员不再是"你方唱罢我登场",而是同时工作、共同工作,因而需要确立一种新的组织形式和工作方式,这就是由各有关部门中的有关人员同时在线,有关信息同时在线,工作步骤交叉平行,这是工作群组工作方式区别于传统串行工作方式的鲜明特点。

3) 统一的产品信息模型

统一的产品信息模型是实施并行设计的基础。产品设计过程是一个产品信息由少到多、由粗到细的不断创作、完善和积累的过程,这些信息不仅包含完备的几何形状、尺寸信息,而且包含精度、加工工艺信息、装配工艺信息、成本信息等。二维几何模型显然不能满足这一要求,仅包含几何信息的三维模型也不能满足这一要求。因此并行设计的产品信息模型应能将来自不同部门、不同内容、不同表达形式、不同抽象程度、不同关系、不同结构的产品信息包容在一个统一的信息模型之中。

4) 具有人工智能处理不完备、不确定信息的功能

正因为产品设计过程是一个产品信息由少到多、由粗到细的过程,因此在设计初期,有关产品的信息往往是不完备,甚至是不确定的。同时,在产品设计的全过程中,要处理的信息是多种形式的,既有数字信息,又有非数字信息;既有文字信息,又有图像信息;还涉及大量知识性信息(概念、规则等)。因此,并行设计系统一定要具有处理以上这些信息的人工智能。

5) 基于时间的决策

设计的过程是优化决策的过程,实施并行设计的首要目的是大幅度缩短产品设计开发周期,因此要通过一系列的优化决策,组织、指导并控制产品开发过程,使之能以最短的时间开发出优质的产品。时间证明:面对多个方案,特别是其属性(评价标准)多余4~5个时,完全依靠人为的"拍脑袋"已很难做出正确的决策。因此,要应用多目标优化、多属性决策,尤其是多目标群组决策的方法。

6) 分布式的软、硬件环境

并行设计意味着在同一时间内多机、多程序对同一设计问题并行协同求解,因此,网络化、分布式的信息系统是其必要条件。并行设计面向对象的软件系统,分布式的知识库、数据库,能够根据产品设计的要求动态编联成相互对立的模块在多台终端上同时运行,并利用网络、计算机通信功能实现相互之间的同步协调。

7) 开放式的系统界面

并行设计系统是一个高度集成化的系统。一方面应具有优良的可拓展性、可维护性,可以按照产品开发的需要将不同的功能模块组成产品开发任务的集成系统;另一方面,并行设计系统又是整个企业计算机信息系统的组成部分,在产品开发过程中,必须与其他系统进行频繁的数据交换。因此,开放式的系统界面对并行设计系统是至关重要的。标准化的数据交换规范,如数据交换文件(data exchange file,DXF)、交互式图形交换标准(interface graphic exchange standard,ITEP)、产品建模数据的交换标准(standard for exchange of product mode data,STEP)等,以及大容量高速度的数据交换通道,如局域网(local area network,LAN)、综合业务数据网(integrate service digital network,ISDN)、宽带 ISDN 等,是构造开放式界面的关键技术。

3. 并行设计中的关键技术

并行设计是一种系统化、集成化的现代设计技术,它以计算机作为主要技术手段,除了通常意义下的 CAD\CAPP\CAM 产品数据管理系统(product data management system,PDMS)等单元技术的应用外,还要着重解决以下一些关键技术问题。

1) 产品并行开发过程建模及优化

并行设计的思想是在研究产品开发过程的基础上形成的,要实现产品的并行设计,首先要建立起产品并行设计的信息模型。

对产品开发过程信息模型的研究始于 20 世纪 60 年代末 70 年代初,当时的术语为交配结构分析,用一套符号及一些规约方法表示出产品开发中的信息流动,提出数据流动图(data flow diagram,DFD)建模技术。美国软件技术公司通过类似的研究,提出了结构功能分析和技术设计(structural analysis and design technology,SADT)系统,1978 年被美国空军接受,以后又在 SADT 的基础上将其发展成为四类集成计算机辅助制造定义方法(ICAM definition technology,IDEF),分别用于含计算机及软件工程的系统、信息分析、动态分析和过程建模,并在工程界得到应用。

产品开发是一个十分复杂的过程,以什么样的理论、策略和方法建立产品过程的数学建模,一直是并行设计技术研究的重要课题。目前,这样一种观点已取得国内外学术界的认同,即:产品开发过程是一个基于约束的技术信息创成和细化的过程,这些约束包括:

(1) 目标约束:市场的需求,用户的要求,设计性能指标等;

(2) 环境约束:可选材料,加工设备,工艺条件等;

(3) 耦合约束:各子过程之间的约束。

按约束的性质又可分为数值型约束、逻辑型约束、柔性约束、模糊约束等。

各种约束通过共有变量连成约束条件网络,国外文献中提出的"概念网络""动态语义网"等都属于这种约束网络,并且已出现适用于并行设计的约束条件建模工具,如 MCEL(multi-valued concurrent engineering logic)等。

在产品的并行设计开发中,工作群组从市场和用户的需求(初始约束)出发开展设计工作,同时从不同专业的角度对设计活动提出约束,这些约束经协调和优化后形成约束条件网络,对群组的设计工作施加影响,直至在设计空间中获得各种约束的设计结果。

2) 支持并行设计的计算机信息系统

信息交流对产品开发具有特别重要的意义。根据国外的调查统计资料,产品开发工程师的全部工作时间有 30%~40% 用于信息交流,产品开发过程由串行转变为并行后,对信息交流的直接性、及时性、透明度提出了更高的要求。因此,计算机信息系统是支持并行设计的主体框架,国外文献中介绍的 CSCW(computer supported cooperation work)就是这种信息系统的范例。

通信和协议是并行设计计算机信息系统的两大主要功能。

由于工作群组的成员不一定同处一地,也不一定同时工作,因此并行设计要求计算信息系统具有多种通信功能(同时同地、同时异地、异时同地、异时异地),并且能对产品开发中发生的冲突和分歧进行协调。

例如,分处两地的群组成员可以通过计算机通信会商有关问题,共同处理同一个电子文件,或共同绘制一张图样。

又如,工作群组的某个成员(或某个小组)根据强度校核的结果修改某个尺寸,却没有意识到这一修改将对另一成员(或小组)的工作产生的影响,约束条件网络发现了这一问题,马上向双方发出警告信息,提醒双方进行协调。图 2-17 为并行设计系统结构示意图。

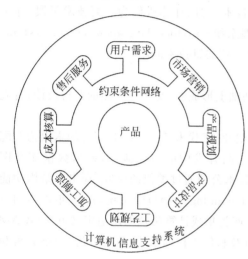

图 2-17　并行设计系统结构示意图

3) 模拟仿真技术

并行设计的含义不仅在于设计过程中某些工作步骤的平行交叉,而且还在于产品设计阶段就能充分考虑加工、装配,甚至使用、维修这些与产品开发相关的后续过程。

传统的产品开发过程是"设计—样机制作—修改设计"的循环过程,不仅样机制作既费时又费工,延长了产品开发周期,而且在样机制作后才发现设计存在的问题,将会造成巨大的浪费。

国外一份调查数据表明,为了纠正某一产品设计中的错误,需增加的花费情况如下:

在设计阶段加以纠正,仅需要花费 35 美元;

在零件加工之前加以纠正,需要花费 177 美元;

在成批生产之前加以纠正,需要花费 368 美元;

如等到产品投入市场后加以纠正,则需要花费 590 000 美元。

因此,将设计中的错误和缺陷尽早发现并纠正在设计初期,提高产品开发的一次成功率,无论对于提高产品设计质量,还是对于缩短设计周期、降低成本都是十分重要的。但是,并行设计中不是通过费时费工的样机制作来发现可能影响价格、装配、使用、维修的设计错误和缺陷的,而是通过计算机模拟仿真(当然也可通过快速样机制作)来实现这一目的。例如:虚拟制造、虚拟装配、结构有限元计算、产品静动态性能仿真,直至应用虚拟实现技术,让用户"身临其境"地体验产品的各项性能。

4）产品性能综合评估和决策系统

并行设计作为现代设计方法，其核心准则是"最优化"。在对产品各项性能进行模拟仿真的基础上，要进行产品各项性能，包括可加工性、可装配性、可检验性、易维修性，以及材料、加工成本、管理成本的综合评价。因此，产品性能综合评价和决策系统是并行设计系统不可或缺的模块。

5）并行设计中的管理技术

并行设计系统是一项复杂的人机工程，不仅涉及技术科学，而且还涉及管理科学，目前的企业组织机构是建立在产品开发的串行模式基础上的，并行设计的实施必导致企业的机构设置、运行方式、管理手段发生较大的改变。

4. 并行设计的技术经济效益

并行设计的技术经济效益体现在以下几个主要方面。

1）提高企业对市场需求的响应速度

恰当地把握产品市场的时间是企业成功营销的诀窍，一旦通过市场预测看准了产品进入市场的最佳时间，关键就在于能否在那个时刻之前完成全部产品开发工作，如果做不到这一点，"那就可能意味着市场阶段要缩短，因此制造和开发成本回收所需的偿还期以及固有的、同等程度的盈利也要缩短，这样一来，被推出的那个产品一下子突然成为给企业带来亏损的祸水"。

此外，目前市场对几乎所有产品的需求都在向多品种、中小批量的方向发展，过去那种以小数定型产品满足不同需求的卖方市场，已基本完成了向用户需要什么就设计制造什么的买方市场转变。在这种情况下，企业的产品开发工作量剧增，产品开发时间冗长，已成为制约许多企业发展的技术瓶颈。

并行设计通过布置的平行交叉、基于时间的决策等，恰恰在缩短产品开发时间、提高企业对市场需求的响应速度方面，为企业提供可靠的技术保证。

2）提高产品开发的一次成功率

所谓产品开发的一次成功，是指最大限度地减少产品开发后期及产品投放市场后对产品的修改和完善工作量，在一次循环中开发出满足市场及用户需求、具备产品全生命周期优良性能的产品。

随着产品复杂程度的提高和用户对产品性能的苛刻要求，产品开发所涉及的知识和信息越来越多样化、专业化，全面深入地掌握这些知识和信息，并成功地应用于产品开发，已不再是一两个技术工程技术人员所能胜任的。根据统计，产品开发后期（如加工过程中）对设计方案所作的修改有50%归结于缺少整体的考虑。这说明"泰勒制"下那种以部门和个人为中心的产品开发方式妨碍了产品开发中人员、部门间的合作和信息交流。并行设计中的群组工作方式和计算机通信支持，可以有效地克服"泰勒制"的缺陷。此外，并行设计中大量使用的模拟仿真技术，也为尽早发现并克服设计缺陷提供了有力的技术手段。

3）降低产品开发成本

大量调查统计表明：产品设计阶段决定了产品制造成本的70%。传统的做法是在开发设计工作结束后才对产品的成本进行核算，它只能回答"这种产品将花费多少成本"的问题。如果发现核算出的成本超出市场（用户）的承载能力，则要重新修改设计，不仅延长了产品开发时间,而且其本身也增大了产品的开发费用。

并行设计的实施提供了这样一种降低产品成本的途径,即:在产品开发之前,首先考虑市场(用户)对该产品的价格承受能力,提出产品的所谓目标成本,然后将目标成本分解到每一个零部件上,并作为约束条件加入约束条件网络,自始至终地制约整个设计过程,作为产品性能综合评价决策的重要内容,从而使产品开发成本得到主动积极的控制。

总之,并行设计能从质量、时间、成本三个核心因素方面,全面提高企业及产品的市场竞争能力,在实践中也已显露出巨大的技术经济效益。

2.2.7 可靠性设计

可信性是产品特性的重要内涵。按照国家标准 GB/T 3187—1994 的定义,可信性是描述可用性和它的影响因素(可靠性、维修性及维修保障性)的集合性术语。它一般用于非定量描述的场合。作为一种产品质量特性而言,它和可用性、可靠性、维修性和维修保障性的关系如图 2-18 所示。

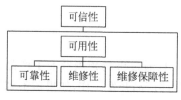

图 2-18 产品的可信性

所谓可信性设计就是为了满足客户合同的或潜在的可信性设计、定量要求的设计法。产品的成功使用,用户对产品的满意,以及产品制造企业的成就都取决产品寿命周期内,特别是在产品的研制阶段对可信性及有关因素的控制。

1. 可靠性的概念及其发展

可靠性(reliability)是产品的一个重要的性能特征。人们总是希望自己所用的产品能够有效可靠地工作,因为任何的故障和失效都有可能对使用者带来经济损失,甚至会造成灾难性的后果。

产品的可靠性可定义为:在规定的条件和规定的时间内,完成规定的功能的能力。所谓"规定的条件"包括环境条件、储存条件以及受力条件等;"规定时间"是指一定的时间范围,因产品的可靠性水平经过一个较长的稳定使用或储存阶段后,便会随着时间增长而降低,时间越长,故障、失效越多;"规定功能"是指产品若干功能的全部,而不是指其中一个部分。

产品的可靠性与产品的设计、制造、使用以及维修等环节相关。从本质上讲,产品的可靠性水平是在设计阶段决定的,它取决于所设计的产品构造、选材、安全保护措施以及维修适应性等因素;制造阶段保证产品可靠性指标的实现;而运行使用是对产品可靠性的检验;产品的维修是对其可靠性的保持和恢复。

20 世纪 50 年代,由于军事、宇航及电子工业的迅速发展,在产品的复杂程度及功能水平提高的同时,故障率也急剧地增加。为此,产品和系统可靠性问题也引起了一些工业发达国家的高度重视,它们集中大量的人力、物力和财力对产品的可靠性问题进行了系统的理论研究和大量的实验验证,取得了显著的成就,使电子产品的平均使用失效率达到了 $1\times 10^{-12} \sim 1\times 10^{-10}$ (1/h) 水平。

随着电子产品可靠性的提高,机械产品的可靠性问题日趋突出。20 世纪 60 年代末,人们对机械零件失效机理和失效规律等问题进行了探讨,建立了以强度-应力为基础的机械产品可靠性计算模型。机械产品计算模型的建立,为机械产品的强度、刚度等问题的可靠性设计提供了理论基础,标志着机械产品可靠性设计进入了使用阶段。目前,机械产品的可靠性设计已趋向成熟,许多机械标准件以及机械产品的设计都相继引入了可靠性指标。

2. 可靠性设计的主要内容

可靠性作为产品质量的主要指标之一,是随产品所使用的时间的延续而不断变化的。可靠性设计的任务就是确定产品质量指标的变化规律,并在其基础上确定如何以最少的费用以保证产品应有的工作寿命和可靠度,建立最优的设计方案,实现所要求的产品可靠性水平。可靠性设计的主要内容包括以下几点:

(1) 故障机理和故障模型研究。研究产品在使用过程中元件材料的老化失效机理。产品在使用过程中受到各种随机因素影响,如载荷、速度、温度、振动等致使材料逐渐丧失原有的性能,从而发生故障或失效。因而,掌握材料老化规律,揭示影响老化的根本因素,找出引起故障的根本原因,用统计分析方法建立故障或失效的机理模型,进而较确切地计算分析产品在使用条件下的状态和寿命,是解决可靠性问题的基础所在。

(2) 可靠性试验技术。研究表征机械零件工作能力的功能参数总是设计变量和几何参数的随机函数,若从数学的角度推导这些功能参数的分布规律较为困难,往往需要通过可靠性试验来获取。可靠性试验是取得可靠性数据的主要来源之一,通过可靠性试验可以发现产品设计和研制阶段的问题,明确是否需要修改设计。可靠性试验是既费时又费钱的试验,因此采用正确而恰当的试验方法不仅有利于保证和提高产品的可靠性,而且能够节省人力和费用。

(3) 可靠性水平的确定。可靠性设计的根本目的是使产品达到预期的可靠性水平,随着世界经济一体化的形成,产品的竞争日益成为国际市场之间竞争。因此,根据国际标准和规范,制定相关产品的可靠性水平等级,对于提高企业的管理水平和市场竞争能力,具有十分重要的意义。此外,统一的可靠性指标可以为产品的可靠性设计提供依据,有利于产品的标准化和系列化。

3. 可靠性设计的常用指标

早期的可靠性只是一个抽象的、定性的概念,没有定量的评价。例如,人们常说某产品很可靠、比较可靠、不可靠等。可靠性设计就是要将可靠性及相关指标定量化,从而具有可操作性,用以指导产品的开发过程。可靠性设计的常用指标有以下几个。

1) 产品的工作能力

在保证功能参数达到技术要求的同时,产品完成规定功能所处的状态,称为产品的工作能力。产品在使用过程中,工作能力将逐渐耗损、劣化。由于影响产品工作能力的随机因素很多,产品工作能力的耗损过程属于随机过程。产品在某一时刻 T 时的工作能力,就是产品在 T 时刻所处的状态。

2) 可靠度

可靠度是指产品在规定的工作条件下和规定的时间内完成规定功能的概率。可靠度越大,说明产品完成规定功能的可靠性越大。一般情况下,产品的可靠度是时间的函数,用 $R(t)$ 表示,称为可靠性函数。可靠度越大,工作越可靠。

可靠度是累积分布函数,它表示在规定的时间内完成工作的产品占全部产品的累积起来的百分数。设有 N 个相同的产品在相同的条件下工作,到任一给定的工作时间 t 时,积

累有 $N_f(t)$ 个产品失效，剩下 $N_p(t)$ 个产品仍能正常工作。那么，该产品到时间 t 的可靠度 $R(t)$ 为

$$R(t) = \frac{N_p(t)}{N} = \frac{N - N_f(t)}{N} = 1 - \frac{N_f(t)}{N}$$

在上式中，由于 $0 \leq N_p(t) \leq N$，因而 $0 \leq R(t) \leq 1$。

3) 失效率

失效率又称故障率，它表示产品工作到某一时刻后，在单位时间内发生故障的概率，用 $\lambda(t)$ 表示，单位为 $1/h, 1/10^3 h$ 等。失效率越低，产品越可靠。其数字表达式为

$$\lambda(t) = \lim_{\Delta t \to 0} \frac{n(t + \Delta t) - n(t)}{[N - n(t)] \Delta t} = \frac{\mathrm{d}n(t)}{[N - n(t)] \Delta t}$$

式中，N 为产品总数；$n(t)$ 为 N 个产品工作到 t 时刻的失效数；$n(t + \Delta t)$ 为 N 个产品工作到 $(t + \Delta t)$ 时刻的失效数。

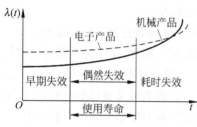

图 2-19 典型的失效率曲线

从定义可知，失效率是衡量产品在单位时间内的失效次数的数量指标。例如失效率 $\lambda(t) = 0.0025/(1000h) = 0.25 \times 10^{-5}/h$，表示每 10 万个产品中，每一小时只有 0.25 个产品失效。失效率为一个时间函数，若以二维图形进行描述，就可以得到一条二维曲线，称为失效率曲线，图 2-19 为典型的失效率曲线，图中实线为机械产品的失效率曲线，虚线为电子产品的失效率曲线。

由图 2-19 可以看出，电子产品的失效率呈现浴盆状，也称浴盆曲线，通过该曲线可以明显将产品失效率分为三个阶段：

(1) 早期失效阶段，在该阶段由于工艺过程造成的缺陷，一些元件很快失效，表现出高的失效率。

(2) 偶然失效阶段，也称正常使用阶段，当有缺陷的元件被淘汰后，产品失效率明显降低并趋于稳定，仅仅是由于工作过程中不可预测的因素而导致的失效。

(3) 耗损失效阶段，在该阶段产品元件经过较长时间的稳定工作进入老化状态，失效率随着时间的延长而增大。电子产品出厂之前，一般均经过严格的元件筛选试验，提出有缺陷的元件，以便使早期失效率保持在允许的技术范围内。

机械产品与电子产品的失效率曲线存在较大的区别。由于机械产品的主要失效形式有疲劳磨损、腐蚀、蠕变等，都属于经典的损伤累积失效，而且一些失效的随机因素也很复杂。因此随着时间的推移，失效率呈现递增趋势。在试验或使用的早期阶段，少数零件由于材料存在缺陷或工艺过程造成的应力集中等，使得部分零件很快失效，出现较高的失效率，在进入正常使用期之后，由于损伤积累，失效率将不断升高。

值得指出的是，同样的产品由于使用条件不同，其失效率曲线的形状也不尽相同。

4) 平均寿命

对不可修复的产品，寿命是指发生失效之前的工作时间；对于可修复的产品而言，寿命则是相邻两故障之间的工作时间，也称为无故障时间。因此，平均寿命对于不可修复的产品和可修复的产品的含义是不同的。

对于不可修复产品而言,平均寿命是指产品从工作到发生失效前的平均时间,称为失效前平均工作时间,记为 MTTF(mean time to failure)。对于可修复产品来说,平均寿命是指两次故障之间的平均工作时间,称为平均无故障工作时间,记为 MTBF(mean time between failure)。

将 MTTF 与 MTBF 统称为平均寿命,记为 θ,其计算公式为

$$\theta = \frac{1}{N} \sum_{i=1}^{N} t_i$$

式中,对不可修复产品 N 为试验品数,对可修复产品 N 为总故障次数;对不可修复产品 t_i 为第 i 个产品失效前的工作时间,对可修复产品 t_i 为第 i 次故障前的无故障工作时间。

5) 可靠度的许用值

机械产品的故障后果多种多样,可能是灾难性的,可能仅造成一定程度的经济损失,也有的产品故障不会造成任何的后果。为了以数值来评价故障后果的危险程度,表 2-3 对机械产品各种故障后果的可靠度 $R(t)$ 规定了许用值范围。

表 2-3 机械产品的故障后果分类

故障后果		可靠度 $R(t)$ 的许用值	产品实例
灾难性	失事 事故 完不成任务	$R(t) \to 1$	飞行器 起重运输机械 军事装备 化工机械 医疗机械
经济性	维修 停机时间增加 工矿降低、功能恶化	损失重大时:$R(t) > 0.99$ 损失不大时:$R(t) > 0.90$	工艺设备 农业机械 家用生活器械
无后果		$R(t) < 0.90$	一般零件、部件

在确定产品可靠度许用值时,应注意几点:①明确产品的工作时间,可靠度 $R(t)$ 是时间的函数,不同的工作时间具有不同的可靠度;②对于机械产品,不仅要规定总的可靠度许用值,还要区别产品中的关键件和非关键件,为了避免严重事故的发生,关键件的可靠性应特别予以重视,如飞机中的起落架就应给予较高的可靠度;③应严格规定产品许用工作范围(载荷、速度、稳定)、使用条件(湿度、含尘量、腐蚀性介质含量)以及维修条件(维护周期、修理内容)。

因此,设计人员应熟练掌握产品的载荷信息,仔细研究产品的使用条件,规定必要的修理和防护措施,以保证预期可靠性指标的实现。

4. 机械零件可靠性设计

机械零件是构成机械产品的基本单元。机械零件可靠性设计的基本任务是在研究故障现象的基础上,结合可靠性试验以及故障数据的统计,提出可供机械零件可靠性设计的数据模型及方法。

机械零件可靠性设计内容较多,在这里仅讨论机械零件应力和强度可靠性设计问题。

从广义上,可以将作用于零件上的应力、温度、湿度、冲击力等物理量统称为零件所受的

应力,用 y 表示;而将零件能够承受这类应力的程度统称为零件的强度,用 x 表示。如果零件强度 x 小于应力 y,则零件将不能完成规定的功能,称为失效。因而,若使零件在规定的时间内进行可靠的工作,必须满足

$$z = x - y \geqslant 0$$

在机械零件中,可以认为强度 x 和应力 y 是相互对立的随机变量,并且两者都是一些变量的函数,即

$$x = f_x(x_1, x_2, \cdots, x_n)$$
$$y = g_y(y_1, y_2, \cdots, y_m)$$

其中,影响强度的随机变量包括材料性能、结构尺寸、表面质量等;影响应力的随机变量有载荷分布、应力集中、润滑状态、环境温度等。两者具有相同的量纲,其概率密度曲线可以在同一坐标中表示。

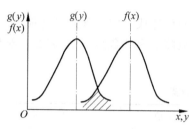

图 2-20 应力-强度概率密度分布

从图 2-20 所反映的应力-强度概率密度分布曲线可知,两曲线有互相搭接的区域(阴影部分),就是零件可能出现失效的区域,称为干涉区域。干涉区域的面积越小,零件的可靠性就越高;反之,则可靠性越低。然而,应力-强度概率密度分布曲线的搭接区只是表示干涉的存在,而不是干涉程度的度量。

零件应力-强度干涉模型(概率密度分布曲线)是零件可靠性设计的基本模型,它可以清楚地揭示零件可靠性设计的本质。从概率设计论观点分析,任何设计都存在失效的可能性,即可靠度 $R < 1$。设计人员所能做到的是将失效概率限定在一个允许接受的限度之内。

传统设计方法是根据给定安全系数进行设计的,不能体现产品失效的可能性;而可靠性设计客观地反映零件设计和运行的真实情况,可以定量地回答零件使用中的失效概率及其可靠度,是机械设计思想的进步和深化。

若已知随机变量 x 及 y 的分布规律,利用零件应力-强度干涉模型,可以求得零件的可靠度及失效率。设零件的可靠度为 R,则

$$R = P(x - y \geqslant 0) = P(z \geqslant 0)$$

表示随机变量 $z = x - y$ 大于等于 0 时的概率。而累积的失效率为

$$\lambda = 1 - R = P(z < 0)$$

表示随机变量 z 小于 0 时的概率。

设随机变量 x、y 的概率密度函数分别为 $f(x)$ 和 $g(y)$;令 $z = x - y$ 为干涉随机变量,且 x、y 的取值分布区域为 $(0, +\infty)$,即为正值。由概率论的卷积公式可得干涉随机变量 z 的概率密度函数为

$$h(z) = \int_y f(z+y) g(y) dy$$

若零件强度 x 取得可能的最小值 $x = 0$ 时,上式积分下限为 $z = -y$;由于 x、y 的上限均为 ∞,其积分上限为 ∞,于是可得

$$z \geqslant 0 \text{ 时}, \quad h(z) = \int_0^\infty f(z+y) g(y) dy$$

$z<0$ 时， $h(z)=\int_{-y}^{\infty}f(z+y)g(y)\mathrm{d}y$

实质上，干涉随机变量在 $z<0$ 的概率就是零件失效概率。那么，零件的失效率 λ 和可靠度 R 分别为

$$\lambda=\int_{-\infty}^{0}h(z)\mathrm{d}z=\int_{-\infty}^{0}\int_{-y}^{0}f(z+y)g(y)\mathrm{d}z\mathrm{d}y$$

$$R=\int_{0}^{\infty}h(z)\mathrm{d}z=\int_{0}^{\infty}\int_{-y}^{\infty}f(z+y)g(y)\mathrm{d}z\mathrm{d}y$$

可见，若已知零件强度 x 及应力 y 的概率分布，就可以计算出相应零件的失效率 λ 和可靠度 R。

设零件强度 x 和应力 y 均服从正态分布，其概率密度函数分别为

$$g(x)=\frac{1}{\sqrt{2\pi}\sigma_x}\exp\left[-\frac{(x-\mu_x)^2}{2\sigma_x^2}\right] \quad -\infty<x<+\infty$$

$$g(y)=\frac{1}{\sqrt{2\pi}\sigma_y}\exp\left[-\frac{(y-\mu_y)^2}{2\sigma_y^2}\right] \quad -\infty<y<+\infty$$

式中，μ_x、μ_y 及 σ_x、σ_y 分别为 x 及 y 的均值和标准差。

令 $z=x-y$，则随机变量 z 的概率密度函数为

$$h(z)=\frac{1}{\sqrt{2\pi}\sqrt{\sigma_x^2+\sigma_y^2}}\exp\left[-\frac{[z-(\mu_x-\mu_y)]^2}{2(\sigma_x^2+\sigma_y^2)}\right] \quad -\infty<z<+\infty$$

可见，随机变量 z 也服从正态分布（见图 2-21），其均值为 $\mu_z=\mu_x-\mu_y$，标准差 $\sigma_z=\sqrt{\sigma_x^2+\sigma_y^2}$。那么，零件的失效率则为

$$\lambda=P(z<0)=\int_{-\infty}^{0}h(z)\mathrm{d}z$$

$$=\int_{-\infty}^{0}\frac{1}{\sqrt{2\pi}\sigma_z}\exp\left[-\frac{(z-\mu_z)^2}{2\sigma_z^2}\right]\mathrm{d}z$$

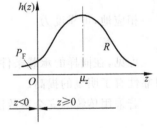

图 2-21 z 概率正态分布

将上式正则化，令标准正态化 $\mu=\dfrac{z-\mu_z}{\sigma_z}$，则 $\mathrm{d}z=\sigma_z\mathrm{d}\mu$。

当 $z=0$ 时，$\mu=\mu_p=-\dfrac{\mu_z}{\sigma_z}$；当 $z=-\infty$ 时，$\mu=-\infty$，由此可得

$$\lambda=\frac{1}{\sqrt{2\pi}}\int_{-\infty}^{\mu_p}\mathrm{e}^{-\frac{\mu^2}{2}}\mathrm{d}\mu=\frac{1}{\sqrt{2\pi}}\int_{-\infty}^{-\frac{\mu_z}{\sigma_z}}\mathrm{e}^{-\frac{\mu^2}{2}}\mathrm{d}\mu=\phi(\mu_p)$$

上式反映了强度随机变量 x、应力随机变量 y 与失效概率之间的关系，也称为失效概率系数，它是可靠性设计的基本公式。

同样，可求得零件的可靠度为

$$R=1-P_F=1-\phi(\mu_p)=\frac{1}{\sqrt{2\pi}}\int_{\mu_p}^{\infty}\mathrm{e}^{-\frac{\mu^2}{2}}\mathrm{d}\mu=\frac{1}{\sqrt{2\pi}}\int_{-\frac{\mu_z}{\sigma_z}}^{\infty}\mathrm{e}^{-\frac{\mu^2}{2}}\mathrm{d}\mu$$

由于正态分布是对称分布，可将上式变换为

$$R=\frac{1}{\sqrt{2\pi}}\int_{-\infty}^{\frac{\mu_z}{\sigma_z}}\mathrm{e}^{-\frac{\mu^2}{2}}\mathrm{d}\mu=\varphi(\mu_R)$$

式中，$\mu_R = \dfrac{\mu_x - \mu_y}{\sqrt{\sigma_x^2 + \sigma_y^2}}$ 称为可靠度系数。

当零件应力和强度服从其他分布形式时，也可推导出相应的零件失效概率和可靠度计算公式。

例：受拉钢丝绳，已知钢丝绳承受载荷的能力和所受载荷均服从正态分布，其承受能力 $Q = (\mu_Q = 907\,200\text{N}, \sigma_Q = 136\,000\text{N})$，载荷 $F = (\mu_F = 544\,300\text{N}, \sigma_F = 113\,400\text{N})$。求钢丝绳的失效概率。

解：由于承受能力 Q 及载荷 F 均服从正态分布，则

$$\mu_p = -\frac{\mu_Q - \mu_F}{\sqrt{\sigma_Q^2 + \sigma_F^2}} = -\frac{907\,200 - 544\,300}{\sqrt{136\,000^2 + 113\,400^2}} = -2.0494$$

查取正态分布表，可得该钢丝绳的失效率为

$$\lambda = 0.020\,18\% = 2.018\%$$

同样，求得可靠度为

$$R = 1 - \lambda = 0.979\,82\% = 97.982\%$$

假设生产钢丝绳的企业，由于加强了生产过程中的质量管理，使钢丝绳质量有了明显的提高，使其承载能力的标准差由 $\sigma_Q = 136\,000\text{N}$ 降低为 $\sigma_Q = 90\,700\text{N}$，则

$$\mu_p = -\frac{\mu_Q - \mu_F}{\sqrt{\sigma_Q^2 + \sigma_F^2}} = -\frac{907\,200 - 544\,300}{\sqrt{90\,700^2 + 113\,400^2}} = -2.50$$

通过查取正态分布表，计算得钢丝绳的失效率为

$$\lambda = 0.0062\% = 0.62\%$$

相应地，可靠度为

$$R = 1 - \lambda = 0.9938\% = 99.38\%$$

可见，在同样的承载条件下，由于钢丝绳强度的一致性较好，标准差降低，使得钢丝绳的可靠性有了明显的提高。

若采用传统的安全系数法设计，由于平均安全系数 n 的计算公式为

$$n = \frac{\mu_F}{\mu_Q}$$

对于上述两种不同的钢丝绳，有 $\mu_{Q1} = \mu_{Q2}$，则得出两种钢丝绳的安全性能相同的结论。

显然，可靠性设计与安全系数设计相比，更能准确地反映设计方案、参数特性及其变化规律对产品可靠性的影响。

应力-强度干涉模型（概率密度分布）仅是进行零件可靠性设计的一种设计方法。使用这种零件可靠度的求解方法，必须已知零件强度和作用应力的分布状态。若不能得知这些随机变量的分布状态，或分布函数形式较复杂，难以用干涉模型求解时，还可用其他方法，如蒙特卡洛法进行求解。

蒙特卡洛法是求解工程技术问题的一种近似的求解方法。实质上它是通过随机变量的统计试验，从应力分布中随机抽取一个应力值，再从强度分布中随机抽取一个值，然后加以比较。如果强度大于应力，则说明零件可靠；反之，则认为零件失效。每次的随机抽样都是对零件的一次试验，通过大量的随机抽样比较，可以得到零件的总失效数，从而计算出零件的失效率及可靠度的近似值。

5. 系统的可靠性预测

可靠性预测是一种预报方法,其目的有:①协调设计参数及指标,提高产品的可靠性;②对比设计方案,以选择最佳系统;③预示薄弱环节,采取改进措施。

任何一个能实现所需功能的产品都是由一定数量的独立单元组成的系统,因此,系统的可靠性取决于各个独立单元本身的可靠度和它们的组成形式。在各单元可靠度相同的前提下,由于它们的组成形式不同,系统可靠性预测,就是用组成系统的各个独立单元的可靠度计算系统的可靠性指标。

1) 串联系统的可靠度计算

如图 2-22 所示,若在组成系统的 n 个元件中,只要有一个元件失效,系统就不能完成规定的功能,则该系统为串联系统。例如,齿轮减速器是由齿轮、轴、键、轴承、箱体等组成,从功能关系上看,它们中任何一部分失效都将导致减速器不能正常工作。

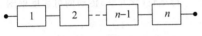

图 2-22 串联系统可靠度框图

设各个元件的失效事件是互相独立的,其可靠度分别为 $R_1, R_2, \cdots, R_n$,则由概率乘法定理可知,n 个元件组成的串联系统的可靠度 R_s 为

$$R_s = R_1 R_2 \cdots R_{n-1} R_n = \prod_{i=1}^{n} R_i$$

由上式可知,串联系统的可靠度 R_s 与串联元件的数量 n 及各元件的可靠度 R_i 有关。由于各个元件的可靠度均小于 1,所以串联系统的可靠度比系统中最不可靠的元件可靠度还低,并且随着元件可靠度的减小和元件数量的增加,串联系统的可靠度迅速降低。因而,为确保系统的可靠度不至过低,应尽量减少串联元件数量,并尽可能提高各个元件的可靠度。

2) 并联系统的可靠度计算

如图 2-23 所示,在构成一个系统的 n 个元件中,只有在所有元件全部失效的情况下整个系统才失效,故又称为冗余系统。例如,为提高战斗机的可靠性,往往采用两台发动机,当一台发动机发生故障时另一台发动机继续工作,以保证飞机完成飞行任务,这种飞机的动力系统就是典型的并联系统。

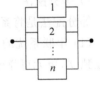

图 2-23 并联系统可靠度框图

同样由概率乘法定理可知,并联系统的可靠度为

$$R_s = 1 - \prod_{i=1}^{n}(1 - R_i)$$

由上式可知,并联系统的单元数越多,系统的可靠度越高,但系统的体积、重量以及成本等也随之增加。在实际的机械系统中,只有极重要的部件才采用这种纯并联系统,采用冗余(或后备)元件使所设计的系统具有一定的可靠度储备或安全系数,以保证产品在极限条件下仍能可靠地工作。

3) 混合系统的可靠度计算

由串联系统及并联系统组合而成的系统,称为混合系统。混合系统可靠度的计算方法是先将并联单元转化为一个等效的串联单元,然后再按照串联系统的可靠度进行计算。

例如,图 2-24 所示的 2K-H 行星齿轮减速器,其主要功能是传递运动,具有输入扭矩小的特点,其中的任一元件的失效均为独立事件,不会导致其他元件的失效。由图示可见。由三个行星轮 2 构成一并联系统。若不考虑轴、轴承、键等元件的可靠度,行星传动系统的可靠度框图如图 2-25 所示。三个行星轮 2 所构成的并联系统的可靠度为

$$R_{222}=1-(1-R_2)^3$$

由此得到的等效串联系统可靠度框图如图 2-26 所示。行星传动系统的可靠度为

$$R_s=R_1R_{222}R_3=R_1[1-(1-R_2)^3]R^3$$

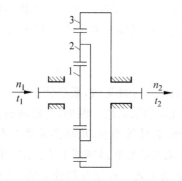

图 2-24　2K-H 行星轮(传动)示意图
1,3—齿轮;2—行星轮

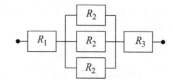

图 2-25　行星轮(含并联)传动的可靠度框图

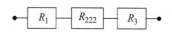

图 2-26　行星轮串联传动的可靠度框图

值得指出的是,实际工程系统往往比较复杂,不能如上述简化的方法得到所需的数学公式进行可靠度计算,只能用分析其成功和失败的各种状态的布尔真值表计算系统可靠度。

6. 系统可靠性分配

可靠性分配就是将系统设计所要求达到的可靠性,合理地分配给各组成单元的一种方法。可靠性分配的目的是合理地确定每个单元的可靠性指标,并将它作为元件设计和选用的重要依据。常用的可靠性分配方法有以下几种。

1) 等分配法

等分配法是将系统中的所有单元分配以相同的可靠度,是一种最简单的分配方法。

(1) 串联系统的等分配法:若串联系统由 n 个单元组成,系统的可靠度为 R_s,设各单元相互独立,单元可靠度均为 R_i,则

$$R_s=\prod_{i=1}^n R_i=R_i^n$$

由此可得单元可靠度为

$$R_i=R_s^{1/n}$$

(2) 并联系统的分配法:若并联系统由 n 个单元组成,系统的可靠度为 R_s,单元可靠度均为 R_i,则并联系统可靠度计算公式为

$$R_s=1-(1-R_i)^n$$

由此可得各单元的可靠度为

$$R_i=1-(1-R_s)^{1/n}$$

2) 按相对失效率分配

该方法的基本出发点是使每个单元的允许失效率正比于预计失效率。其分配步骤为:①根据统计数据或现在的使用经验得到各个单元的预计失效率;②由单元预计失效率计算

每一单元分配权系数；③按给定的系统可靠度指标及各单元的权系数，即可计算出各单元的允许失效率。相对失效率分配法考虑各单元原有失效率水平，和等分配法相比相对较为合理。

此外，还有按单元的复杂程度及重要度分配方法、拉格朗日分配方法等，由于篇幅关系，这里就不再叙述。

不管采用何种可靠性分配方法，均应遵循以下的分配原则：①单元越成熟，所能达到的可靠度水平越高，所分配的可靠度可以相应增大；②单元在系统中的重要性越高，所分配的可靠度也越高；③对具有相同重要性和相同工作周期的单元，所分配的可靠度也应相同；④应综合考虑各单元结构的复杂程度、可维修性、工作环境、技术成熟程度、生产成本等因素，合理分配各单元的可靠度指标。

7. 可靠性试验

可靠性试验是为了定量评价可靠性指标而进行的各种试验的总称，可以获得产品的可靠性指标，如平均寿命、可靠度 $R(t)$、失效概率 $\lambda(t)$ 等，验证产品是否达到设计要求。通过对试验样品的失效分析，可以揭示产品的薄弱环节及其原因，制定相应措施，达到提高可靠性的目的。因此，可靠性试验是研究产品可靠性的基本手段，也是预测产品可靠性的基础。常用的可靠性试验有下几种。

1) 环境可靠性试验

环境可靠性试验是在额定的应力状态下，试验温度、湿度、冲击、振动、含尘量、腐蚀介质等环境条件对产品可靠性的影响，确定产品可靠性指标。这种试验常用于一些作业条件十分苛刻的机械产品，如采挖机械、矿山机械、运输机械等。

2) 寿命试验

寿命试验是可靠性试验中常见的一种。通常是在试验条件下，模拟实际使用工况、确定产品的平均寿命、测定应力-寿命曲线等特征值。寿命试验不但可以用来推断、估计机械产品在实际使用条件下的寿命指标，而且还可以考核产品及结构的可靠性、制造工艺水平、分析失效机理。对机械产品而言，寿命试验是最主要的试验，是获得产品可靠性数据的主要来源，也是可靠性设计的一项基础工作。

3) 现场可靠性试验

一般可靠性试验都是在实验室条件下进行的，为了尽量使实验条件与实际使用状态相同，也常常在现场条件下对产品进行可靠性验证。验证产品的寿命数据，尽量创造最恶劣的使用条件来考验所有零部件和组成机构的工作能力。例如，批量投产前的汽车样机，要在专门挑选的道路、甚至在特意修筑的恶劣道路上进行试验。通过试验可以查明产品的薄弱环节以及产品在实际使用条件下的生产能力。由于产品的使用寿命一般很长，若通过现场试验获取产品可靠性的全部信息，往往要花费很长时间，甚至不可能，因此，现场试验一般只能得到有限的可靠性指标。

由于可靠性试验时间长、费用高，必须重视试验的规划、组织管理和数据处理工作。不同的试验目的有不同的试验方案，如产品验证，主要是根据所验证的特征量如平均寿命、失效率、不合格率，来确定试验的条件、抽样方法、总试验时间、样本数和合格判断数等。可靠性试验以破坏试验为多，非破坏试验为少，常常是用较长时间，且使试件失效才取得一个数据，所以得到数据特别昂贵。在搜集数据时必须注意数据的质量，如准确性和精度，注意数据的可用性和完备性，同时注意数据产生的时间、地点和条件。

本章小结

现代设计方法是以满足产品的质量、性能、时间、成本、价格等综合效益最优为目的，以计算机辅助设计技术为主体，以知识依托、以多学科方法及技术为手段，研究、改进、创造产品活动过程所用到的技术群体的总称，是对传统设计的深入、丰富和完善。

本章主要介绍了优化设计、系统设计、功能设计、模块化设计、反求工程、并行设计和可靠性设计，分析了各种设计方法的相关概念、技术特征以及关键技术。运用现代设计方法可以适应市场激烈竞争的需要，提升设计质量和缩短设计周期，创造更大的经济效益。

思考题及习题

1. 简述现代设计技术的内涵和特点。
2. 叙述现代设计技术的体系结构。
3. 优化设计建模三要素是什么？并简述优化设计的步骤。
4. 叙述系统设计的特点以及系统设计的方法和步骤。
5. 以机械系统设计为例，指出机械系统的方案设计和总体设计。
6. 试分析功能设计的概念及步骤。
7. 试分析模块设计的分类、步骤及关键技术。
8. 举例分析反求工程的基本步骤及关键技术。
9. 什么是并行工程？并行工程的技术特征和关键技术是什么？
10. 分析可靠性设计的主要内容和指标。
11. 在串、并联系统中如何合理地分配系统的可靠性。

先进制造工艺

如何以最快的速度、最低的成本为用户提供高质量的产品,是制造业追求的目标,为此,必须不断对传统的制造技术进行改进。先进制造工艺就是在不断变化和发展传统机械制造工艺基础上逐步形成的一种制造工艺技术,是高新技术产业化和传统工艺高新技术化的结果。先进制造工艺技术是先进制造技术的核心和基础,一个国家的制造工艺技术水平的高低,在很大程度上决定了其制造业在国际市场上的竞争力。

3.1 先进制造工艺概述

3.1.1 机械制造工艺的定义和内涵

机械制造工艺是将各种原材料通过改变其形状、尺寸、性能或相对位置,使之成为成品或半成品的方法和过程。机械制造以工艺为本,机械制造工艺是机械制造业的一项重要基础技术。机械制造工艺的内涵可以用图 3-1 所示的流程来表示。

由图 3-1 可知,机械制造工艺流程是由原材料和能源的提供、毛坯和零件成形、机械加工、材料改进与处理、装配与包装、质量检测与控制等多个工艺环节组成。按其功能的不同,可将机械制造工艺分为如下 3 个阶段:零件毛坯的成形准备阶段,包括原材料切割、焊接、铸造、锻压、加工成形等;机械切削加工阶段,包括车削、钻削、铣削、刨削、镗削、磨削加工等;表面改性处理阶段,包括热处理、电镀、化学镀、热喷涂、涂装等。在现代制造工艺中,上述阶段的划分逐渐变得模糊、交叉,甚至合二为一,如粉末冶金和注射成形工艺,则将毛坯准备与加工成形过程合二为一,直接由原材料转变为成品的。

此外,机械制造工艺还应包括检测和控制工艺环节。然而,检测和控制并不独立地构成工艺过程,而是附属于各个工艺过程而存在,其目的是提高各个工艺过程的技术水平和质量。

3.1.2 先进制造工艺的特点

先进制造工艺具有优质、高效、低耗、洁净和灵活 5 个方面的显著特点。

(1) 优质。以先进制造工艺加工制造出的产品质量高、性能好、尺寸精确、表面光洁、组织致密、无缺陷杂质、使用性能好、使用寿命和可靠性高。

(2) 高效。与传统制造工艺相比,先进制造工艺可极大地提高劳动生产率,大大降低了

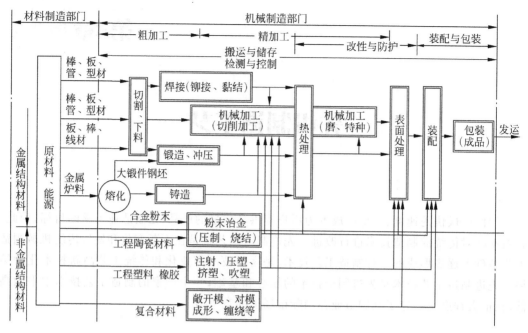

图 3-1 机械制造工艺流程图

操作者的劳动强度和生产成本。

(3) 低耗。先进制造工艺可大大节省原材料消耗,降低能源的消耗,提高了对日益枯竭的自然资源的利用率。

(4) 洁净。应用先进制造工艺可做到零排放或少排放,生产过程不污染环境,符合日益增长的环境保护要求。

(5) 灵活。能快速地对市场和生产过程的变化以及产品设计内容的更改做出反应,可进行多品种的柔性生产,适应多变的产品消费市场。

3.1.3 先进制造工艺的发展趋势

随着科学技术的进步和市场竞争的需要,制造工艺技术也得到快速的发展。

近半个世纪以来,伴随着计算机技术、微电子技术以及网络信息技术在制造工艺技术上的应用,传统制造工艺得到不断改进和提高,涌现出一批先进制造工艺技术,使制造业整体技术水平的提升一个新高度,有力促进了制造工艺技术向优质、高效、低耗、洁净和灵活方向发展。制造工艺技术进步与发展具体表现在以下方面。

1. 纳米级机械加工精度

18 世纪蒸汽机气缸加工所用的镗床精度仅为 1mm;19 世纪末机械加工精度为 0.05mm;20 世纪初由于千分尺和光学比较仪问世,使机械加工精度开始向微米级过渡;到 20 世纪 50 年代实现了微米级加工,可达到 0.001mm 加工精度;进入 21 世纪后,可实现纳米级加工,如 7nm 芯片制造。预计在不远的将来,可实现原子级的加工精度。

2. 超高速切削加工速度

随着刀具材料的不断变革,切削加工速度在100多年内提高了一百至数百倍。20世纪前碳素钢切削刀具,其耐热温度不足200℃,所允许的切削速度最高仅为10m/min;20世纪初采用了高速钢刀具,其耐热温度为500~600℃,切削速度为30~40m/min;20世纪30年代,硬质合金刀具的应用,其耐热温度达到800~1000℃,切削速度提高到数百米每分钟;随后,相继使用了陶瓷刀具、金刚石刀具和立方氮化硼刀具,其耐热温度均在1000℃以上,切削速度可高达数千米每分钟,如图3-2所示。

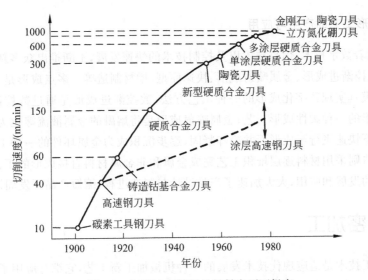

图 3-2 切削速度随刀具材料变更而提高

3. 新型工程材料的应用推动制造工艺的进步

超硬材料、超塑材料、高分子材料、复合材料、工程陶瓷、非晶与微晶合金等新型工程材料的应用,有力推动了制造工艺的进步:一方面要求加工刀具和机床设备性能的改进,使之满足新型工程材料切削加工的要求;另一方面推进了新工艺的研发力度,使新工艺更有效地适应新型工程材料的加工要求,如电火花加工、电解加工、超声波加工、电子束加工、离子束加工和激光加工等,这些新型加工工艺的出现为制造业增添了无限的生机和活力。

4. 制造工艺装备转向数字化和柔性化

由于计算机技术、微电子技术、自动检测和控制技术的应用,使制造工艺装备转向数字化和柔性化,有效提高了机械加工的效率和质量。

5. 材料成形向少余量、无余量方向发展

随着人们对资源和环境意识的提高,最大程度地利用资源,减少资源消耗,要求材料成形工艺向少切削、无切削方向发展,使成形毛坯接近或达到零件最终尺寸要求,稍加磨削或打磨后即可参与装配。为此,出现了熔模铸造、精密锻造、精密冲裁、冷温挤压、精密焊接和

精密切割等新型材料精密成形工艺。

6. 优质清洁表面工程技术形成

表面工程是通过表面涂覆、表面改性、表面加工以及表面复合处理改变零件表面的形态、化学成分和组织结构,以获取与基体材料不同性能要求的一项工程应用技术,如电刷镀、化学镀、气相沉积、热喷涂、化学热处理、激光表面处理、离子注入等都是最近20~30年推出的一系列表面工程处理技术。这些表面工程技术的出现对节约原材料、提高产品性能、延长产品使用寿命、装饰环境、美化生活等发挥了重大的作用。

7. 新型成形工艺的产生与应用

近年来,随着数字技术、信息技术以及控制技术的快速发展,不断推出众多新型成形工艺,如多点成形、数控渐进成形、金属喷射成形、快速原型、增材制造等。多点成形是采用多个离散模具代替整体模具实现数字化成形的一种工艺方法;数控渐进成形是通过数控设备对板材零件实施逐点成形的一种柔性成形工艺;金属喷射成形是将熔融的金属液流雾化为细小熔滴,在高速气流驱动下快速飞行至成形面并冷却凝固,逐步沉积成为金属坯件的一种工艺方法;快速原型和增材制造则采用材料逐层堆积工艺完成金属和非金属材料直接成形的工艺技术。这些新型成形工艺的发展和应用,大大加速了产品设计与制造进程,缩短产品开发周期。

3.2 超精密加工

超精密加工技术是适应现代技术发展的一种机械加工新工艺,它综合应用了微电子技术、计算机技术、自动控制技术、激光技术,使加工技术产生了飞跃发展。这主要体现在两个方面:一是精密/超精密加工精度越来越高,由微米级、亚微米级、纳米级,向原子级加工极限逼近;二是超精密加工已进入国民经济和生活的各个领域,批量生产达到的精度也在不断发展。

以制导导弹中决定其命中精度的陀螺仪为例,1kg 的陀螺转子,其质量中心偏离对称轴 0.5nm,将造成 100m 的射程误差和 50m 的轨道误差;美国民兵 3 型洲际导弹射程可达 12 500km,其系统陀螺仪的精度为 $0.03°\sim0.05°$,命中精度的圆概率误差为 500m。如果能将飞机发电机转子叶片加工精度由 $60\mu m$ 提高到 $12\mu m$,加工表面粗糙度由 $0.5\mu m$ 降低到 $0.2\mu m$,则发电机的压缩效率将由 89% 提高到 94%。由于太空的失重状态,人造卫星的仪表轴承为真空无润滑轴承,其孔与轴的表面粗糙度达到 1nm,圆度和圆柱度均以 nm 为单位。

精密与超精密加工技术旨在提高机械零件的几何精度,以保证机器部件配合的可靠性,运动副运动精度,长寿命、低能耗和低运行费用。现代科学与技术所需要的一个共性发展趋势就是对于零件精度的要求越来越高。

3.2.1 超精密加工概述

1. 超精密加工技术的内涵

超精密加工可有效提高产品的可靠性和稳定性,增强零件的互换性,在尖端科学技术国防工业、微电子产业等领域占有非常重要的地位。

精密加工和超精密加工是一个相对的概念，其类别的划分随时间年代在不断地变化。以往超精密加工到今天能作为精密加工或普通加工了。在当今技术条件下，普通加工、精密加工、超精密加工的加工精度可以做如下划分：

1) 普通加工

加工精度是在 $1\mu m$、表面粗糙度 Ra 值为 $0.1\mu m$ 以上的加工方法。目前，在工业发达国家，一般工厂能稳定掌握这样的加工精度。

2) 精密加工

加工精度是在 $0.1\sim1\mu m$、表面粗糙度 Ra 值为 $0.01\sim0.1\mu m$ 的加工方法，如金刚车、精镗、精磨、研磨、珩磨等加工。

3) 超精密加工

加工精度高于 $0.1\mu m$、表面粗糙度 Ra 值小于 $0.01\mu m$ 的加工方法，如金刚石刀具超精密切削、超精密磨削、超精密特种加工以及复合加工等。

2．超精密加工技术的特点和应用

1) 超精密加工的特点

超精密加工时，背吃刀量极其微小，属于微量切削，因为对刀具、砂轮修整和机床调整均有很高要求。

超精密加工是一门综合性很高的技术，凡是影响加工精度和表面质量的因素都要考虑。

超精密加工一般采用计算机控制、在线控制、自适应控制、误差检测和补偿等自动化技术来保证加工精度和表面质量。

超精密加工不仅有传统的切削和磨削加工，而且有特种加工和复合加工方法，只有综合应用各种加工方法，取长补短，才能得到有很高加工精度的表面质量。

2) 超精密加工的应用

(1) 超精密切削加工。超精密切削加工指采用金刚石刀具等超硬材料进行超精密切削，加工各种镜面。其加工表面粗糙度可达几十纳米，并成功地解决用于激光核聚变系统和天体望远镜中的大型抛物面加工，它包括超精密车、铣、镗及复合切削等。

(2) 超精密磨削。超精密磨削指采用细粒度或超细粒度的固结磨料砂轮，以及高性能磨床实现去除，加工精度可达到或者高于 $0.1\mu m$，加工表面粗糙度小于 $0.025\mu m$ 的加工方法，是超精密加工技术中能够兼顾加工精度、表面质量和加工效率的一种先进手段。

(3) 超精密抛光。超精密抛光是利用微细磨粒的机械作用和化学作用，在软质抛光工具或化学液、电磁场等辅助作用下，为获得光滑或者超光滑表面，减少或完全消除加工变质层，从而获得高表面质量的加工方法。其加工精度可达到几纳米，加工表面粗糙度可达到 $0.1nm$，超精密抛光的材料去除量十分微小，一般小于几纳米，是目前最主要的最终加工手段。如图 3-3 所

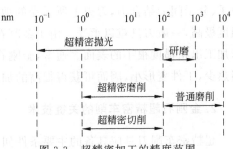

图 3-3 超精密加工的精度范围

示为目前各种典型超精密加工的精度范围。

(4) 超精密特种加工。如在大规模集成电路芯片上,采用电子束、离子束的刻蚀方法制造图形,目前可以实现的最小线宽为 $0.1\mu m$。

超精密加工不单纯是工艺问题,而是一项包括内容极其广泛的系统工程。实现超精密加工,不仅需要超精密的机床设备和工具,也需超精密切削稳定的环境条件,还需要运用计算机技术实时检测和反馈补偿。只有将各领域的技术成就集成起来,才有可能实现和发展超精密加工。

3. 超精密加工的发展

超精密加工技术的发展有以下几个方面:

(1) 向高精度方向发展,向加工精度的极限冲刺,由现阶段的亚微米级向纳米级进军,其最终目标是做到"移动原子",实现原子级精度的加工。

(2) 向大型化方向发展,研制各种大型超精密加工设备,以满足航天航空、电子通信等领域的需要。

(3) 向微型化方向发展,寻求更微细的加工技术,即超微细加工技术,以适应微型机械、集成电路的发展。

(4) 向超精结构、多功能、光机电一体化、加工检测一体化方向发展,并广泛采用各种测量、控制技术实时补偿误差。

(5) 探求新的加工机理,并形成新的加工方法和复合加工技术,被加工的材料范围不断扩大。

3.2.2　金刚石刀具的超精密切削加工

超精密切削加工主要指金刚石刀具超精密车削,主要用于加工软金属材料,如铜、铝等非铁金属及其合金,以及光学玻璃、大理石和碳素纤维板等非金属材料,主要加工对象是精度要求很高的镜面零件。

1. 金刚石超精密车削机理与特点

金刚石超精密车削属于微量切削,其加工机理与普通切削有较大的差别。超精密车削达到 $0.1\mu m$ 的加工精度和 $Ra0.01\mu m$ 的表面粗糙度,刀具必须具有切除亚微米级以下金属层厚度的能力。这时的切削深度可能小于晶粒的大小,切削在晶粒内进行,要求切削力大于原子、分子间的结合力,刀刃上所承受的剪应力可高达 13 000MPa。刀尖处应力极大,切削温度极高,一般刀具难以承受。由于金刚石本身质地细密,能磨出极其锋利的刃口,因此,可以加工出粗糙度很小的表面。通常,金刚石超精密车削会采用很高的切削速度,故产生的切削热少,工件变形小,因而可获得很高的加工精度。

2. 金刚石超精密车削的关键技术

超精密车削刀具应具备的主要条件如表3-1所示。

表 3-1 超精密车削刀具应具备的主要条件

分类	主要条件
刀具切削部分的几何形状	① 刃口能磨得极其锋利,刃口圆弧半径 r_n 值极小,能实现超薄切削厚度; ② 具有不产生走刀痕迹、强度高、切削力非常小的刀具切削部分几何形状; ③ 刀刃无缺陷,能得到超光滑的镜面
物理及化学性能	① 与工件材料的抗黏结性好,化学亲和力小,摩擦系数低,能得到极好的加工表面完整性; ② 极高的硬度、耐磨性和弹性模量,以保证刀具具有很长的寿命和很高的尺寸耐用度

目前,采用的金刚石刀具材料均为天然金刚石和人造单晶金刚石。单晶金刚石刀具可分为直线刃、圆弧刃和多棱刃。要做到能在最后一次走刀中切除微量表面层,最主要的问题是刀具的锋利程度。一般以刃口圆弧半径 r_n 的大小表示刀刃的锋利程度,r_n 越小,刀具越锋利,切除微小余量就越顺利。最小的刃口圆弧半径取决于刀具材料晶体的微观结构和刀具的刃磨情况。天然单晶金刚石虽然价格昂贵,但质地细密,因此被公认为最理想、不能替代的超精密切削的刀具材料。金刚石刀具通常是在铸造研磨盘上进行研磨,研磨时应使金刚石的晶向与主切削刃平行,并使刃口圆弧半径尽可能小。

3. 加工设备

金刚石车床是金刚石车削工艺的关键设备。它应具有高精度、高刚性和高稳定性,还要求抗振性好、热变形小、控制性能好,并具有可靠的微量进给机构和误差补偿装置。美国 Moore 公司生产的 M-18G 金刚石车床,其主轴采用空气静压轴承,转速为 5000r/min,径向跳动小于 $0.1\mu m$;采用液体静压导轨,直线度达 $0.05\mu m/100mm$;数控系统分辨率为 $0.01\mu m$。

4. 金刚石超精密车削的应用

金刚石超精密车削技术,在航空、航天领域超精密零件的加工中,在精密光学器件及民用产品的加工中,都取得了良好的效果。表 3-2 列出了一些金刚石超精密车削的应用实例。

表 3-2 金刚石超精密车削加工的应用举例

领域	加工零件	可达到的精度
航空及航天	高精度陀螺仪浮球	球度为 $0.6\sim0.2\mu m$,表面粗糙度为 $Ra0.1\mu m$
	气浮陀螺和静电陀螺的内外支承面	球度为 $0.5\sim0.05\mu m$,尺寸精度为 $0.6\mu m$,表面粗糙度为 $Ra0.025\sim0.012\mu m$
	激光陀螺平面反射镜	平面度为 $0.05\mu m$,反射率为 99.8%,表面粗糙度为 $Ra0.012\mu m$
	液压泵、液压马达转子及分油盘	转子柱塞孔圆柱度为 $0.5\sim1\mu m$,尺寸精度为 $2\sim1\mu m$,分油盘平面度为 $1\sim0.5\mu m$,表面粗糙度为 $Ra0.1\sim0.05\mu m$
	雷达波导管	内腔表面粗糙度为 $Ra0.02\sim0.01\mu m$,平面度和垂直度为 $0.1\sim0.2\mu m$
	航空仪表轴承	孔、轴的表面粗糙度为 $Ra<0.001\mu m$
光学	红外反射镜	表面粗糙度为 $Ra0.02\sim0.01\mu m$
	其他光学元件	表面粗糙度为 $Ra<0.01\mu m$

续表

领域	加工零件	可达到的精度
民用	计算机磁盘	平面度为 $0.1\sim0.5\mu m$,表面粗糙度为 $Ra0.05\sim0.03\mu m$
	磁头	平面度为 $0.04\mu m$,表面粗糙度为 $Ra<0.1\mu m$,尺寸精度为 $\pm2.5\mu m$
	非球面塑料镜成形模	形状精度为 $1\sim0.3\mu m$,表面粗糙度为 $Ra0.05\mu m$
	激光印字用多面反射镜	平面度为 $0.08\mu m$,表面粗糙度值为 $Ra0.016\mu m$

3.2.3 超精密磨削加工

超精密磨削技术是在一般精密磨削基础上发展起来的一种亚微米级加工技术。它的加工精度可达到或高于 $0.1\mu m$,表面粗糙度低于 $Ra0.025\mu m$,并正在向纳米级加工方向发展。镜面磨削一般是指加工表面粗糙度达到 $Ra0.02\sim0.01\mu m$,使加工后表面光泽如镜的磨削方法,其在加工精度的含义上不够明确,比较强调表面粗糙度,也属于超精密磨削加工范畴。

超精密磨削是一种极薄切削方法,切屑厚度极小,当磨削深度小于晶粒的大小时,磨削就在晶粒内进行,磨削力必须超过晶体内部非常大的原子、分子结合力,因此磨粒上所承受的切应力会急速增加并变得非常大,可能接近被磨削材料的剪切强度极限。同时,磨粒切削刃处受到高温和高压作用,磨粒材料必须有很高的高温强度和高温硬度。因此,在超精密磨削中一般多采用金刚石、PCBN 等超硬磨料砂轮。

磨粒在砂轮中的分布是随机的,磨削时磨粒与工件的接触也是无规律的,可以用单颗粒的磨削加工过程来说明超精密磨削的机理。理想磨削轨迹是从接触始点开始,至接触终点结束。磨粒可以看成具有弹性支承和大负前角切削刃的弹性体,弹性支承为结合剂,磨粒虽有相当硬度,且其本身受力变形极小,但实际上仍属于弹性体。在磨粒切削刃的切入深度由零开始逐渐增加,至达到最大值,然后又逐渐减小到零的过程中,整个磨粒与工件的接触依次处在弹性区、塑性区、切削区、塑性区和弹性区。

3.2.4 超精密加工的研究方向

纵观人类制造技术的发展历程,提高产品的加工精度始终是一个技术难度大、影响因素多、涉及面广、资源消耗大、投资强度高、周期长的问题。以提高加工精度为目标,从对传统制造技术、工艺、装备不断拓展、更新、完善的角度出发,与实现精密和超精密加工密切相关的主要研究领域和技术涉及如下几个方面。

(1) 加工机理。在传统加工方法的技术和工艺框架下,制造精度虽然可以通过对设备和工艺的不断改良和完善而得到提升,但提升是有限的。因此,为了提高加工精度,除了对传统加工方法的精密化外,研究采用新技术和新机理的非传统加工方法显然是实现精密和超精密加工所需解决的重要问题。目前,通过对光、电、材、化等其他领域新技术的借鉴和引用,在当前金刚石刀具超精密切削、金刚石微粉砂轮超精密磨削、精密高速切削和精密砂带磨削等传统精密和超精密加工方法的基础上,已形成了如电子束、离子束、激光束等高能束加工、电火花加工、电化学加工、光刻蚀等一系列非传统精密和超精密加工方法,以及具有复合加工机理的电解研磨、磁性研磨、磁流体抛光、超声研磨等复合加工方法。显然,加工机理的研究是精密和超精密加工的理论基础和新技术的生长点。

（2）被加工材料。与传统加工不同，为了能够达到高的制造精度，精密和超精密加工的被加工材料在化学成分、物理力学性能、化学性能、加工性能上均有严格要求。材料在满足功能、强度等设计和制造要求的同时，还应该质地均匀、性能稳定、内外部无宏观和微观缺陷。只有符合要求的被加工材料才能通过精密和超精密加工而到达预期精度。因此，研究可以实现精密、超精密加工的材料以及相关的材料处理技术显然也是精密和超精密加工得以应用所必须解决的一个关键问题。

（3）加工设备和工艺装备。毋庸置疑，高精度、高刚度、高稳定性和自动化的机床以及相应的刀具、夹具等工艺装备是精密和超精密加工得以实现的根本保证。具有相应精度的精密和超精密加工机床和设备是精密和超精密加工应首先考虑的问题。不少精密、超精密加工往往是从设计制作对应的精密和超精密机床及其所配置的高精度、高刚度的刀具、夹具、辅具等工艺装备开始的。

（4）检测和误差补偿。加工过程中，对工件及时准确的检测是精密和超精密加工高质开展的有力保证。精密和超精密加工的顺利开展必须具备相应的检测技术，形成加工和检测一体化。目前精密和超精密加工的检测有三种方式：离线检测、在位检测和在线检测。离线检测是指在加工完成后，将工件送到检验室去检测。在位检测是指工件在机床上加工完成后不卸下就地进行检测，若发现有问题则进行再加工。在线检测则是在加工过程中进行实时同步检测，从而能够主动控制加工过程，并实施动态误差补偿。在机床制造精度稳定在一定水平的基础上，针对其误差影响因素（如机床丝杠的螺距误差等），利用误差补偿装置可以有效补偿机床自身的加工误差，提高加工精度。误差补偿是提高加工精度的重要措施。目前，高精度的尺寸、形状、位置精度可采用电子测微仪、电感测微仪、电容测微仪、自准直仪、激光干涉仪等来测量。表面粗糙度可用电感式、压电晶体式等表面形貌仪进行接触测量，可用光纤法、电容法、超声微波法、隧道显微镜法进行非接触测量，表面应力、表面微裂纹、表面变质层深度等缺陷可用光衍射法、激光干涉法、超声波法等来测量。

（5）工作环境。精密和超精密加工只有在稳定的工作环境下才能达到预期的精度和表面质量要求。具体的工作环境要求如表 3-3 所示。

表 3-3　精密和超精密加工的工作环境要求

工作环境要求	衡 量 指 标	实 现 措 施
恒温	±0.01～±1℃	恒温间、恒温罩
恒湿	相对湿度 35%～45%，波动 ±1%～±10%	空气调节系统
清洁	100～10 000 级	空气过滤器
隔振	消除内部振动、隔绝外部振动干扰	隔振地基、垫层，空气弹簧隔振器

针对表 3-3 所示的工作环境指标，如何综合地基于相应措施建立并维护工作环境符合精密和超精密加工的要求显然也是实现精密和超精密加工所必须考虑并解决的关键问题。

根据以上分析，从精密和超精密加工所涉及的技术领域和问题来看，它的实现显然是一个系统工程，要成功实现精密和超精密加工就必须综合考虑这些问题，满足该满足的各项条件，否则将很难达到预期效果。

3.3 高速加工技术

3.3.1 高速加工的概念与特征

高速加工是一个相对的概念,由于不同的加工方式、不同工件材料有不同的高速加工范围,很难就高速加工的速度给出一个确切的定义。概括地说,高速加工技术是指采用超硬材料的刀具与磨具,能可靠地实现高速运动的自动化制造设备,极大地提高材料切除率,并保证加工精度和加工质量的现代制造加工技术。

德国切削物理学家 Salomon 于 1931 年提出的著名切削理论认为:一定的工件材料对应有一个临界切削速度,在该切削速度下其切削温度最高,如图 3-4 所示;在常规切削速度范围内(图 3-4 中 A 区),切削温度随着切削速度的增大而提高;当切削速度达到临界切削速度后,随着切削速度的增大切削温度反而降低。Salomon 的切削理论给人们一个重要的启示:如果切削速度能超过切削"死谷"(图 3-4 中 B 区),在超高速区(图 3-4 中 C 区)进行切削,从而可大大地减少切削工时,即可成倍地提高机床的生产率。

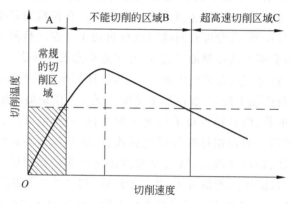

图 3-4 超高速切削概念示意图

不同的材料高速切削速度的范围也不同,几种常用的材料如铝合金为 1000～7000m/min,铜为 500～2000m/min,灰铸铁为 800～3000m/min,钛为 100～1000m/min。与之对应的进给速度一般为 2～25m/min,高的可达 60～80m/min。

高速加工的速度比常规加工速度几乎高出一个数量级,在切削原理上是对传统切削认识的突破。由于切削机理的改变,而使高速加工产生出许多自身的优势,如以下切削特征所示。

(1) 切削力低。加工速度高,使剪切变形区变窄,剪切角增大,变形系数减小。切削流出速度加快,从而可使切削变形减小,切削力比常规切削降低 30%～90%,刀具耐用度可提高 70%,特别适合于加工薄壁类刚性较差的工件。

(2) 热变形小。切削时工件温度的上升不会超过 30℃,90% 以上的切削热来不及传给工件就被高速流出的切屑带走,特别适合于加工细长易热变形的零件和薄壁零件。

(3) 材料切除率高。在高速切削时其进给速度可随切削速度的提高相应提高 5～10 倍。这样,在单位时间内的材料切除率可提高 3～5 倍,适用于材料切除率要求大的场合,如汽车、模具和航天航空等制造领域。

(4) 高精度。高切速和高进给率,使机床的激振频率远高于机床-工件-刀具系统的固有频率,使加工过程平稳、振动小,可实现高精度、低粗糙度加工,非常适合于光学领域的加工。

(5) 减少工序。许多零件在常规加工时需要分粗加工、半精加工、精加工工序,有时机加工后还需进行费时、费力的手工研磨,而使用高速切削可使工件加工集中在一道工序中完成。这种粗精加工同时完成的综合加工技术,叫作"一次过"技术(one pass maching)。

3.3.2 高速加工技术的发展与应用

自 Salomon 博士提出高速切削的概念以来,高速切削加工技术的发展经历了高速切削的理论探索、应用探索、初步应用、较成熟的应用四个发展阶段。特别是 20 世纪 80 年代以来,各工业国家相继投入大量的人力和财力进行高速加工及其相关技术方面的研究开发,在大功率高速主轴单元、高加/减速进给系统、超硬耐磨长寿命刀具材料、切削处理和冷却系统、安全装置以及高性能计算机数字控制系统和测试技术等方面均取得了重大突破,为高速切削加工技术的推广和应用提供了基本条件。

目前,高速切削机床均采用了高速的电主轴部件;进给系统多采用大导程多线滚珠丝杠或直线电动机,直线电动机最大加速度可达 $2g\sim10g$;计算机数字控制系统则采用 32 位或 64 位多 CPU 系统,以满足高速切削加工对系统快速处理数据的要求;采用强力高压的冷却系统,以解决极热切削冷却问题;采用温控循环水来冷却主轴电动机、主轴轴承和直线电动机,有的甚至冷却主轴箱、床身等大构件;采用更完备的安全措施来保证机床操作者及周围现场人员的安全。

航空制造业中最早应用了高速切削加工技术,飞机零件中大量的铝合金零件、薄壁板件和结构梁等,为保证零部件结构强度、抗振性和加工质量,通常由整块铝合金铣削而成,如采用常规铣削加工方法,存在效率低、成本高、交货期长等缺点,高速切削是解决这方面问题的最有效方法,高速切削可以大幅提高生产率,减少刀具磨损,提高加工零件的表面质量,而且对于某些难加工材料,如镍基合金和钛合金等难加工材料,高速切削更合适,如果配以良好的润滑和冷却,避免刀具过度磨损,则可以获得较好的表面质量和切削效果以及较长的刀具寿命。

高速加工 1

高速切削技术也适用于模具加工,模具材料多为高强度、高硬度、耐磨的合金材料,加工难度较大,常规方法采用电火花或者线切割加工,生产率低,采用高速切削加工代替电火花加工技术可有效提高模具开发速度和加工质量。

高速加工 2

3.3.3 高速切削的关键技术

随着近几年高速切削技术的迅速发展,各项关键技术包括高速主轴系统技术、快速进给系统技术、高性能 CNC 控制系统技术、先进的机床结构技术、高速加工刀具技术等也在不断地跃上新台阶。

1. 高速主轴系统

高速主轴单元是高速加工机床最关键的部件。目前,高速主轴的转速范围为 10 000~25 000r/min,加工进给速度在 10m/min 以上。为适应这种切削加工,高速主轴应具有先进的主轴结构、优良的主轴轴承、良好的润滑和散热等新技术。

1) 电主轴

在超高速运转的条件下,传统的齿轮变速和带传动已不能适应要求,于是人们以宽调速交流变频电动机来实现数控机床主轴的变速,从而使机床主传动的机械结构大为简化,形成一种新型的功能部件——主轴单元。在超高速数控机床中,几乎无一例外地采用电主轴(electro-spindle),如图 3-5 所示。电主轴取消了主电动机与机床主轴之间的一切中间传动环节,将主传动链的长度缩短为零,因此这种新型的驱动与传动方式称为"零传动"。

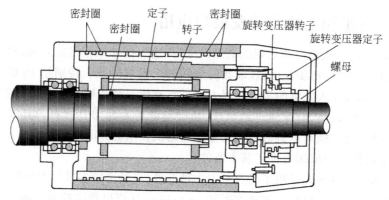

图 3-5 电主轴结构

电主轴振动小,由于采用直接传动,减少了高精密齿轮等关键部件,消除了齿轮的传动误差。同时,集成式主轴也简化了机床设计中的一些关键的工作,如简化了机床外形设计,容易实现高速加工中快速换刀时的主轴定位等。这种电主轴和以前用于内圆磨床的内装式电主轴有很大的区别,主要表现在:①有很大的驱动功率和转矩;②有较宽的调速范围;③有一系列监控主轴振动、轴承和电动机温升等运行参数的传感器、测试控制和报警系统,以确保主轴超高速运转的可靠性与安全性。

2) 静压轴承高速主轴

目前,在高速主轴系统中广泛采用了液体静压轴承和空气静压轴承。液体静压轴承高速主轴的最大特点是运动精度很高,回转误差一般在 $0.2\mu m$ 以下,因而不但可以提高刀具的使用寿命,而且可以达到很高的加工精度和较低的表面粗糙度。

采用空气静压轴承可以进一步提高主轴的转速和回转精度,其最高转速可达 100 000r/min,转速特征值可达 2.7×10^6 mm/min,回转误差在 50nm 以下。静压轴承为非接触式,具有磨损小、寿命长、旋转精度高、阻尼特性好的特点,且其结构紧凑,动、静态刚度较高。但静压轴承价格较高,使用维护较为复杂。气体静压轴承刚度差、承载能力低,主要用于高精度、高转速、轻载荷的场合;液体静压轴承刚度高、承载能力强,但结构复杂、使用条件苛刻、消耗功率大、温升较高。

3) 磁浮轴承高速主轴

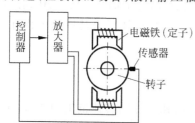

图 3-6 磁浮轴承的工作原理

磁浮轴承的工作原理如图 3-6 所示。电磁铁绕组通过电流而对转子产生吸力,与转子重量平衡,转子处于悬浮的平衡位置。传感器检测出转子的位移,并将位移信号送至控制器。控制器将位移信号转换成控制信号,经功率放大器变换为控制电流,改变吸力方向,使转子重新回到平衡位置。位移传感器通常为非接触式,其数量一般为 5~7 个。磁浮轴承高速主轴的结构如图 3-7 所示。

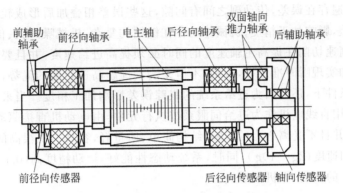

图 3-7　磁浮轴承高速主轴的结构示意图

磁浮主轴的优点是精度高、转速高和刚度高,缺点是机械结构复杂,而且需要一整套的传感器系统和控制电路,所以磁浮主轴的造价较高。另外,主轴部件内除了驱动电机外,还有轴向和径向轴承的线圈,每个线圈都是一个附加的热源,因此,磁浮主轴必须有很好的冷却系统。

最近发展起来的自检测磁浮主轴系统较好地解决了磁浮轴承控制系统复杂的问题。其是利用电磁铁线圈的自感应来检测转子位移的。转子发生位移时,电磁铁线圈的自感应系数也要发生变化,即电磁铁线圈的自感应系数是转子位移 x 的函数,相应地电磁铁线圈的端电压(或电流)也是位移 x 的函数。将电磁铁线圈的端电压(或电流)检测出来并作为系统闭环控制的反馈信号,通过控制器调节转子位移,使其工作在平衡位置上。自检测磁浮主轴系统的控制原理如图 3-8 所示(图中 ω_c 为三角波信号频率)。

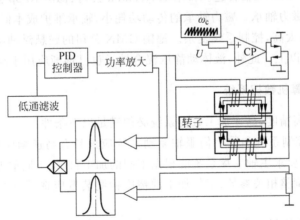

图 3-8　自检测磁浮轴承系统的控制原理

2. 超高速切削机床的进给系统

超高速切削进给系统是超高速加工机床的重要组成部分,是评价超高速机床性能的重要指标之一,是维持超高速切削中刀具正常工作的必要条件。

普通机床的进给系统采用的是滚珠丝杠副加旋转伺服电机的结构,由于丝杠扭转刚度低,高速运行时易产生扭振,限制了运动速度和加速度的提高。此外,进给系统机械传动链较长,各环节普遍存在误差,传动副之间有间隙,这些误差相叠加后形成较大的综合传动误差和非线性误差,影响加工精度;机械传动存在链结构复杂、机械噪声大、传动效率低、磨损快等缺陷。超高速切削在提高主轴速度的同时必须提高进给速度,并且要求进给运动能在瞬间达到高速和实现瞬时准停等,否则,不但无法发挥超高速切削的优势,而且会使刀具处于恶劣的工作条件下,还会因为进给系统的跟踪误差影响加工精度。当采用直线电机进给驱动系统时,使用直线电机作为进给伺服系统执行元件,由电动机直接驱动机床工作台,传动链长度为零,并且不受离心力的影响,结构简单、质量轻,容易实现很高的进给速度($80 \sim 180 \text{m/min}$)和加速度($2g \sim 10g$),同时,系统动态性能好,运动精度高($0.1 \sim 0.01 \mu\text{m}$),运动行程不影响系统的刚度,无机械磨损。

3. 超高速轴承技术

超高速主轴系统的核心是高速精密轴承。因滚动轴承有很多优点,故目前国外多数超高速磨床采用的是滚动轴承。为提高其极限转速,主要采取如下措施。

(1) 提高制造精度等级,但这样会使轴承价格成倍增长。

(2) 合理选择材料,如用陶瓷材料制成的球轴承具有质量轻、热膨胀系数小、硬度高、耐高温、超高温时尺寸稳定、耐腐蚀、弹性模量比钢高、非磁性等优点。

(3) 改进轴承结构。德国FAG轴承公司开发了HS70和HS719系列的新型高速主轴轴承,它将球直径缩小至原来的70%,增加了球数,从而提高了轴承结构的刚性。

日本东北大学庄司克雄研究室开发的CNC超高速平面磨床,使用陶瓷球轴承,主轴转速为30 000r/min。日本东芝机械公司在ASV40加工中心上,采用改进的气浮轴承,在大功率下可实现30 000r/min主轴转速。日本Koyseikok公司、德国Kapp公司曾经成功地在其高速磨床上使用了磁力轴承。磁力轴承的传动功耗小,轴承维护成本低,不需复杂的密封技术,但轴承本身成本太高,控制系统复杂。德国GMN公司的磁悬浮轴承主轴单元的转速最高达100 000r/min以上。此外,液体动静压混合轴承也已逐渐应用于高效磨床。

4. 高性能的计算机数控系统

围绕着高速和高精度,高速加工数控系统必须满足以下条件。

(1) 数字主轴控制系统和数字伺服轴驱动系统应该具有高速响应特性。采用气浮、液压或磁悬浮轴承时,要求主轴支撑系统能根据不同的加工材料、不同的刀具材料及加工过程中的动态变化自动调整相关参数;工件加工的精度检测装置应选用具有高跟踪特性和分辨率的检测元件。

(2) 进给驱动的控制系统应具有很高的控制精度和动态响应特性,以适应高进给速度和高进给加速度。

(3) 为适应高速切削,要求单个程序段处理时间短;为保证高速加工下的精度,要有前馈和大量的超前程序段处理功能;要求快速行程刀具路径尽可能圆滑,走样条曲线而不是逐点跟踪,少转折点、无尖转点;程序算法应保证高精度;遇干扰时能迅速调整,保持合理的进给速度,避免刀具振动。

此外,如何选择新型高速刀具、切削参数以及优化切削参数,如何优化刀具运动轨迹,如何控制曲线轮廓拐点、拐角处的进给速度和加速度,如何解决高速加工时 CAD/CAM 高速通信时的可靠性等都是数控程序需要解决的问题。

3.4 纳米制造技术

纳米(nanometer)是一个长度单位,1nm 是 1m 的十亿分之一,即 $1nm=10^{-9}m$。纳米科学是研究纳米尺度范畴内原子、分子和其他类型物质运动和变化的科学;纳米技术则是在纳米尺度范畴内对原子、分子等进行操纵和加工的技术。因此,纳米科学技术(nano science and technology)是研究由尺寸在 0.1~100nm 的物质组成的体系的运动规律和相互作用,及其可能的实际应用中的技术问题的科学技术。它是一门多学科交叉的、基础研究和应用开发紧密联系的高新科学技术。它包括纳米材料学、纳米电子学、纳米机械加工学、纳米生物学、纳米化学、纳米力学、纳米物理学和纳米测量学等若干领域。

高速钻铣加工

20 世纪 80 年代诞生的纳米科学技术的出现标志着人类改造自然的能力已延伸到原子、分子水平,标志着人类科学技术已进入一个新的时代——纳米科学技术时代,也标志着人类即将从"毫米文明""微米文明"迈向"纳米文明"时代。纳米科学技术的发展将推动信息、材料、能源、环境、生物、农业、国防等领域的技术创新,将导致 21 世纪的一次技术革命。

3.4.1 纳米材料的定义及分类

从狭义上说,纳米材料是指在三维空间中至少有一维处于纳米尺度范围或由它们作为基本单元的构成材料。纳米材料的基本单元按维数可以分为三类:

零维。指其在空间三维尺度均在纳米尺度,如纳米尺度颗粒、原子团簇、人造超原子、纳米尺寸的孔洞等;

一维。指在三维空间中有两维处于纳米尺度,如纳米丝、纳米棒、纳米管等;

二维。指在三维空间中有一维在纳米尺度,如超薄膜、多层膜、超晶格等。

因为这些单元往往具有量子性质,所以零维、一维和二维基本单元又分别有量子点、量子线和量子阱之称。从广义看,纳米材料是晶粒或晶界等显微结构达到纳米尺寸水平的材料。

纳米材料大致可分为纳米粉末(零维)、纳米纤维(一维)、纳米薄膜(二维)、纳米块体(三维)、纳米复合材料、纳米结构等六类。其中纳米粉末研究开发时间最长、技术最为成熟,是制备其他纳米材料的基础。

纳米粉末又称为超微粉或超细粉,一般指粒度在 100nm 以下的粉末或颗粒,是一种介于微观的原子、分子与宏观物体之间处于中间物态的固体颗粒材料,存在于微观与宏观之间的"介观体系"中,可用于高密度磁记录材料吸波隐身材料、磁流体材料、防辐射材料、单晶硅和精密光学器件抛光材料、微芯片导热基片与布线材料、微电子封装材料、光电子材料、先进的电池电极材料、太阳能电池材料、高效催化剂、高效助燃剂、敏感元件、高韧性陶瓷材料、人体修复材料、抗癌制剂等。

纳米纤维指直径为纳米尺度而长度较大的具有一定长径比的线形材料,可用于微导线、微光纤(未来量子计算机与光子计算机的重要元件)材料,新型激光或发光二极管材料等。

纳米薄膜分为颗粒膜与致密膜。颗粒膜是纳米颗粒黏在一起，中间有极为细小的间隙的薄膜；致密膜指膜层致密但晶粒尺寸为微纳米级的薄膜。纳米薄膜可用于气体催化（如汽车尾气处理）材料、过滤器材料、高密度磁记录材料、光敏材料、平面显示器材料和超导材料等。

纳米块体是将纳米粉末高压成形或控制金属液体结晶而得到的纳米晶体材料，由纳米微粒与纳米纤维构成的三维纳米块体材料，也称纳米固体。其主要用于超高强度材料、智能金属材料等。

纳米复合材料包括纳米微粒与纳米微粒复合（0-0复合）、纳米微粒与常规块体复合（0-3复合）、纳米微粒与薄膜复合（0-2复合）、不同材质纳米薄膜层状复合（2-2复合）等。通过物理或化学方法将纳米微粒填充在介孔固体（如气凝胶材料）的纳米孔洞中。这种介孔复合体也是纳米复合材料。纳米复合材料可利用已知纳米材料奇特的物理、化学性能进行设计，具有优良的综合性能，可应用于航空航天及日常生产、生活的各个领域。纳米复合材料被誉为"21世纪的新材料"。

纳米结构是以纳米尺度的物质单元为基础，按一定规律构筑或营造的一种新结构体系，它包括一维的、二维的、三维的体系。这些物质单元包括纳米微粒、稳定的团簇或人造原子、纳米管、纳米丝、纳米棒以及纳米尺寸的孔洞等。著名的诺贝尔奖获得者查德·费曼早就提出了一个令人深思的问题："如何将信息储存到一个微小的尺度？令人惊讶的是自然界早就解决了这个问题，在基因的某一点上，仅30个原子就隐藏了不可思议的遗传信息……，如果有一天人们按照自己的意愿排列原子和分子，那将创造什么样的奇迹？"今天，人们已能按照自己的意愿排列原子和分子，制备纳米结构。纳米结构体系根据构筑过程中的驱动力靠外因，还是靠内因，大致可分为两类：一类是人工纳米结构组装体系；另一类是纳米结构自组装体系。人工纳米结构组装体系是按人类的意志，利用物理和化学的方法人工地将纳米尺度的物质单元组装、排列构成一维、二维和三维的纳米结构体系，包括纳米有序阵列体系和介孔复合体系等。纳米结构的自组装体系是指通过弱的和较小方向性的非共价键，如氢键、范德华键和弱的离子键协同作用把原子、离子或分子连接在一起构筑成一个纳米结构或纳米结构的花样。纳米结构具有纳米微粒的特性，如量子尺寸效应、小尺寸效应、表面效应等特点，又存在由纳米结构组合引起的新效应，如量子耦合效应和协同效应等。这种纳米结构体系很容易通过外场（电、磁、光）实现对其性能的控制，这就是纳米超微型器件的设计基础。纳米结构体系是当前纳米材料领域派生出来的含有丰富科学内涵的一个重要分支学科。

荷花表面的纳米结构

3.4.2 纳米技术及其重要性

纳米技术是指在纳米尺寸范围内，对材料、设计、制造、测量、控制和产品进行研究处理的技术。纳米技术主要内容包括：纳米级精度和表面形貌的测量；纳米级表层物理、化学、力学性能的检测；纳米级精度的加工和纳米级表层的加工——原子和分子的去除、搬迁和重组；纳米材料；纳米级微传感器和控制技术；微型和超微型机械；微型和超微型机电系统和其他综合系统；纳米生物学等。纳米技术是科技发展的一个新兴领域，它不仅仅是将加工和测量精度从微米级提高到纳米级的问题，而是人类对自然的认识和改造方面，从宏观领域进入到物理的微观领域，进入了一个新的层次，即从微米层深入到分子、原子级的纳米层次。在深入到纳米层次时,所面临的绝不止几何上的"相似缩小"问题,而是一系列新的现象和新的规律。在纳米层次上,也就是原子尺寸级别的层次上,一些宏观的物理量,如弹性模量、密度、温度等已要求重新定义,在工程科学中习以为常的欧几米德几何、牛顿力学、宏观热力学和电磁学都已不能正常描述纳米级的工程现象和规律,而量子效应、物质的波动特性和微观涨落等已是不可忽略的,甚至成为主导的因素。

纳米技术本身就是通过改变材料的尺寸,增加其有效面积来进行发掘,改变材料的力学、光学、电学、磁学以及生物学特性的。

纳米材料的奇异特性是由于它的特殊结构所决定的,只有材料达到纳米尺寸,才是材料各项理化指标有一个质和量的突破。正是这些特殊现象的发现引起人们的关注,才有今天迅速发展的纳米科学。

纳米技术的研究开发在精密机械工程、材料科学、微电子技术、计算机技术、光学、化工、生物和生命技术以及生态农业等方面产生新的突破。这种前景使工业先进国家对纳米技术给予了极大的重视,投入了大量人力物力进行研究开发。

3.4.3 典型纳米制造技术

1. 极紫外光刻(EUVL)

极紫外光刻技术的原理是用波长范围为 11~14nm 的极紫外光,经过周期性多层膜反射镜照射到反射掩膜上,反射出的极紫外光再经过投缘系统将掩膜图形投缘成形在硅片的光刻胶上。极紫外光刻是一种有望突破特征尺寸 100nm 以下的新光刻技术。

2. 原子光刻

原子光刻的基本原理是利用激光梯度场对原子的作用力,改变原子束流在传播过程中的密度分布,使原子按一定规律沉积在基底上(或使基底上的特殊膜层"曝光"),在基板上形成纳米级的条纹、点阵或人们所需的特定图案。由于热原子束中原子的德布罗意波长约为 0.1nm 量级,其衍射极限比常规光刻中所用的紫外光的衍射极限小得多。因此,原子光刻技术在纳米器件加工、纳米材料制作等领域具有重要的应用前景。

3. 纳米掩膜刻蚀加工技术

纳米掩膜刻蚀加工技术的基本原理是将具有纳米结构的材料有序排布成所需的阵列,通过转移技术转移到基片表面。它利用有序排布的纳米结构做掩膜,结合反应离子刻蚀(RIE)等工艺定义所需的纳米图形。形成纳米结构图形的关键在于构建稳定的纳米阵列掩膜,并将其规则有序地转移到基底表面。通常在各种材料的基底上,可以利用自组装单分子膜作为偶联层,构筑具有纳米粒子、偶联层、基底三层形式的纳米复合结构。这种纳米结构加工方法操作简单,成本低,所得到的纳米结构在高密度信息存储、纳米电子、纳米光子、纳米生物器件中具有广泛的应用前景。

4. 纳米压印

纳米压印光刻技术的研究始于普林斯顿大学纳米结构实验室,其工作原理如图 3-9 所示。该工艺通过将具有纳米图案的模板在高温、高压条件下以机械力压在涂有高分子材料的硅基板上,等比例压印、复制出纳米图案,而后进行加热或紫外照射,实现图形转移。其加工分辨率只与模板图案的尺寸有关,而不受光学光刻的最短曝光波长的物理限制。该技术可以制作线宽在 5nm 以下的图案。由于省去了光学光刻掩膜板和使用光学成像设备的成本,因此纳米压印技术具有低成本、高产出,同时还具有不需要很多资金来维持的经济优势。大面积、快速、多层纳米压印技术的发展使得其很有可能成为下一代电子和光电子产业的基本技术。

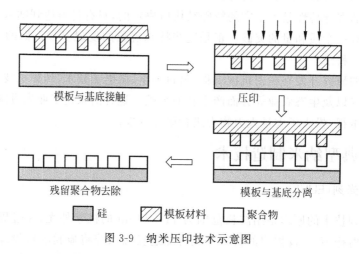

图 3-9 纳米压印技术示意图

5. 扫面探针显微镜加工

基于纳米加工技术,扫面探针显微镜(scanning probe microscope,SPM)加工的原理是通过显微镜的探针与样品表面原子相互作用来操纵工件表面的单个原子,实现单个原子和分子的搬迁、去除、增添和原子排列重组,即原子级的精加工。目前,用于纳米加工的扫描探针显微镜主要包括扫描隧道显微镜(scanning tunneling microscope,STM)和原子力显微镜(atomic force microscope,AFM)两种,其中 AFM 主要利用探针与样品间的机械力进行纳米图形加工,STM 主要利用探针与导电工件表面间所施加的电场力、磁场力等产生的量子隧道效应来进行纳米图形加工。与 STM 的加工对象相比,AFM 应用的对象范围更为广泛,但其分辨率较低,一般为几十个纳米至亚微米。STM 分辨率较高,但 STM 的加工对象仅仅局限于导电性良好的金属和半导体表面,对于绝缘体则无能为力。近年来,扫描探针显微加工技术获得了迅速的发展,并取得了多项重要成果。虽然扫描探针显微镜加工能够通过单原子的操纵有效地加工出纳米图形,但其速度太慢,不适合批量生产,仅限于一些专门的器件。

3.4.4 纳米制造的发展方向

当今科技日新月异,纳米技术已向微纳米技术(通常简称"微纳技术")发展,微纳制造已无处不在。微纳制造通常是指尺度为微米级和纳米级的材料、设计、测量与控制的产品或系统加工制造及其应用技术,它是 21 世纪最具有发展潜力的高新技术,也是世界工业强国竞相追逐的高技术发展领域之一。

微纳制造技术源于半导体集成电路(integrated circuit,IC)工业,图 3-10 是 IC 制造的基本工艺示意图。其制造工艺链由晶元制备、电路制造、封装等三个环节组成。其中,以电路制造过程最为复杂,包括气相沉积、光刻、刻蚀、扩散、离子注入和引线等。决定 IC 特征尺寸大小的关键和瓶颈技术是光刻环节,其特点是技术含量最高、投资量最大、更新速度最快。

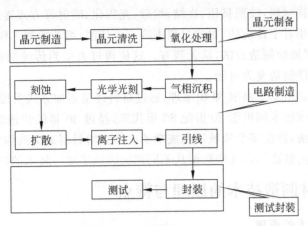

图 3-10　集成电路制造工艺

现在微纳制造技术涉及较多方面,包括:微纳级精度加工,微纳级表层原子和分子的去除、搬迁和重组,微纳级精度测量,微纳级表面物理、化学、机械性能的检测,纳米材料、纳米级传感器及控制技术等。

微纳制造有微制造和纳制造两个不同级别的内涵及实现技术。

(1) 微制造其尺度及精度为 0.1~100μm 级制造工艺技术。目前,微制造主要有两种实现途径:一种是以传统机械加工方法实现,如采用微细车削、微细铣削、微细磨削等切削加工方法,或采用微细电解、微细电火花、微细超声波、微细等离子束等特种加工工艺实现;另一种是采用较为成熟的二维或准三维半导体硅片微结构产品的制造工艺技术。

(2) 纳制造其尺度及精度为 0.1~100nm 级制造工艺技术。目前,也有两类纳制造实现路线:一种是基于纳米光刻制造工艺,实现纳米级微结构器件的制备;另一种是基于扫描探针显微镜(SPM)的纳制造工艺,即采用 SPM 进行纳米级加工以及单原子操纵,通过单原子的提取、搬迁和放置操纵完成纳米级结构单元的制造。

随着现代科学技术的发展,人们不断追求尺度小且性能完善的微型装置,以适应信息、生物、环境、能源、医学、国防、航空航天等领域的要求,这发展趋势对于现代制造科学技术的发展具有深远的影响。微纳米制造技术已成为制造业发展的重要方向。同时微纳米技术作为当今高科技发展的重要领域之一,它依赖于微纳尺度的功能结构和器件,实现功能结构与器件微纳米化的基础是先进的微纳米加工技术。微纳米加工技术与微纳米器件的开发是相互依存又相互促进的。新型微纳米器件推动微纳米加工技术的进步,而微纳米加工技术的进步反过来又会启发新型微纳米器件的开发。信息、生物和纳米技术被称为 21 世纪的三大前沿科技,它们的发展都离不开微纳米制造技术,因此,研究学习和应用微纳米制造技术具有十分重要的科学和工程意义。

3.5 增材制造技术

增材制造(additive manufacturing,AM)技术俗称3D打印,融合了计算机辅助设计、材料加工与成形技术、以数字模型文件为基础,通过软件与数控系统将专用的金属材料、非金属材料以及医用生物材料,按照挤压、烧结、熔融、光固化、喷射等方式逐层堆积,制造出实体物品的制造技术。相对于传统的、对原材料去除——切削、组装的加工模式不同,是一种"自下而上"通过材料累加的制造方法,从无到有。这使得过去受到传统制造方式的约束,而无法实现的复杂结构件制造变为可能。

增材制造技术是指基于离散-堆积原理,通过材料逐层累加方式实现实体成形的一种新型制造工艺技术。该技术问世于20世纪80年代末,经过30年的快速发展,现已推出众多成熟的成形工艺方法,并在多个领域得到成功的应用。增材制造又被称为"三维打印""快速原型制造""实体自由制造"等,这些称谓从不同侧面表达了这一技术的特点。

3.5.1 增材制造技术的原理与特点

1. 增材制造技术的原理

增材制造是由产品三维数字化模型直接加工成形产品实体的一种制造工艺技术,省略或减少了毛坯制备、零件加工和装配等中间工序,无须昂贵的刀具、夹具和模具等辅助工具可快速而准确地制造出任意复杂形状的零件,解决了许多传统制造工艺难以实现的复杂结构零件的制造问题,减少了加工工序,缩短了制造周期。

增材制造是集CAD技术、数控技术、材料科学、机械制造技术、电子技术和激光技术等于一体的综合制造技术,它采用软件离散材料累加堆积原理实现零件的成形过程,其原理如图3-11所示。

图3-11 增材制造技术原理图

(1) 三维模型的建立。设计人员可以应用各种三维CAD系统,包括MDT、SolidWorks、Solidedge、UG、Ideas等进行三维实体造型,将设计人员所构思的零件概念模型转化为三维CAD数据模型;也可通过三坐标测量仪、激光扫描仪、核磁共振图像、实体造型等方法对三维实体进行反求,获得三维数据,以此建立实体CAD模型。

(2) 模型数据转换。目前增材制造系统大多采用STL三角化数据结构模型,为此需将三维实体CAD模型转换为增材制造系统所需的数据结构模型。

(3) 分层切片。对STL数据模型按照选定的方向进行分层切片,即将三维数据模型切片离散成一个个二维薄片层,切片厚度可根据精度要求控制在0.01~0.5mm范围,切片厚度越小,其精度越高。

(4) 层面信息处理。根据每层轮廓信息,进行工艺规划,选择加工参数,系统自动生成刀具移动轨迹和加工代码。

(5) 逐层堆积成形。应用增材制造系统根据切片的轮廓和厚度要求,用片材、丝材、液体或粉末材料制成所要求的薄片,通过一片片的堆积,最终完成三维实体原型的制备。

(6) 成形实体后处理。实体成形后,需要清除成形体上不必要的支承结构或多余材料,根据要求还需进行固化、修补、打磨、强化以及涂覆等后续处理工作。

增材制造技术的原理过程如图 3-12 所示。

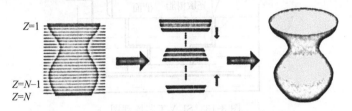

图 3-12　增材制造技术的原理过程

2. 增材制造技术的特点

与传统的成形方式相比,增材制造具有以下特点。

(1) 可以制造任意复杂的三维几何实体,不受传统机械加工中刀具无法达到某些型面的限制。增材制造是利用光、热、电等物理手段实现材料的分离与堆积的,不像传统机械加工时的成形需用刀具、模具实现。因此它在成形过程中,无振动、噪声,能耗也少,没有或极少有废弃材料,是一种环保制造技术。另外,制造者在产品设计的最初阶段就能拿到实在的产品样品,这便于他们及早地对产品设计提出意见,最大限度地减少失误和返工,大大节省工时、降低成本。

(2) 成形过程中无人工干预或较少干预,大大减少了对熟练技术工人的需求。在实体的制造过程中,CAD 数据的转化(分层)可 100% 全自动完成,而不像数控切削加工中需要高级工程人员数天复杂的人工辅助劳动才能完成。

(3) 任意复杂零件的加工只需在一台设备上完成,也不需要专用的工装、夹具和模具。因而大大缩短了新产品的开发成本和周期,其加工效率也远胜于数控加工,设备购置投资也远低于数控机床。系统柔性高,只需修改 CAD 模型就可以生产各种不同形状的零件,所以零件的复杂程度与制造成本毫无关系。

(4) 材料利用率高。多数增材制造技术的材料加工具有多样性,复合材料、金属材料、陶瓷材料等均可用于增材制造。由于没有切削加工的废屑等浪费,其原材料的利用率接近 100%。

3.5.2　增材制造主要工艺方法

1. 光敏液相固化(stereeolithgraphy apparatus,SLA)

SLA 又称为立体印刷和立体光刻,工艺原理如图 3-13 所示,在液槽内盛有液态的光敏树脂,在紫外线照射下产生固化,工作平台位于液面之下,成形作业时,聚焦后的激光束或紫外光光点在液面上按计算机指令由点到线、由线到面的逐点扫描,经扫描的光敏液将被固化;一层扫描固化后,工作台下降一个层高距离;在固化后的层面上浇注树脂液,并用刮板将其刮平;对新浇注的树脂液再次扫描固化,新的固化层牢固地黏结在上一层片上,如此重复直至整个三维实体零件制作完毕。

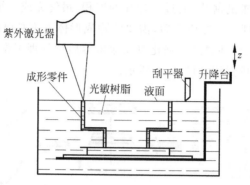

图 3-13　SLA 工艺原理图

SLA 成型工艺

　　SLA 方法是最早出现的一种增材制造工艺,其工艺特点是:①可成形任意复杂形状的零件;②成形精度高,可达±0.1mm 左右的制造精度,适宜制造形状复杂、特别精细的树脂零件;③材料利用率高,性能可靠。

　　SLA 法工艺适用于产品外形评估、功能试验、快速制造电极和各种快速经济模具;不足之处是所需设备材料价格昂贵、光敏树脂有气味和一定毒性、影响加工环境。

2. 叠层实体制造(laminatad object manufacturing,LOM)

　　LOM 法是利用背面带有黏胶的箔材或纸材通过互相黏结成形的。LOM 工艺原理如图 3-14 所示,单面涂有热熔胶的纸卷套在纸辊上,并跨过支撑辊绕在收纸辊上。伺服电机带动收纸辊转动,使纸卷沿图中箭头所示的方向移动一定距离。工作台上升至与纸面接触,热压辊沿纸面自右向左滚压,加热纸背面的热熔胶,并使这一层纸与基板上的前一层纸黏合。CO_2 激光器发射的激光束跟踪零件的二维截面数据进行切割,并将轮廓外的废纸余料切割出方形小格,以便于成形过程完成后的剥离。每切割一个截面,工作台连同被切出的轮廓层自动下降至一定高度,重复下一次工作循环,直至形成由一层层横截面粘叠的立体纸质原型零件。然后剥离废纸小方块,即可得到性能似硬木或塑料的"纸质模样产品"。

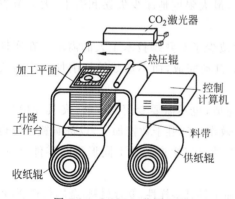

图 3-14　LOM 工艺原理图

　　LOM 工艺成形速度快,成形材料便宜,无相变,无热应力,形状和尺寸精度稳定,但成形后剥离费时,适合于航空、汽车等行业中体积较大的制件,国内清华大学、华中科技大学已提供这类商品化的产品。

3. 选区激光烧结(selective laster sintering,SLS)

　　SLS 是应用高能量激光束将粉末材料通过逐层烧结成形的一种工艺方法。工艺原理如图3-15所示。在充满惰性气体的密闭室内,先将粉末材料薄层铺设在成形桶作业面上,调整好激光束,并按照切片层数据控制激光束的运动轨迹,对所铺设的粉末材料进行扫描烧结,从而生成一个切片层,每一层都是在前一层顶部进行,这样所烧结的当前层能够与前一层牢固的黏结,通过层层叠加,去除未烧结粉末,即可获得一个三维零件实体。

SLS工艺成形选材广泛,理论上说只要是粉材即可烧结成形,包括高分子材料、金属材料、陶瓷粉末以及复合粉末材料。此外,SLS工艺成形过程无须支撑,由粉床充当自然支撑材料,可成形悬臂、内空等其他工艺难以成形的复杂结构。但是,SLS工艺过程涉及影响因素较多,包括材料的物理与化学性能、激光参数和烧结工艺参数等,均会影响烧结工艺、成形精度和产品质量。

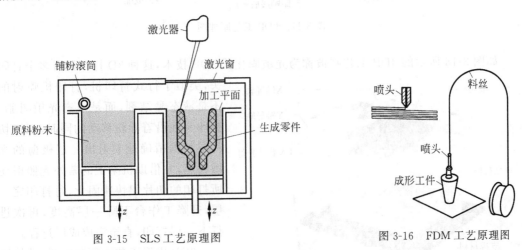

图3-15 SLS工艺原理图　　　　图3-16 FDM工艺原理图

4. 熔丝沉积成形(fused deposition modeling,FDM)

FDM工艺使用一个外观很像二维平面绘图仪的装置,只是笔头被一个挤压头代替。通过挤压一束非常细的热熔塑料丝的方法来成形堆积由切片软件所给出二维切片薄层。同样,制造原型从底层开始,一层层进行。由于热熔塑料冷却很快,这样形成了一个由二维薄层轮廓堆积并黏结成的立体原型,工艺原理如图3-16所示。

FDM工艺无须激光系统,因而设备简单,运行费用低,尺寸精度高,表面光洁度好,特别适合薄壁零件;但需要支撑,这是其不足之处。

5. 三维打印(three dimensional printing,3DP)

3DP工艺使用喷头喷出黏结剂,选择性地将粉末材料黏结起来。可以使用的原型材料有石膏粉、淀粉、热塑材料等,图3-17所示为3DP的工艺原理图。左边是储粉筒,材料被放置在快速成形过程的起始位置,零件是由粉末和胶水组成。右面就是部件制作的地方,在工作平台的里面是一个平整的金属盘,上面一层微细的滚筒铺开,然后在制作过程中由打印头喷出黏结剂进行黏结。这种方法称为粉末黏结式3DP技术。

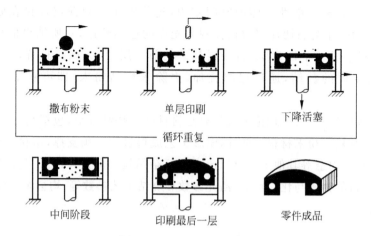

图 3-17 3DP 工艺原理图

如图 3-18 所示的 3DP 工艺则被称为光敏固化式 3DP 技术,这种 3D 打印机有多个打印头,类似于行式打印机,打印机喷射的不是液态黏结剂,而是液态光敏树脂。打印头在沿着导轨移动的同时,根据切片层数据精确地喷射出一层极薄的光敏树脂,并借助机架上的紫外光照射使所打印的切片层快速固化,每打印完一层,升降工作台下降一层高度,再次进行下一层打印,直至完成成形过程。

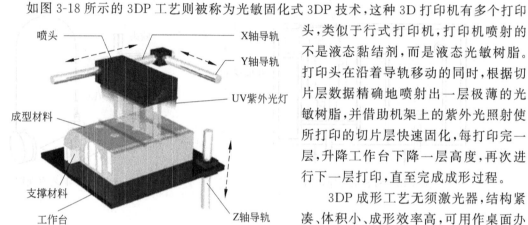

图 3-18 光敏固化式 3DP 技术原理图

3DP 成形工艺无须激光器,结构紧凑、体积小、成形效率高,可用作桌面办公系统,特别适宜制作产品实体原型、复制复杂工艺品等。然而,3DP 技术难以成形高性能的功能构件,通常用于制作产品设计模型以供分析评价之用。

6. 金属材料的增材制造技术

上述介绍的增材制造工艺所用材料多为熔点较低的光敏树脂、高分子材料以及低熔点金属材料等,所成形的零件产品组织密度小、强度低、综合性能差,很难满足实际工程应用要求。近年来,推出了不少直接用于金属材料的增材制造工艺。例如下列几种:

(1) 基于同轴送粉的激光近形成形工艺(laser engineering net shaping,LENS)。LENS 采用与激光束同轴的喷粉送料技术,将金属粉末送入激光束熔池中融化,通过数控工作台移动进行逐点激光熔覆以获得一个个截面层,最终得到一个"近形"的三

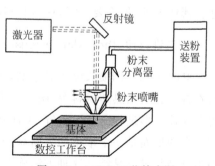

图 3-19 LENS 工艺技术图

维金属零件,如图 3-19 所示。这种在惰性气体保护之下,通过激光束熔化同轴输送的粉末流,逐层熔覆堆积得到金属制件,其组织致密,具有明显的快速熔凝特征,其力学性能达到甚至超过锻件的性能。目前,LENS 工艺已制备出铝合金、钛合金、钨合金等毛坯。然而,该工艺难以成形结构复杂和精细的结构件,粉末材料利用率偏低,主要用于毛坯的制备。

(2) 基于粉床选择性激光熔凝成形工艺(selective laser melting,SLM)。如图 3-20 所示,SLM 技术是利用高能激光束熔化预先铺设在粉床上的薄薄粉末层,使之逐层熔化堆积成形。SLM 工艺与 SLS 类似,不同点是前者金属粉末在成形过程中发生完全冶金熔化,而后者仅为成形烧熔黏结并非完全熔化。为了保证金属粉末材料的快速熔化,SLM 需采用较高功率密度的激光器,光斑可聚焦到几十到几百微米。成形的金属零件接近全致密,其强度可达到锻件水平。与 LENS 技术比较,SLM 成形精度较高,适合制造尺寸较小、结构形状复杂的零件,但该工艺成形效率较低。

SLM 工艺流程

(3) 电子束熔丝沉积工艺(electron beam freeform fabrication,EBFF)。如图 3-21 所示,EBFF 工艺是在真空环境下由电子束轰击金属表面形成熔池,金属丝材在该熔池内加热融化形成熔滴,随着工作台移动,熔滴沿给定的路径沉积凝固形成沉积层,沉积层逐层堆积完成其成形过程。EBFF 是以电子束为热源,金属材料对其几乎没有反射,能量吸收率高,且真空环境下熔化后材料润湿性增强,从而提高了熔凝金属冶金结合强度,但需要在真空环境下作业,成形成本较高。

图 3-20 彩图

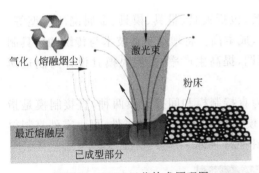

图 3-20 SLM 工艺技术原理图

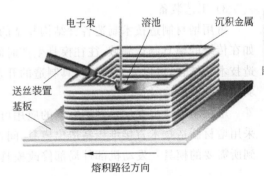

图 3-21 EBFF 工艺技术原理图

3.5.3 增材制造技术的应用及发展趋势

1. 增材制造技术的应用

由于增材制造无须昂贵的刀具、夹具或模具,省略了毛坯制备和其他加工工序,具有独特的自身优势,加之近年来在材料和价格方面的突破,使增材制造技术已在工业造型、机械制造、军事、航空航天、建筑、影视、家电、轻工、医学、考古、文化艺术、雕刻、珠宝等领域都得到了广泛应用。增材制造技术最适合应用于多品种、小批量、结构复杂、原材料价值量高的结构制造领域。随着这一技术本身的发展,其应用领域将不断拓展。

1) 产品设计领域

在新产品造型设计过程中的应用 SLS、SLA、FDM 和 SLM 技术为工业产品的设计开发人员建立了一种崭新的产品开发模式。运用 3D 打印技术能够快速、直接、精确地将设计思想转化为具有一定功能的实物模型(样件和样机),这不仅缩短了开发周期,而且降低了开发费用,也使企业在激烈的市场竞争中占有先机。单车产品设计和装配样机如图 3-22 所示。

2) 产品制造领域

由于增材制造技术自身的特点,使得其在产品制造领域内,获得广泛的应用,多用于制造单件、小批量金属零件的制造。有些特殊复杂制件,由于只需单件生产,或少于 50 件的小批量,一般均可用 3D 打印技术直接进行成型,成本低、周期短。小批量复杂产品结构零件如图 3-23 所示。

图 3-22 单车产品设计和装配样机

图 3-23 小批量复杂产品结构零件

3) 工艺装备

可用增材制造技术制造各种结构复杂的工装,包括夹具、量具、模具、金属浇注模型等。如在传统的模具制造领域,往往模具生产时间长,成本高。将增材制造技术与传统的模具制造技术相结合,可以大大缩短模具制造的开发周期,提高生产率,是解决模具设计与制造薄弱环节的有效途径。

增材制造技术在模具制造方面的应用可分为直接制模和间接制模两种,直接制模是指采用增材制造技术直接堆积制造出模具,间接制模是先制出快速成型零件,再由零件复制得到所需要的模具。发动机部件局部修改模具如图 3-24 所示。

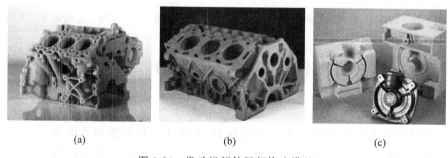

(a)　　　　　　　　　　(b)　　　　　　　　　　(c)

图 3-24 发动机部件局部修改模具

4) 航空航天领域

航空航天业希望获得重量轻、强度大,甚至可以导电的部件,正在研究符合要求的制造材料,以及制定材料及工艺标准,确保机器和构建零件的质量和一致性。据美国诺斯罗普·格鲁曼公司预测,如果有合适的材料,该公司的军用飞机系统中将有 1400 个部件可以用增材制造技术来制造。

5)建筑设计领域

建筑模型的传统制作方式,渐渐无法满足高端设计项目的要求。现如今众多设计机构的大型设施、场馆、军事沙盘地图等都利用增材制造技术先期构建精确建筑模型,来进行效果展示与相关测试,增材制造技术所发挥的优势和无可比拟的逼真效果为设计师所认同。建筑设计模型如图 3-25 所示。

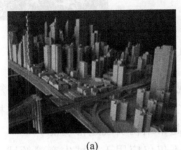 

(a)　　　　　　　　　　　　　(b)

图 3-25　建筑设计模型

6)医疗生物领域

近几年来,人们对增材制造技术在医学领域的应用研究较多。以医学影像数据为基础,利用增材制造技术制作人体器官模型,已成功应用于定制植入物、假体和组织支架等,对外科手术有极大的应用价值。利用增材制造技术制作的牙齿、骨骼等可直接应用于人体,如图 3-26 所示。

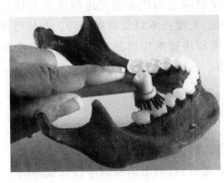 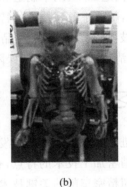

(a)　　　　　　　　　　　　　(b)

图 3-26　牙齿、人体骨骼模型

7)文化艺术领域

增材制造技术多用于艺术创作、文物复制、数字雕塑等。文化艺术品如图 3-27 所示。

2. 增材制造技术的发展趋势

增材制造技术的发展趋势主要有以下两方面。

(1)实现低成本、短流程、快速数字制造。对于复杂、超复杂构件或结构系统实现低成本、短流程制造且构件的不同部位具有不同的性能;对于高性能大型、超大型构件或结构系统实现高效快速制造;对于多品种小批量个性化产品实现低成本快速制造。

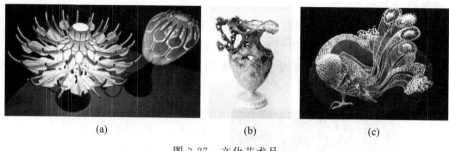

图 3-27 文化艺术品

（2）实现高性能新材料数字制备能力实现对高性能非平衡材料制备与复杂结构制造；实现高活性难熔难加工材料制备与结构制造；实现高性能梯度材料制备与结构制造；实现高性能材料多尺度复合制备与结构制造；创造出超常结构实现超常功能。

未来增材制造技术应用领域更加广泛，将不仅仅应用于机械生产等领域，还将应用于食品、影视、文化艺术等领域。将对装备制造技术产生变革性影响，并带来重大装备结构设计的革命，将会变革生产制造模式和维护保障模式。

本章小结

本章在分析机械制造工艺的内涵以及先进制造工艺的产生和发展基础上，着重介绍了以超精密加工、高速加工、纳米制造和增材制造为代表的先进制造工艺技术，从这些技术的定义、概念出发，阐述了各项技术的特征、关键技术以及发展趋势。与传统的制造技术相比，先进制造工艺技术以其高效率、高品质和快速响应市场变化的能力为主要特征，对实现优质、高效、低耗、清洁的生产提供了保障。

思考题及习题

1. 简述先进制造工艺的特点与发展。
2. 简述超精密加工技术的特点，查阅资料，列举精密洁净铸造成型的工艺方法。
3. 金刚石超精密车削的关键技术是什么？金刚石刀具有哪些性能特征？
4. 简述超精密磨削机理。超精密加工对机床设备及环境有什么要求？
5. 高速加工的速度范围为多少？分析高速切削加工所需解决的关键技术。
6. 简述纳米技术的定义和分类，以及纳米技术的发展方向。
7. 举例介绍几种纳米制造技术。
8. 分析增材制造技术的工作原理、特点和作业过程。
9. 举例说明增材制造技术的工艺方法。举例说明你在生活中接触过的增材制造产品。
10. 简述增材制造技术的应用及发展趋势。

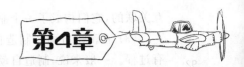

第4章

先进制造系统

4.1 制造自动化技术概述

制造自动化技术是先进制造技术的一个重要组成部分。采用制造自动化技术,可以大大减轻操作者的劳动强度,提高劳动生产率和产品质量,降低制造成本,增强企业市场竞争力。制造自动化技术的发展加速了制造业由劳动密集型向技术密集和知识密集型产业转变的步伐,是制造业技术进步的重要标志。制造自动化技术已经成为各国经济发展和满足人民日益增长需要的主要技术支撑,成为高新技术发展的关键技术。

4.1.1 制造业自动化的内涵

"自动化"是美国人 D.S.Harder 于 1936 年提出的,他认为在一个生产过程中,机器之间的零件转移不用人去搬运就实现了"自动化"。过去,人们对自动化的理解是以机械的动作代替人力操作,自动地完成特定的作业。这实质上是自动化代替人的体力劳动的观点。后来随着电子和信息技术的发展,特别是随着计算机技术的发展和应用,自动化的概念已扩展为:不仅用机器(包括计算机)代替人的体力劳动而且还替代或辅助脑力劳动,以自动地完成特定的作业。制造自动化已经突破了传统的概念,具有更加广泛和深刻的内涵。制造自动化的内涵至少包括以下三个方面。

(1) 在形式方面。制造自动化有三点含义,即:代替人的体力劳动;代替或辅助人的脑力劳动;制造系统中人、机及整个系统的协调、管理、控制和优化。

(2) 在功能方面。制造自动化的功能目标是多方面的,形成了一个如图 4-1 所示的有机体系。功能模型中,T 表示时间(time),其含义是采用自动化技术能缩短产品制造周期,提高生产率;Q 表示质量(quality),其含义是采用自动化系统,能提高和保证产品质量;C 表示成本(cost),其含义是采用自动化技术能有效地降低成本,提高经济效益;S 表示服务(service),其含义一是利用自动化技术,更好地做好市场服务工作,二是利用自动化技术,替代或减轻制造人员的体力和脑力劳动,直接为制造人员服务;E 表示环境友善性(environment),含义是制造自动化应该有利于充分利用资源,减少废弃物和环境污染,有利于实现绿色制造。T、Q、C、S、E 是相

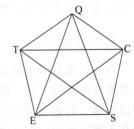

图 4-1 制造自动化的多功能体系

互关联的,它们构成了一个制造自动化功能目标的有机体系。

(3) 在范围方面。制造自动化不仅涉及具体生产制造过程,而且涉及产品寿命周期所有过程。一般来说,制造自动化技术的内涵是指制造技术的自动化和制造系统的自动化。

4.1.2 制造业自动化的发展趋势

近年来,制造自动化技术的研究发展迅速,其发展趋势是制造全球化和制造网络化、制造敏捷化、制造虚拟化、制造智能化和制造绿色化。我国在该领域的研究起步较晚,实际实施远远落后于发达国家,但相关技术的理论研究逐渐接近国际先进水平。

1. 制造全球化和制造网络化

制造全球化的概念来自于美日欧等发达国家的智能系统计划。近年来随着 Internet/Intranet 技术的发展,制造全球化的研究和应用发展迅速。制造全球化包含的内容非常广泛,主要有:市场的国际化,产品销售的全球网络的形成;产品设计和开发的国际合作;产品制造的跨国化;制造企业在世界范围内的重组与集成(如动态联盟公司);制造资源的跨地区、跨国家的协调、共享和优化利用;全球制造的体系结构的形成。

2. 制造敏捷化

敏捷制造是一种面向21世纪的制造战略和现代制造模式,当前全球范围内敏捷制造的研究十分活跃。敏捷制造是对广义制造系统而言的。制造环境和制造过程的敏捷性问题是敏捷制造的重要组成部分。敏捷化是制造环境和制造过程面向21世纪制造活动的必然趋势。

3. 制造虚拟化

制造虚拟化主要指虚拟制造,虚拟制造(virtual manufacturing)是以制造技术和计算机技术支持的系统建模技术和仿真技术为基础,集成现代制造工艺、计算机图形学、并行工程、人工智能、人工现实技术和多媒体技术等多种高新技术为一体,由多学科知识形成的一种综合系统技术。它将现实制造环境及其制造过程通过建立系统模型映射到计算机及其相关技术所支撑的虚拟环境中,在虚拟环境下模拟现实制造环境及其制造过程的一切活动和产品的制造全过程,并对产品制造及制造系统的行为进行预测和评价。虚拟制造的研究正越来越受到重视。虚拟制造是实现敏捷制造的重要关键技术,对未来制造业的发展至关重要;同时虚拟制造将在今后发展成为很大的软件产业,我们应充分注意到这个发展趋势。

4. 制造智能化

智能制造是未来制造自动化发展的重要方向。所谓智能制造系统是一种由智能机器和人类专家组成的人机一体化智能系统,它在制造过程中能进行智能活动,如分析推理、构思和决策等。智能制造技术的宗旨在于通过人与智能机器的合作共事,去扩大、延伸和部分地取代人类专家在制造过程中的脑力劳动,以实现制造过程的优化。智能制造的发展,必将把集成制造技术推向高级的阶段,即智能集成的阶段,有人预言21世纪的制造工业将由两个"I"来标识,即 integration(集成)和 intelligence(智能)。

5. 制造绿色化

环境、资源、人口是当今人类社会面临的三大主要问题。特别是环境问题,其恶化程度与日俱增,正在对人类社会的生存与发展造成严重威胁。近年来的研究和实践使人们认识到环境问题绝非是孤立存在的,它和资源、人口两问题有着根本性的内在联系。特别是资源问题,它不仅涉及人类世界有限的资源如何利用,而且它又是产生环境问题的主要根源。制造业量大面广,对环境的总体影响很大。可以说,制造业一方面是创造人类财富的支柱产业,但同时又是当前环境污染的主要源头。如何使制造业尽可能少地产生环境污染是当前环境问题研究的一个重要方面,于是便出现了一个新概念——绿色制造(green manufacturing)。绿色制造是一个综合考虑环境影响和资源效率的现代制造模式,其目标是使得产品从设计、制造、包装、运输、使用到报废处理的整个产品生命周期中,对环境的影响(副作用)最小,资源效率最高。绿色制造涉及面很广,涉及产品的整个生命周期。对制造环境和制造过程而言,绿色制造主要涉及资源的优化利用、清洁生产和废弃物的最少化及综合利用。绿色制造是目前和将来制造自动化系统应充分考虑的一个重大问题。

4.2 工业机器人技术

机器人工业萌芽于20世纪50年代的美国,经过60多年的发展,已被不断地应用于人类社会的很多领域,正如计算机技术一样,机器人技术正在日益改变着人类的生产方式。

4.2.1 机器人工业的现状

在工业发达国家,工业机器人经历近半个世纪的迅速发展,其技术日趋成熟,在汽车行业、机械加工行业、电子电气行业、橡胶及塑料行业、食品行业、物流、制造业等诸多工业领域得到广泛的应用。工业机器人作为先进制造业中不可替代的重要装备和手段,已成为衡量一个国家制造业水平和科技水平的重要标志。

在国外,工业机器人技术日趋成熟,已经成为一种标准设备被工业界广泛应用。从而,相继形成了一批具有影响力的、著名的工业机器人公司,其中包括:瑞典的 ABB,日本的 FANUC、Yaskawa、Motoman,德国的 KUKA,美国的 Adept Technology,意大利的 COMAU,这些公司已经成为其所在国家的支柱企业。

我国的工业机器人研究开始于20世纪70年代,由于当时经济体制等因素的制约,发展比较缓慢,研究和应用水平也比较低。1985年,随着工业发达国家开始大量应用和普及工业机器人,我国在"七五"时期的科技攻关计划中将工业机器人列入了发展计划,由当时的机械工业部牵头组织了点焊、弧焊、喷漆、搬运等类型的工业机器人攻关,其他部委也积极立项支持,形成了中国工业机器人的第一次高潮。

进入20世纪90年代后,为了实现高技术发展与国家经济主战场的密切衔接,"863计划"确定了特种机器人与工业机器人及其应用工程并重、以应用带动关键技术和基础研究的发展方针。经过广大科技工作者的辛勤努力,开发了7种工业机器人系列产品、102种特种机器人,实施了100余项机器人应用工程。

在20世纪90年代末期,我国建立了9个机器人产业化基地和7个科研基地,包括沈阳自动化研究所的新松机器人公司、哈尔滨工业大学的博实自动化设备有限公司、北京机械工业自动化研究所机器人开发中心、海尔机器人公司等。产业化基地的建设带来了产业化的希望，为发展我国机器人产业奠定了基础。经过广大科技人员的不懈努力，目前我国已经能够生产具有国际先进水平的平面关节型装配机器人、直角坐标机器人、弧焊机器人、点焊机器人、搬运码垛机器人和 AGV 自动导引车等一系列产品，其中一些品种实现了小批量生产。一批企业根据市场的需求，自主研制或与科研院所合作，进行机器人产业化开发。如奇瑞汽车与哈尔滨工业大学合作进行点焊机器人的产业化开发，西安北村精密数控与哈尔滨工业大学合作进行机床上下料搬运机器人的产业化开发，昆山华恒与东南大学等合作开发弧焊机器人、广州数控开发焊接机器人、盐城宏达开发弧焊机器人。随着我国现代制造业的发展，我国工业机器人的需求量在快速增长。

工业机器人作为最典型的机电一体化数字化装备，技术附加值很高，应用范围很广，作为先进制造业的支撑技术和信息化社会的新兴产业，将对未来生产和社会发展起着越来越重要的作用。国外专家预测，机器人产业是继汽车、计算机之后出现的一种新的大型高技术产业。随着我国工业企业自动化水平的不断提高，工业机器人市场也会越来越大，这就给工业机器人的研究、开发、生产带来巨大商机。然而机遇也意味着挑战，目前全球各大工业机器人供应商都已大力开拓中国市场，因此中国必须大力发展机器人产业，通过发挥中国的生产制造优势，提高自主创新能力，寻求有特色的发展道路，在国家相关政策的支持下扶持和鼓励一大批民族的机器人产业成长壮大。

4.2.2 工业机器人的定义

1967 年，在日本召开的第一届机器人学术会议上，提出了两个有代表性的定义。一个定义是森政弘与和田周平提出的："机器人是具有移动性、个体性、智能性、通用性、半机械半人性、自动性、奴隶性 7 个特征的柔性机器。"从这一定义出发，森政弘又提出了用自动性、智能性、个体性、半机械半人性、作业性、通用性、信息性、柔性、有限性、移动性 10 个特征来表示机器人的形象。另一个定义是由加藤一郎提出的，他认为具有以下 3 个条件的机器可称为机器人：

(1) 具有脑、手、脚三要素的个体；
(2) 具有非接触传感器(用眼、耳接受远方信息)和接触传感器；
(3) 具有平衡觉和固有觉的传感器。

该定义强调了机器人应当具有仿人的特点，即它靠手进行作业，靠脚实现移动，由脑来完成统一指挥。非接触传感器和接触传感器相当于人的五官，使机器人能够识别外界环境，而平衡感和固有感则是机器人感知本身状态所不可缺少的传感器。

国际标准化组织(ISO)给出的机器人定义较为全面和准确，其含义为

(1) 机器人的动作机构具有类似于人或其他生物体某些器官(肢体、感官等)的功能；
(2) 机器人具有通用性，工作种类多样，动作程序灵活易变；
(3) 机器人具有不同程度的智能性，如记忆、感知、推理、决策和学习等；
(4) 机器人具有独立性，完整的机器人系统在工作中可以不依赖于人类的干预。

美国机器人工业协会(RIA)对工业机器人的定义为：机器人是一种用于移动各种材料、零件、工具或专用装置的，通过可编程序动作来执行各种任务，并具有编程能力的多功能

机械手。

日本工业机器人协会(JIRA)对工业机器人的定义为:机器人是一种带有记忆装置和末端执行器的,能够通过自动的动作而代替人类劳动的通用机器。

我国科学家对机器人的定义为:机器人是一种自动化的机器,所不同的是这种机器具备一些与人或生物相似的智能能力,如感知能力、规划能力、动作能力和协同能力,是一种具有高度灵活性的自动化机器。

4.2.3 工业机器人的组成与分类

1. 工业机器人的组成

图 4-2 是一个典型的关节型工业机器人。从图可知,工业机器人一般由执行机构、控制系统、驱动系统以及位置检测机构等几个部分组成。

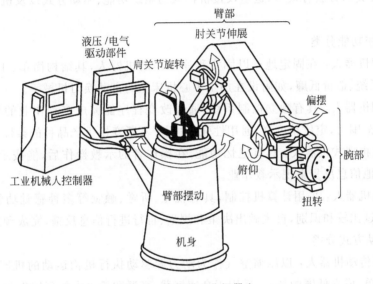

图 4-2 关节型工业机器人

1) 执行机构

执行机构是一组具有与人的手脚功能相似的机械机构,俗称操作机,通常包括以下组成部分。

(1) 手部:又称抓取机构或夹持器,用于直接抓取工件或工具。若在手部安装专用工具,如焊枪、电钻、电动螺钉拧紧器等,就构成了专用的特殊手部。工业机器人手部有机械夹持式、真空吸附式、磁性吸附式等不同的结构形式。

(2) 腕部:连接手部和手臂的部件,用以调整手部的姿态和方位。

(3) 臂部:支撑手腕和手部的部件,由动力关节和连杆组成用以承受工件或工具负荷,改变工件或工具的空间位置,并将它们送至预定的位置。

(4) 机身:又称立柱,是支撑臂部的部件,用以扩大臂部活动和作业范围。

(5) 机座及行走机构:支撑整个机器人的基础件,用以确定或改变机器人的位置。

2) 控制系统

控制系统是机器人的大脑,控制与支配机器人按给定的程序动作,并记忆人们示教的指令信息,如动作顺序、运动轨迹、运动速度等,可再现控制所存储的示教信息。

3) 驱动系统

驱动系统是机器人执行作业的动力源,按照控制系统发来的控制指令驱动执行机构完成规定的作业。常用的驱动系统有机械式、液压式、气动以及电气驱动等不同的驱动形式。

4) 位置检测机构

位置检测机构通过附设的力、位移、触觉、视觉等不同的传感器,检测机器人的运动位置和工作状态,并随时反馈给控制系统,以便执行机构以一定的精度和速度达到设定的位置。

2. 工业机器人的分类

机器人分类的方法有很多,这里仅按机器人的系统功能、驱动方式以及机器人的结构形式进行分类。

1) 按系统功能分类

(1) 专用机器人:在固定地点以固定程序工作的机器人,其结构简单、工作对象单一、无独立控制系统、造价低廉,如附设在加工中心机床上的自动换刀机械手。

(2) 通用机器人:具有独立控制系统,通过改变程序能完成多种作业的机器人。其结构复杂,工作范围大,定位精度高,通用性强,适用于不断变换生产品种的柔性制造系统。

(3) 示教再现式机器人:具有记忆功能,在操作者的示教操作后,能按示教的顺序、位置、条件与其他信息反复重现示教作业。

(4) 智能机器人:采用计算机控制,具有视觉、听觉、触觉等多种感觉功能和识别功能的机器人,通过比较和识别,自主做出决策和规划、自行进行信息反馈,完成预定的动作。

2) 按驱动方式分类

(1) 气压传动机器人:以压缩空气作为动力源驱动执行机构运动的机器人,具有动作迅速、结构简单、成本低廉的特点,适用于高速轻载、高温和粉尘大的环境作业。

(2) 液压传动机器人:采用液压元件驱动,具有负载能力强、传动平稳、结构紧凑、动作灵敏的特点,适用于重载、低速驱动场合。

(3) 电气传动机器人:用交流或直流伺服电动机驱动的机器人,不需要中间转换机构,机械结构简单、响应速度快、控制精度高,是近年来常用的机器人。

3) 按结构形式分类

(1) 直角坐标机器人:由三个相互正交的平移坐标轴组成(见图 4-3(a)),各个坐标轴运动独立,具有控制简单、定位精度高的特点。

(2) 圆柱坐标机器人:由立柱和一个安装在立柱上的水平臂组成,其立柱安装在回转机座上,水平臂可以自由伸缩,并可沿立柱上下移动。该类机器人具有一个旋转轴和两个平移轴(见图 4-3(b))。

(3) 关节机器人:关节机器人的运动类似人的手臂,由大小两臂和立柱等机构组成。大小臂之间用铰链连接形成肘关节,大臂和立柱连接形成肩关节,可实现三大方向旋转运动

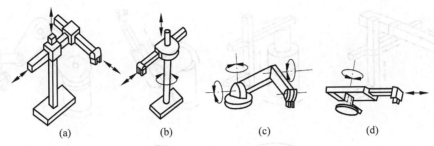

图 4-3 工业机器人的基本结构形式

(见图 4-3(c))。它能抓取靠近机座的物件,也能绕过机体和目标间的障碍物去抓取物件,具有较高的运动速度和极好的灵活性,成为最通用的机器人。

(4) 球坐标机器人:由回转机座、俯仰铰链和伸缩臂组成,具有两个旋转轴和一个平移轴(见图 4-3(d))。

4.2.4 工业机器人的主要性能

1. 机器人的自由度

机器人的自由度(degree of freedom,DOF)指其末端执行器相对于参考坐标系能够独立运动的数目,但并不包括末端执行器的开合自由度。自由度是机器人的一个重要技术指标,它是由机器人的结构决定的,并直接影响到机器人能否执行适应的动作。

2. 工作空间

工作空间指机器人末端上参考点所能达到的所有空间区域。机器人的工作空间取决于机器人的结构型式和每个关节的运动范围。图 4-4 所示分别为直角坐标型机器人、圆柱坐标型机器人、球坐标型机器人和关节坐标型机器人的工作空间。

3. 机器人额定速度与额定负载

机器人在保持运动平稳性和位置精度前提下所能达到的最大速度称为额定速度(rated velocity)。其某一关节运动的速度称为单轴速度,由各轴速度分量合成的速度称为合成速度。机器人在额定速度和行程范围内,末端执行器所能承受负载的允许值称为额定负载(rated load)。极限负载指在限制作业条件下,保证机械结构不损坏,末端执行器所能承受负载的最大值。

对于结构固定的机器人,其最大行程为定值,因此额定速度越高,运动循环时间越短,工作效率也越高。而机器人每个关节的运动过程一般包括起动加速、匀速运动和减速制动三个阶段,如果机器人负载过大,则会产生较大的惯性,造成起动、制动阶段时间延长,从而影响机器人的工作效率。对此,就要根据实际工作周期来平衡机器人的额定速度与额定负载。

4. 机器人分辨率、位姿准确率和位姿重复率

机器人分辨率指机器人各关节运动能够实现的最小移动距离或最小转动角度,它有控

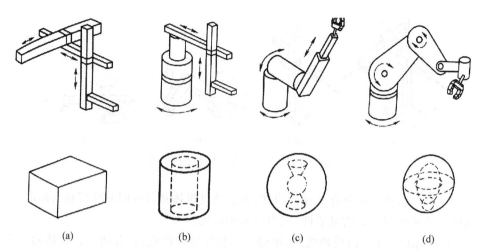

图 4-4 工业机器人的常见工作空间

(a) 直角坐标型；(b) 圆柱坐标型；(c) 球坐标型；(d) 关节坐标型

制分辨率(control resolution)和空间分辨率(spation resolution)之分。

控制分辨率是机器人控制器根据指令能控制的最小位移增量。若机器人末端执行器借助于二进制 n 位指令移动距离为 d，则控制分辨率为 $d/2n$；对于转动关节，则为角度的运动范围除以 $2n$ 得到控制角分辨率，再乘以臂长得到末端执行器的控制分辨率。空间分辨率是机器人末端执行器运动的最小增量。空间分辨率是一种包括控制分辨率、机械误差及计算机计算时的圆整、截尾和近似计算误差在内的联合误差。

机器人多次执行同一位姿指令，其末端执行器在指定坐标系中实到位姿与指令位姿之间的偏差称为机器人位姿准确度(pose accuracy)。位姿准确度主要包括机械误差、控制算法误差和分辨率系统误差。机械误差主要产生于传动误差、关节间隙和连杆机构的挠性等；控制算法误差主要是由一些算法的数值解法或数据精度的舍入造成的；分辨率系统误差则是由于小于基准分辨率的变位既无法编程也无法检测而产生的误差。

在相同条件下，用同一方法操作机器人时，重复多次所测得的同一位姿散布的不一致程度称为位姿重复性(pose repeatability)。因其不受工作载荷变化的影响，故通常用位姿重复性这一指标作为衡量示教-再现方式工业机器人水平的重要指标。

4.2.5 工业机器人编程技术

用机器人代替人进行作业时，必须先对机器人发出指示，规定机器人进行应该完成的动作和作业的具体内容，这个过程就称为对机器人的示教或对机器人的编程。常用的编程方法有示教编程法和离线编程法等。

1. 手控示教编程法

示教编程是一种最简单、最常用的机器人编程方法。点位控制机器人与轮廓控制机器人有着不同的示教方法。对点位控制机器人编程时，须通过示教盒上的按钮，逐一使机器人的每个运动轴动作，相关运动轴达到需要编程点的位置后，操作者就将这一点的位置信息存储在机器人的存储器内。而对轮廓控制机器人的示教编程则由操作者握住机器人的手部,以要求的速度通过需要的路线进行示教,同时存储器记录下每个运动轴的连续位置。对于那些不能或不便直接拖着其手部运动的机器人,往往需要附设一个没有驱动元件但装有反馈装置的机器人模拟机,通过这种模拟机对机器人进行示教编程。通过示教直接产生机器人的控制程序,无须操作者手工编写程序指令;其不足之处在于运动轨迹精度不高、难以得到正确的运动速度、需要相当大的存储容量等。如图4-5所示为机器人示教臂示意图。

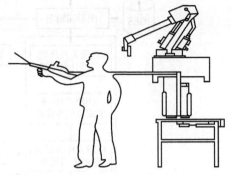

图4-5 机器人示教臂示意图

2. 离线编程法

部分地或完全脱离机器人,借助计算机来编制机器人程序,称为离线编程。机器人离线编程,是利用计算机图形学建立起机器人及其工作环境模型,通过对图形的控制和操作,在离线的情况下进行机器人的轨迹规划,完成编程任务。离线编程的优点在于:减少机器人停机时间;让程序员脱离潜在的危险环境;一套编程系统可给多台机器人编程,若机器人程序格式不同,只需采用不同的后置处理即可;能完成示教难以完成的复杂、精确的编程任务;通过图形编程系统的动画仿真,可验证和优化程序。这种编程方法应优先用在由于任务多变,示教占用机器人生产时间太长或进行精密复杂的作业,如装配和检验,特别是多机协同工作或要用传感器反馈信号时。

如图4-6所示的HOLPSS离线编程和仿真系统,由主控模块、机器人语言处理模块、运动学及规划模块、机器人及环境三维构型模块、机器人运动仿真模块和系统通信等不同模块组成。该系统的工作过程为:首先用系统提供的机器人语言,根据作业任务对机器人进行编程,所编好的程序经过机器人语言处理模块进行处理,形成系统仿真所需的第一级数据;然后对编程结果进行三维图形动态仿真,进行碰撞检测和可行性检测;最后生成所需的控制代码,经过后置处理将代码传到机器人控制柜,使机器人完成所给定的任务。

3. 机器人语言及分类

机器人软件的类型大致有三种:伺服控制级软件;机器人运动控制级软件,用于对机器人轨迹控制插补和坐标变换等;周边装置的控制软件。

为了让机器人产生人们所期望的动作,实现上述三类软件的功能,就必须设计机器人的运动过程和编制实现这一运动过程的程序。能用来描述机器人运动的形式语言叫作机器人语言,它是在人与机器人之间的交流中记录信号或交换信息的程序语言。利用机器人对机器人编程,可实现对机器人及其周边装置的控制。

机器人的编程语言是机器人系统软件的重要组成部分,其发展与机器人技术的发展是同步的,与系统软件的分级结构相对应。机器人语言有四种主要类型,由低级到高级依次是:面向点位控制的机器人语言(如T3、FUNKY等)、面向运动的机器人语言(如VAL等)、结构化编程语言(如AL等)、面向任务的机器人语言(如AUTOPASS等)。现有的各种机器人的语言大都可以归入上述类别中。另外有一种语言,即实时监控语言,对任何机器

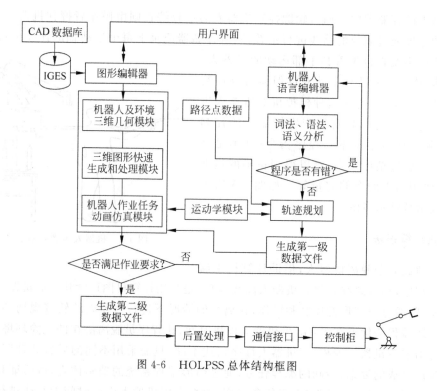

图 4-6 HOLPSS 总体结构框图

人都适用,但使用这种语言需要较高的技巧和对系统硬件有详尽的了解。目前,各种机器人语言纷繁复杂多样,因此迫切要求机器人语言在不断完善的同时,持续向标准化方向发展。

4.2.6 工业机器人的发展趋势

工业机器人技术是一门涉及机械学、电子学、计算机科学、控制技术、传感器技术、仿生学、人工智能甚至生命科学等学科领域的交叉性学科,机器人技术的发展依赖于这些相关学科技术的发展和进步。

归纳起来,工业机器人技术的发展趋势有以下几个方面。

(1) 高级智能化。未来机器人最突出的特点在于其具有更高的智能,随着计算机技术、模糊控制技术、专家系统技术、人工神经网络技术和智能工程技术等高新技术的不断发展,必将大大提高工业机器人学习知识和运用知识解决问题的能力,并具有视觉、力觉、感觉等功能,能感知环境的变化并做出相应反应,有很高的自适应能力,几乎能像人一样去干更多的工作。

(2) 结构一体化。工业机器人的本体采用杆臂结构或细长臂轴向式腕关节,并与关节机构、电动机、减速器、编码器等有机结合,全部电、管、线不外露,形成十分完整的防尘、防漏、防爆、防水全封闭的一体化结构。

(3) 应用广泛化。在 21 世纪,机器人不再局限于工业生产,而是向服务领域扩展,社会的各个领域都可由机器人工作,从而使人类进入机器人时代。据专家预测,用于家庭的"个人机器人"必将在 21 世纪得到推广和普及,人类生活的仿生机器人将备受社会青睐,警备和军事用机器人也将在保卫国家安全方面发挥重要作用。

(4) 产品微型化。微机械电子技术和精密加工技术的发展为机器人微型化创造了条件,以功能材料、智能材料为基础的微驱动器、微移动机构以及高度自治的控制系统的开发使微型化成为可能。微型机器人可以代替人进入人本身不能到达的领域进行工作,帮助人类进行微观领域的研究;帮助医生对病人进行微循环系统的手术,甚至可注入血管清理血液,清除病灶和癌变;尺寸极微小的纳米机器人将不再是梦想。

(5) 组件、构件通用化、标准化和模块化。机器人是一种高科技产品,其制造、使用维护成本比较高,操作机和控制器采用通用元器件,让机器人组件、构件实现标准化、模块化是降低成本的重要途径之一。大力制定和推广"三化",将使机器人产品更能适应国际市场价格竞争的环境。

(6) 高精度、高可靠性。随着人类对产品和服务质量的要求不断提高,对从事制造业或服务业的机器人的要求也相应提高,开发高精度、高可靠性机器人是必然的发展结果。采用最新交流伺服电动机或 DD 电动机直接驱动,以进一步改善机器人的动态特性,提高可靠性;采用 64 位数字伺服驱动单元和主机采用 32 位以上 CPU 控制,不仅可使机器人精度大为提高,也可以提高插补运算和坐标变换的速度。

机器人工业是一个正在高速崛起的产业,随着机器人技术的不断发展和日臻完善,它必将在人类社会的发展中发挥更加重要的作用。

4.3 柔性制造系统

随着科学技术的发展,人类社会对产品的功能与质量的要求越来越高,产品更新换代的周期越来越短,产品的复杂程度也随之增高,传统的大批量生产方式受到挑战。20 世纪 60 年代以来,为满足产品不断更新,适应多品种、小批量生产自动化的需要,柔性制造技术得到了迅速的发展,出现了柔性制造系统(FMS)、柔性制造单元(FMC)、柔性制造生产线(FML)等一系列现代制造设备和系统,它们对制造业的进步和发展起了重大的推动和促进作用。

4.3.1 柔性制造系统的基本概念

柔性制造系统(flexible manufacturing system,FMS)目前还没有统一的定义。中国国家军用标准的定义为:"柔性制造系统是由数控加工设备、物料运储装置和计算机控制系统等组成的自动化制造系统。它包括多个柔性制造单元,能根据制造任务或生产环境的变化迅速进行调整,适用于多品种、中小批量生产。"

美国制造工程师协会的计算机辅助系统和应用协会把柔性制造系统定义为:"使用计算机控制柔性工作站和集成物料运储装置来控制并完成零件族某一系列工序的,或一些工序的一种集成制造系统。"

日本国际贸易与工业部对柔性制造系统的定义为:"由两台或更多数控机床组成的系统,这些机床与自动物料管理设备一一连接,在计算机或其他类似设备控制下完成自动加工或处理操作,从而可加工多个不同形状和尺寸的工件。"

根据多个国家对柔性制造系统的定义,可以发现柔性制造系统具有以下优点。

(1) 高柔性:具有较高的灵活性、多变性,能在不停机调整的情况下,实现多种不同工艺的零件加工和不同型号产品的装配,满足多品种、中小批量的个性化加工需求。

(2) 高效率:能采用合理的切削用量实现高效加工,同时使辅助时间和准备与终结时间减少到最低的程度。

(3) 高自动化:加工、装配、检验、搬运、仓库存取等生产过程达到高度自动化。自动更换工件、刀具、夹具,实现自动装夹和输送,自动监测加工过程,有很强的系统软件功能。

(4) 经济效益好:柔性化生产可以大大减少机床数目、减少操作人员、提高机床利用率,可以缩短生产周期、降低产品成本,可以大大削减零件成品仓库的库存、大幅度减少流动资金、缩短资金的流动周期,因此可取得较高的综合经济效益。

为满足产品不断更新,适应多品种、小批量生产自动化的需求,柔性制造系统技术得到了迅速的发展,出现了柔性制造系统、柔性制造单元、柔性制造自动线等一系列现代制造设备和系统,它们对制造业的进步和发展发挥了重大的推动和促进作用。

4.3.2 柔性制造系统的组成和结构

典型的 FMS 一般由三个子系统组成,它们是加工系统、物流系统和控制与管理系统,各子系统的构成框图及功能特征如图 4-7 所示。三个子系统的有机结合,构成了一个制造系统的能量流(通过制造工艺改变工件的形状和尺寸)、物料流(主要指工件流和刀具流)和信息流(制造过程的信息和数据处理)。

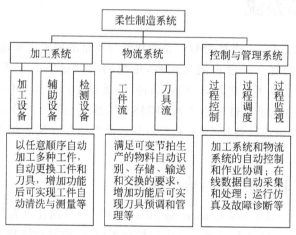

图 4-7 柔性制造系统的构成框图

除上述三个基本组成部分之外,FMS 还包含集中冷却润滑系统、切削运输系统、自动清洗装置、自动去毛刺设备等附属系统。

1. 加工系统

加工系统的功能是以任意顺序自动加工各种工件,并能自动更换工件和刀具。它通常由若干台加工零件的 CNC 机床和 CNC 板材加工设备以及操纵这种机床要使用的工具所构成。在加工较复杂零件的 FMS 中,由于机床上机载刀具所提供的刀具数目有限,除尽可能使产品设计标准化,以便使用通用刀具和减少专用刀具的数量外,必要时还需要在加工系统中设置机外自动刀库,以补充机载刀库容量的不足。

2. 物流系统

FMS 中的物流系统与传统的自动线或流水线有很大的差别，整个工件输送系统的工作状态是可以进行随机调度的，而且都设置有储料库以调节各工位上加工时间的差异。物流系统包含工件的输送和存储两个方面。

（1）工件输送：包括工件从系统外部送入系统和工件在系统内部传送两部分。目前，大多数工件的送入系统和在夹具上装夹工件仍由人工操作，系统中设置装卸工位，较重的工件可用各种起重设备或机器人搬运。工件输送系统按所用运输工具可分成自动输送车、轨道传送系统、带式传送系统和机器人传送系统四类。

（2）工件的存储：在 FMS 的物料系统中，设置适当的中央料库、托盘库及各种形式的缓冲存储区来进行工件的存储，保证系统的柔性。

3. 控制与管理系统

控制与管理系统包括过程控制、过程调度及过程监视三个子系统，其功能主要是进行加工系统及物流系统的自动控制，以及在线状态数据自动采集和处理。FMS 中的信息由多级计算机进行处理和控制。

如图 4-8 所示是一个典型的柔性制造系统示意图。该系统由 4 台卧式加工中心、3 台立式加工中心、2 台平面磨床、2 台自动导向小车、2 台检验机器人组成，此外还包括自动仓库、托盘站和装卸站等。在装卸站，由人工将工件毛坯安装在托盘夹具上，然后由物料传送系统把毛坯连同托盘夹具输送到第一道工序的加工机床旁边，排队等候加工；一旦该加工机床空闲，就由自动上下料装置立即将工件送上机床进行加工；当每道工序加工完成后，物料传送

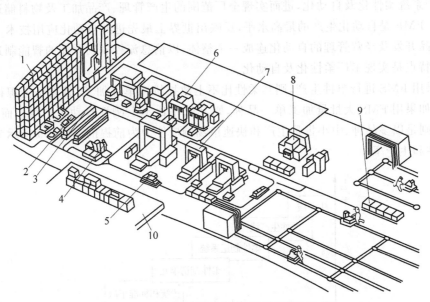

图 4-8 典型的柔性制造系统示意图

1—自动仓库；2—装卸站；3—托盘站；4—检验机器人；5—自动小车；6—卧式加工中心；
7—立式加工中心；8—磨床；9—组装交付站；10—计算机控制室

系统便将该机床加工完成的半成品取出,并送至执行下一道工序的机床等候。如此不停地运行,直至完成最后一道加工工序为止。在整个运作过程中,除了进行切削加工之外,若有必要还需进行清洗、检验等工序,最后将加工结束的零件入库储存。

4.3.3 柔性制造系统的应用

若按系统规模和投资强度,可将柔性自动化制造设备分为如下四个不同的层次。

(1) 柔性制造单元(flexible manufacturing cell,FMC)。FMC 是由一台或数台数控机床或加工中心构成的加工单元。该单元根据需要可以自动更换刀具和夹具,加工不同的工件。柔性制造单元适合加工形状复杂、加工工序简单、加工工时较长、批量小的零件。它有较大的设备柔性,但人员和加工柔性低。

(2) 柔性生产线(flexible manufacturing line,FML)。FML 是把多台可以调整的机床(多为专用机床)连接起来,配以自动运送装置组成的生产线。该生产线可以加工批量较大的不同规格零件。柔性程度低的柔性自动生产线,在性能上接近大批量生产用的自动生产线;柔性程度高的柔性自动生产线,则接近于小批量、多品种生产用的柔性制造系统。

(3) 柔性制造系统(flexible manufacturing system,FMS)。FMS 是以数控机床或加工中心为基础,配以物料传送装置组成的生产系统。该系统由电子计算机实现自动控制,能在不停机的情况下,满足多品种的加工。柔性制造系统适合加工形状复杂、加工工序多、批量大的零件。其加工和物料传送柔性大,但人员柔性仍然较低。

(4) 柔性制造工厂(flexible manufacturing factory,FMF)。FMF 是将多条 FMS 连接起来,配以自动化立体仓库,用计算机系统进行联系,采用从订货、设计、加工、装配、检验、运送至发货的完整 FMS。它包括了 CAD/CAM,并使计算机集成制造系统(CIMS)投入实际,实现生产系统柔性化及自动化,进而实现全厂范围的生产管理、产品加工及物料储运进程的全盘化。FMF 是自动化生产的最高水平,反映出世界上最先进的自动化应用技术。它是将制造、产品开发及经营管理的自动化连成一个整体,以信息流控制物质流的智能制造系统为代表,其特点是实现工厂柔性化及自动化。

如果用 FMS 进行单件生产,则其柔性比不上数控机床单件加工,且设备资源得不到充分利用;如果用 FMS 大批量加工单一品种,则其效率比不上刚性自动生产线。而 FMS 的优越性,则是以多品种、中小批量生产和快速市场响应能力为前提的。图 4-9 所示为制造技术的柔性和生产率。

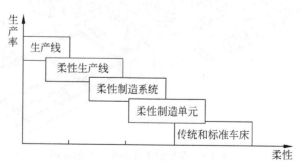

图 4-9 制造技术的柔性和生产率

FMS 是一项耗资巨大的工程,是否选用 FMS,选用何种规模的 FMS,应根据各企业的生产品种种类、经营状况、技术水平、发展目标和市场前景等具体要求,切合实际地加以认真分析,确认其必要性和合理性,切不可盲目实施。

FMS 在 20 世纪 80 年代末就已进入了实用阶段,技术已经比较成熟。由于它在解决多品种、中小批量生产上比传统的加工技术有明显的经济效益,因此随着国际竞争的加剧,无论发达国家还是发展中国家都越来越重视柔性制造技术。柔性制造技术在以下几个方面得到更多应用。

1. 柔性制造技术在机械领域的应用

FMS 初期只是用于非回转体类零件的箱体类零件机械加工,通常用来完成钻、镗、铣及攻螺纹等工序。后来随着 FMS 技术的发展,FMS 不仅能完成其他非回转体类零件的加工,还可完成回转体零件的车削、磨削、齿轮加工,甚至还可用于拉削等工序。

从机械制造行业来看,现在 FMS 不仅能完成机械加工,而且还能完成钣金加工、锻造、焊接、装配、铸造和激光、电火花等特种加工以及喷漆、热处理、注塑和橡胶模制等工作。从整个制造业所生产的产品看,现在 FMS 已不再局限于汽车、车床、飞机、坦克、火炮、舰船,还可用于计算机、半导体、木制产品、服装、食品以及医药品和化工等产品生产。有关研究表明,凡是可采用数控和计算机控制的工序均可由 FMS 完成。

随着计算机集成制造技术和系统(computer integrated manufacturing systems, CIMS)日渐成为制造业的热点,很多专家学者纷纷预言 CIMS 是制造业发展的必然趋势。柔性制造技术作为 CIMS 的重要组成部分,必然会随着 CIMS 的发展而发展。

2. FMS 配置朝 FMC 的方向发展

柔性制造单元(FMC)和 FMS 一样,都能够满足多品种、小批量的柔性制造需要,但 FMC 具有自己独特的优点。

首先,FMC 的规模小,投资少,技术综合性和复杂性低,规划、设计、论证和运行相对简单,易于实现,风险小,而且易于扩展,是向高级大型 FMS 发展的重要阶梯。因此,采用由 FMC 到 FMS 的规划,既可以减少一次投入的资金,使企业易于承受,又可以减小风险,易于成功,一旦成功就可以获得效益,为下一步扩展提供资金,同时也能培养人才、积累经验,便于掌握 FMS 的复杂技术,使 FMS 的实施更加稳妥。

其次,现在的 FMC 已不再是简单或初级 FMS 的代名词,FMC 不仅可以具有 FMS 所具有的加工、制造、运储、控制、协调功能,还可以具有监控、通信、仿真、生产调度管理以至于人工智能等功能,在某一具体类型的加工中可以获得更大的柔性,提高生产率,增加产量,改进产品质量。

3. FMS 性能不断提高

构成 FMS 的各项技术,如加工技术、运储技术、刀具管理技术、控制技术以及网络通信技术的迅速发展,毫无疑问会大大提高 FMS 的性能。在加工中采用喷水切削加工技术和激光加工技术,并将许多加工能力很强的加工设备如立式、卧式镗铣加工中心,高效万能车削中心等用于 FMS,大大提高了 FMS 的加工能力和柔性,提高了 FMS 的性能。AVG 小车以及自动存储、提取系统的发展和应用,为 FMS 提供了更加可靠的物流运储方法,同时也能缩短生产周期,提高生产率。刀具管理技术的迅速发展,为及时而准确地为机床提供适用刀具提供了保证。同时可以提高系统柔性、生产率、设备利用率,降低刀具费用,消除人为错误,提高产品质量,延长无人操作时间。

4. 从 CIMS 的高度考虑 FMS 规划设计

尽管 FMS 本身是把加工、运储、控制、检测等硬件集成在一起,构成一个完整的系统,但从一个工厂的角度来讲,它还只是一部分,不能设计出新的产品或设计速度慢,再强的加工能力也无用武之地。总之,只有站在工厂全面现代化的高度、站在 CIMS 的高度分析,考虑 FMS 的各种问题并根据 CIMS 的总体考虑进行 FMS 的规划设计,才能充分发挥 FMS 的作用,使整个工厂获得最大效益,提高它在市场中的竞争能力。

4.3.4 柔性制造系统的发展趋势

通过近 40 年的努力和实践,FMS 技术已臻完善,进入了实用化阶段,并已形成高科技产业。随着科学技术的飞跃进步以及生产组织与管理方式的不断更换,FMS 作为一种生产手段也将不断适应新的需求、不断引入新的技术、不断向更高层次发展。

1. 向小型化、单元化方向发展

早期的 FMS 强调规模,但由此产生了成本高、技术难度大、可靠性不好、不利于迅速推广的弱点。自 20 世纪 90 年代开始,为了让更多的中小企业采用柔性制造技术,FMS 由大型复杂系统,向经济、可靠、易管理、灵活性好的小型化、单元化,即向 FMC 或 FMM 方向发展,FMC、FMM 的出现得到了用户的广泛认可。

2. 向模块化、集成化方向发展

为有利于 FMS 的制造厂家组织生产、降低成本,也有利于用户按需、分期、有选择性地购置系统中的设备,并逐步扩展和集成为更强大的系统,FMS 的软、硬件都向模块化方向发展。以模块化结构(比如将 FMC、FMM 作为 FMS 加工系统的基本模块)集成 FMS,再以 FMS 作为制造自动化基本模块集成 CIMS 是一种基本趋势。

3. 单项技术性能与系统性能不断提高

单项技术性能与系统性能不断提高,例如,采用各种新技术,提高机床的加工精度、加工效率;综合利用先进的检测手段、网络、数据库和人工智能技术,提高 FMS 各单元及系统的自我诊断、自我排错、自我修复、自我积累、自我学习能力(如提高机床监控功能,使之具有对温度变化、振动、刀具磨损、工件形状和表面质量的自反馈、自补偿、自适应控制能力,采用先进的控制方法和计算机平台技术,实现 FMS 的自协调、自重组和预报警功能等)。

4. 重视人的因素

重视人的因素,完善适应先进制造系统的组织管理体系,将人与 FMS 以及非 FMS 生产设备集成为企业综合生产系统,实现人-技术-组织的兼容和人机一体化。

5. 应用范围逐步扩大

应用范围逐步扩大,如金属切削 FMS 的批量适应范围和品种适应范围正逐步扩大,例如向适合于单件生产的 FMS 扩展和向适合于大批量生产的 FMS(即 FML)扩展。另一方面,FMS 由最初的金属切削加工向金属热加工、装配等整个机械制造范围发展,并迅速向电子、食品、药品、化工等各行业渗透。

4.4 计算机集成制造系统

计算机集成制造系统(computer integrated making system,CIMS),又称计算机综合制造系统,在这个系统中,集成化的全局效应更为明显。在产品生命周期中,各项作业都已有了其相应的计算机辅助系统,如计算机辅助设计(CAD)、计算机辅助制造(CAM)、计算机辅助工艺规划(CAPP)、计算机辅助测试(CAT)、计算机辅助质量控制(CAQ)等。这些单项技术"CAX"原来都是生产作业上的"自动化孤岛",单纯地追求每一单项技术上的最优化,不一定能够达到企业的总目标——缩短产品设计时间,降低产品的成本和价格,改善产品的质量和服务质量以提高产品在市场的竞争力。

4.4.1 计算机集成制造系统的组成与关键技术

1. 计算机集成制造系统的组成

从系统的功能上看,CIMS 包括了一个制造企业中的设计、制造、经营管理和质量能够保证等主要功能,并运用信息集成技术和支撑环境使以上功能有效地集成。

一般认为,CIMS 可由经营管理信息分系统、工程设计自动化分系统、制造自动化分系统和质量保证分系统 4 个功能分系统,以及计算机网络和数据库管理两个支撑分系统组成(见图 4-10)。这六大分系统各自有其特有的结构、功能和目标。

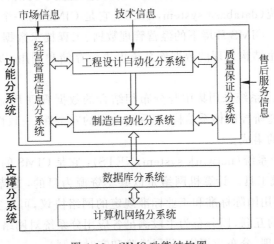

图 4-10 CIMS 功能结构图

(1) 经营管理信息分系统(management information system,MIS):它是 CIMS 的神经

中枢,是将企业生产经营过程中产、供、销、人、财、物等进行统一管理的计算机应用系统,指挥与控制着CIMS其他各部门有条不紊地工作。经营管理信息分系统具有三方面的基本功能:

① 信息处理,包括信息的收集、传输、加工和查询。
② 事务管理,包括经营计划管理、物料管理、生产管理、财务管理、人力资源管理等。
③ 辅助决策,分析归纳现有信息,利用数学方法预测未来,提供企业经营管理过程中的辅助决策信息。

(2) 工程设计自动化分系统(engineering design integrated system,EDIS):在产品设计开发过程中引用计算机技术,使产品设计开发工作更有效、更优质、更自动化地进行。产品设计开发活动包含产品概念设计、工程结构分析、详细设计、工艺设计,以及数控编程等产品设计和制造准备阶段中的一系列工作。工程设计自动化分系统包括人们所熟悉的CAD/CAPP/CAM系统,目的是使产品开发活动更高效、更优质地进行。

(3) 制造自动化分系统(manufacturing automation system,MAS):它是CIMS中信息流和物料流的结合点与最终产生经济效益的聚集地,它位于企业制造环境的底层,是直接完成制造活动的基本环节。

制造自动化分系统一般由机械加工系统、控制系统、物流系统、监控系统组成。在计算机的控制与调节下,按照NC代码将一个个毛坯加工成合格的零件并装配成部件以至产品,完成设计和管理部门下达的任务,并将制造现场的各种信息实时地或经过初步处理后反馈到相应部门,以便及时地进行调度和控制。

制造自动化分系统的目标可归纳为:实现多品种、中小批量产品制造的柔性自动化;实现优质、低耗、短周期、高效率生产;提高企业竞争力,并为工作人员提供舒适、安全的工作环境。

(4) 质量保证分系统(computer aided quality system,CAQ):包括质量决策、质量检测与数据采集、质量评价、控制与跟踪等功能,该系统保证从产品设计、制造、检测到后期服务的整个过程的质量,以实现产品高质量、低成本,提高企业竞争力的目的。

(5) 数据库分系统(database system,DBS):它是CIMS的一个支撑分系统,是CIMS信息集成的关键之一。CIMS环境下的经营管理数据、工程技术数据、制造控制和质量保证等各类数据需要在一个结构合理的数据库系统里进行存储和调用,以满足各分系统信息的交换和共享。

通常,CIMS数据库系统采用集中与分布相结合的数据管理系统、分布数据管理系统、数据控制系统的三层递阶控制体系结构,以保证数据的安全性、一致性、易维护性,以实现企业数据的共享和信息的集成。

(6) 计算机网络分系统(network system,NETS):它是CIMS的又一主要支撑技术,是CIMS重要的信息集成工具。计算机网络是以共享资源为目的,支持CIMS各分系统的开放型网络通信系统,采用国际标准和工业标准规定的网络协议,可以实现异种机互联、异构局部网络及多种网络的互联,以分布为手段满足各应用分系统对网络支持服务的不同需求,支持资源共享、分布处理、分布数据库、分层递阶和实时控制。

2. CIMS 的关键技术

实施 CIMS 是一项庞大而复杂的系统工程,企业进行这项高新技术的过程中必然会遇到技术难题,而解决这些技术难题就是实施 CIMS 的关键技术。CIMS 的关键技术主要有以下两大类。

(1) 系统集成。CIMS 的核心在于集成,包括各分系统之间的集成、分系统内部的集成、硬件资源的集成、软件资源的集成、设备与设备之间的集成、人与设备的集成等。在解决这些集成问题时,需要进行必要的技术开发,并充分利用现有的成熟技术,充分考虑系统的开放性与先进性的结合。

(2) 单元技术。CIMS 中涉及的单元技术很多,许多单元技术解决起来难度相当大,对于具体的企业,应结合实际情况,根据企业技术进步的需要进行分析,提出在该企业实施 CIMS 的具体单元技术难题及其解决方法。

4.4.2 计算机集成制造系统的递阶控制结构

由于 CIMS 的功能和控制要求十分复杂,采用常规控制系统很难实现,因此其控制系统一般采用递阶控制结构。所谓递阶控制,即将一个复杂的控制系统按照其功能分解成若干层次,各层次进行独立的控制处理,完成各自的功能;层与层之间保持信息交换,上层对下层发出命令,下层向上层回送命令执行结果,通过通信联系构成一个完整的控制系统。这种控制模式减少了系统的开发和维护难度,已成为当今复杂系统的主流控制模式。

前美国国家标准局(现美国国家标准与技术局 NIST)对 CIMS 提出了著名的 5 层递阶梯控制结构,如图 4-11 所示,其 5 层分别是:工厂层、车间层、单元层、工作站层和设备层。每一层又分解成多个模块,由数据驱动,且可扩展成树形结构。

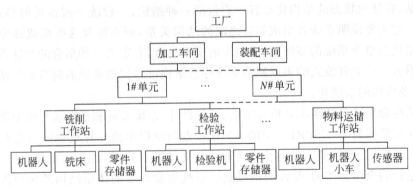

图 4-11 CIMS 递阶控制结构

(1) 工厂层。工厂层是企业最高的管理决策层,具有市场预测、制订长期生产计划和资源计划、产品开发、工艺过程规划以及成本核算、库存统计、用户订单处理等厂级经营管理的功能。工厂层的规划周期一般从几个月到几年时间。

(2) 车间层。车间层是根据工厂层的生产计划,协调车间生产作业和资源配置,包括从设计部门的 CAD/CAM 系统中接收产品物料清单(bill of material,BOM)和数控加工程序,从计算机辅助工艺过程设计(computer aided process planning,CAPP)系统获得工艺流程和工艺过程数据，并根据工厂层的生产计划和物料需求计划进行车间各加工单元的作业管理和资源分配。作业管理包括作业订单的制订、发放及管理，安排加工设备、机器人、物料运输等设备任务，资源分配是将设备、托盘、刀具、夹具等根据生产作业计划分配给相应工作站。车间层的规划周期一般为几周到几个月。

（3）单元层。单元层主要完成本单元的作业调度，包括加工对象在各工作站的作业顺序、作业指令的发放、管理协调各工作站间的物料运输、分配及调度机床和操作者的工作任务，并将产品生产的实际数据与技术规范进行比较，将生产现场的运行状态与允许的状态条件进行比较，以便在必要时采取措施以保证生产过程的正常进行。单元层的规划时间为几小时到几周。

（4）工作站层。制造系统的工作站有加工工作站（如车削工作站、铣削工作站）、检测工作站、刀具管理工作站、物料储运工作站等。工作站层的任务是负责指挥和协调各工作站内设备小组的活动，其规划时间可以从几分钟到几个小时。

（5）设备层。设备层包括各种加工设备和辅助设备，如机床、机器人、三坐标测量机、AGV 小车等。设备层执行单元层的控制命令，完成加工、测量和输运等任务，并向上层反馈生产设备现场工作状态信息。其响应时间从几毫秒到几分钟。

在上述 5 层递阶控制结构中，工厂层和车间层主要完成计划方面的任务，确定企业生产什么，需要什么资源，确定企业长期目标和近期的任务；设备层是执行层，执行上层的控制命令；而企业生产监督管理任务则由车间层、单元层和工作站层完成，车间层兼有计划和监督管理的双重功能。

4.4.3　计算机集成制造系统的体系结构

所谓体系结构，目前尚无统一的定义，主要是指一个系统为满足该系统的目的和要求而具有的形状、特征和状态的结构化布置。它包括一种结构、一种统一或连贯的形式，或一种有序布置。它主要说明系统各组成部分之间的结构关系，而不涉及这些组成部分的细节和实现。它是代表整个系统的多视图、多层次的模型集合，它定义一种集合的制造系统的统一或连贯的形式。研究开放式的集成制造系统体系结构可以促进集成的制造系统结构的标准化、模块化及应用的系统化。

系统的生命周期包括需求分析与定义、系统设计、系统实施和系统运行四个阶段。欧洲信息技术研究发展战略（ESPRIT）中的 AMICE 专题所提出的计算机集成制造开放体系结构（CIMS/OSA），提出一整套结构化方法和平台支持需求分析与定义、系统设计、系统实施直至系统运行的全生命周期，是面向集成制造系统生命周期的体系结构的典型代表。其结构框架如图 4-12 所示。

欧共体 CIMS/OSA 体系结构的基本思想是：将复杂的 CIMS 系统的设计实施过程，沿结构方向、建模方向和视图方向分别作为通用程度维、生命周期维和视图维三维坐标，对应于从一般到特殊、推导求解和逐步生成的三个过程，以形成 CIMS 开放式体系结构的总体框架。图 4-12 所示的结构模型，被称为 CIMS/OSA 立方体。

1. CIMS/OSA 的结构层次

在 CIMS/OSA 的结构框架中的通用程度包含三个不同的结构层次，即通用层、部分通

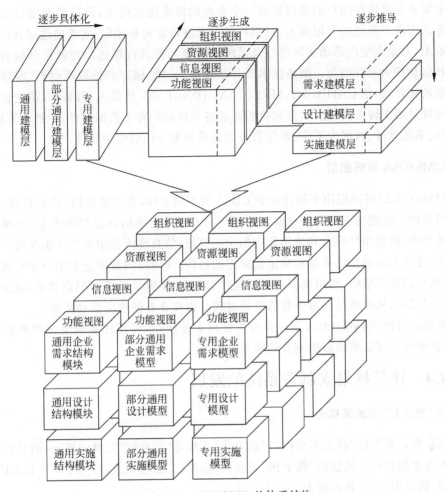

图 4-12 CIMS/OSA 的体系结构

用层和专用层,其中的通用层和部分通用层组成了制造企业 CIMS/OSA 结构层次的参考结构。

通用层包含各种 CIMS/OSA 的结构模块,包括组件、约束规划、服务功能和协议等系统的基本构成,包含各种企业的共同需求和处理方法。部分通用层由一整套适用于各类制造企业(如机械制造、航空、电子等)的部分通用模型,包括按照工业类型、不同行业、企业规模等不同分类的各类典型结构,是建立企业专用模型的工具。专用层的专用结构是在参考结构(由通用层和部分通用层组成)的基础上根据特定企业运行需求而选定和建立的系统和结构。专用层仅适用于一个特定企业,一个企业只能通过一种专用结构来描述。企业在部分通用层的帮助下,从通用层选择自己需要的部分,组成自己的 CIMS。从通用层到专用层的构成是一个逐步抽取或具体化的过程。

2. CIMS/OSA 的建模层次

CIMS/OSA 的生命周期维用于说明 CIMS 生命周期的不同阶段,它包含需求定义、设计说明和实施描述三个不同的建模层次。

需求定义层是按照用户的准则描述一个企业的需求定义模型;设计说明层是根据企业经营业务的需求和系统的有限能力,对用户的需求进行重构和优化;实施描述层在设计说明层的基础上,对企业生产活动实际过程及系统的物理元件进行描述。物理元件包括制造技术元件和信息技术元件两类。制造技术元件是转换、运输、储存和检验原材料、零部件和产品所需要的元件,包括 CAD、CAQ、MRP、CAM、DNC、FMC、机器人、包装机、传送机等。信息技术元件是用于转换、输送、储存和检验企业各项活动的有关数据文件,包括计算机硬件、通信网络、系统软件、数据库系统、系统服务器以及各类专用的应用软件。

3. CIMS/OSA 的视图层

CIMS/OSA 的视图层用于描述企业 CIMS 的不同方面,有功能视图、信息视图、资源视图和组织视图。功能视图是用来获取企业用户对 CIMS 内部运行过程的需求,反映系统的基本活动规律,指导用户确定和选用相应的功能模块;信息视图是用来帮助企业用户确定其信息需求,建立基本的信息关系和确定数据库的结构;资源视图帮助企业用户确定其资源需求,建立优化的资源结构;组织视图用于确定 CIMS 内部的多级多维职责体系,建立 CIMS 的多级组织结构,从而可以改善企业的决策过程并提高企业的适应性和柔性。

由此可以看出,CIMS/OSA 是一种可供任何企业使用,可描述系统生命周期的各个阶段,包括企业各方面要求的通用完备的体系结构。

4.4.4　计算机集成制造系统的发展

1. 以"数字化"为发展核心

未来世界,"数字化"将势不可挡。"数字化"不仅是"信息化"发展的核心,而且也是先进制造技术发展的核心。信息的"数字化"处理同"模拟化"处理相比,有三个不可比拟的优点:信息精确、信息安全、信息容量大。

数字化制造就是指制造领域的数字化,它是制造技术、计算机技术、网络技术与管理科学的交叉、融和、发展与应用的结果,也是制造企业、制造系统与生产过程、生产系统不断实现数字化的必然趋势。

它包含了三大部分:以设计为中心的数字制造,以控制为中心的数字制造和以管理为中心的数字制造。

对制造设备而言,其控制参数均为数字化信号。对制造企业而言,各种信息(如图形、数据、知识、技能等)均以数字形式,通过网络,在企业内传递,以便根据市场信息,迅速收集资料信息,在虚拟现实、快速原型、数据库、多媒体等多种数字化技术的支持下,对产品信息、工艺信息与资源信息进行分析、规划与重组,实现对产品设计和产品功能的仿真、对加工过程与生产组织过程的仿真,或完成原型制造,从而实现生产过程的快速重组与对市场的快速响应,以满足客户化要求。对全球制造业而言,用户借助网络发布信息,各类企业通过网络,根据需求,应用电子商务,实现优势互补,形成动态联盟,迅速协同设计与制造出相应的产品。这样,在数字制造环境下,在广泛领域乃至跨地区、跨国界形成一个数字化组成的网,企业、车间、设备、员工、经销商乃至有关市场均可成为网上的一个"结点",在研究、设计、制造、销售、服务的过程中,彼此交互,围绕产品所赋予的数字信息,成为驱动制造业活动的最活跃的因素。

2. 以"精密化"为发展的关键

所谓"精密化",一方面是指对产品、零件的精度要求越来越高,另一方面是指对产品、零件的加工精度要求越来越高。"精"是指加工精度及其发展、精密加工、细微加工、纳米加工、如此等等。

3. 以"极端条件"为发展的焦点

"极"就是极端条件,指在极端条件下工作的或者有极端要求的产品,也是指这类产品的制造技术有"极"的要求。比如在高温、高压、高湿、强磁场、强腐蚀等条件下工作的,或有高硬度、大弹性等要求的,或在几何形体上极大、极小、极厚、极薄、奇形怪状的。这些产品都是科技前沿的产品,其中之一就是"微机电系统(MEMS)"。因此可以说,"极"是前沿科技或前沿科技产品发展的一个焦点。

4. 以"自动化"技术为发展前提

这里所讲的"自动化"就是减轻人的劳动,强化、延伸、取代人的有关劳动的技术或手段。自动化总是伴随有关机械或工具来实现的。可以说,机械是一切技术的载体,也是自动化技术的载体。

"自动化"从自动控制、自动调节、自动补偿、自动辨识等发展到自学习、自组织、自维护、自修复等更高的自动化水平;而且今天自动控制的内涵与水平已远非昔比,从控制理论、控制技术、控制系统、控制元件,都有着极大的发展。制造业发展的自动化不但极大地解放了人的体力劳动,而且更为关键的是有效地提高了脑力劳动,解放了人的部分脑力劳动。因此,自动化将是现代集成制造技术发展的前提条件。

5. 以"集成化"为发展的方法

"集成化",一是技术的集成,二是管理的集成,三是技术与管理的集成;其本质是知识的集成,亦即知识表现形式的集成。如前所述,现代集成制造技术就是制造技术、信息技术、管理科学与有关科学技术的集成。"集成"就是"交叉",就是"杂交",就是取人之长,补己之短。

"集成化"主要指:

(1) 现代技术的集成。机电一体化是个典型,它是高技术装备的基础,如微电子制造装备、信息化、网络化产品及配套设备,仪器、仪表、医疗、生物、环保等高技术设备。

(2) 加工技术的集成。特种加工技术及其装备是个典型,如增材制造(即快速原型)、激光加工、高能束加工、电加工等。

(3) 企业集成,即管理的集成。包括生产信息、功能、过程的集成;包括全生命周期过程的集成;也包括企业内部和外部的集成。

6. 以"网络化"为发展道路

"网络化"是现代集成制造技术发展的必由之路,制造业走向整体化、有序化,这同人类社会的发展是同步的。制造技术的网络化是由两个因素决定的:一是生产组织变革的需要,二是生产技术发展的可能。这是因为制造业在市场竞争中,面临多方的压力:采购成本不断提高,产品更新速度加快,市场需求不断变化,客户订单生产方式迅速发展,全球制造所带来的冲击日益加强等。企业要避免传统生产组织所带来的一系列问题,必须在生产组织上实行某种深刻的变革。这种变革体现在两方面:一方面利用网络,在产品设计、制造与生产管理等活动乃至企业整个业务流程中充分享用有关资源,即快速调集、有机整合与高效利用有关制造资源;另一方面,这必然导致制造过程与组织的分散化、网络化,使企业必须集中力量在自己最有竞争力的核心业务上。科学技术特别是计算机技术、网络技术的发展,使得生产技术发展到可以使这种变革的需要成为可能。

7. "智能化"是 CIMS 未来发展的美好前景

制造技术的智能化是制造技术发展的前景。智能化制造模式的基础是智能制造系统,智能制造系统既是智能和技术的集成而形成的应用环境,也是智能制造模式的载体。与传统的制造相比,智能制造系统具有以下特点:①人机一体化;②自律能力;③自组织与超柔性;④学习能力与自我维护能力;⑤在未来具有更高级的类人思维的能力。

制造技术的智能化突出了在制造诸环节中,以一种高度柔性与集成的方式,借助计算机模拟的人类专家的智能活动,进行分析、判断、推理、构思和决策,取代或延伸制造环境中人的部分脑力劳动。同时,收集、存储、处理、完善、共享、继承和发展人类专家的制造智能。目前,尽管智能化制造道路还很漫长,但是必将成为未来制造业的主要生产模式之一。

8. "绿色"是 CIMS 未来发展的必然趋势

"绿色"是从环境保护领域中引用来的。人类社会的发展必将走向人类社会与自然界的和谐。人与人类社会本质上也是自然世界的一个部分,部分不能脱离整体,更不能对抗与破坏整体。因此,人类必须从各方面促使人与人类社会同自然界和谐一致,制造技术也不能例外。

制造业的产品从构思开始,到设计阶段、制造阶段、销售阶段、使用与维修阶段,直到回收阶段、再制造各阶段,都必须充分计及环境保护。所谓环境保护是广义的,不仅要保护自然环境,还要保护社会环境、生产环境,还要保护生产者的身心健康。在此前提与内涵下,还必须制造出价廉、物美、供货期短、售后服务好的产品。作为"绿色"制造,产品还必须在一定程度上是艺术品,以与用户的生产、工作、生活环境相适应,给人以高尚的精神享受,体现着物质文明、精神文明与环境文明的高度交融。每发展与采用一项新技术时,应站在哲学高度,慎思"塞翁得马,安知非祸",即必须充分考虑可持续发展,计及环境文明。制造必然要走向"绿色"制造。

4.5 虚拟制造系统

4.5.1 虚拟制造的定义及特点

虚拟制造(virtual manufacturing,VM)是 20 世纪 80 年代后期提出的一种先进制造技术,目前还没有统一的定义,比较有代表性的有如下几种:

(1) 佛罗里达大学 Gloria J.Wiens 的定义是：虚拟制造是这样一个概念，即与实际一样，在计算机上执行制造过程。其中虚拟模型是在实际制造之前用于对产品的功能及可制造性的潜在问题进行预测。该定义强调 VM"与实际一样"、"虚拟模型"和"预测"，即着眼于结果。

(2) 美国空军 Wright 实验室的定义是：虚拟制造是仿真、建模和分析技术及工具的综合应用，以增强各层制造设计和生产决策与控制。该定义着眼于手段。

(3) 马里兰大学 Edward Lin 等人的定义是：虚拟制造是一个利用计算机模型和仿真技术来增强产品与过程设计、工艺规划、生产规划和车间控制等各级决策与控制的一体化的、综合性的制造环境。该定义着眼于环境。

(4) 大阪大学的 Onosato 教授认为，虚拟制造是一种核心概念，它综合了计算机化制造活动，采用模型和仿真来代替实际制造中的对象及其操作。

由上述定义可以看出，虚拟制造涉及多个学科领域。虚拟制造是利用仿真与虚拟现实技术，在高性能计算机及高速网络的支持下，采用群组协同工作，实现产品的设计、工艺规划、加工制造、性能分析、质量检验以及企业各级过程的管理与控制等产品制造的过程，可以增强制造过程各级的决策与控制能力。

交互性、沉浸性和想象力是虚拟制造的三个重要特征，如图 4-13 所示。

虚拟制造有两个特点：

(1) 信息高度集成，灵活性高。由于产品和制造环境是虚拟模型，在计算机上可对虚拟模型进行产品设计、制造、测试，甚至设计人员和用户可以"进入"虚拟的制造环境检验其设计、加工、装配和操作，而不依赖于对传统的原型样机进行反复修改。还可以将已开发的产品（部件）存放在计算机内，不但大大节省仓储费用，更能根据用户需求或市场变化快速改型设计，快速投入批量生产，从而能大幅度压缩新产品的开发时间，提高质量，降低成本。

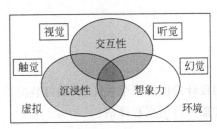

图 4-13 虚拟制造的三个特征

(2) 群组协同，分布合作，效率高。可使分布在不同地点、不同部门的、不同专业的人员在同一个产品模型上，群组协同，分布合作，相互交流，信息共享，减少大量文档生成及其传递的时间和误差，从而使产品开发快捷、优质、低耗，适应市场需求的变化。

4.5.2 虚拟制造的分类

虚拟制造既涉及与产品开发制造有关的工程活动，又包含与企业组织经营有关的管理活动。根据所涉及的范围不同和工程活动类型将虚拟制造分为三类，即以设计为核心的虚拟制造、以生产为核心的虚拟制造和以控制为核心的虚拟制造，如图 4-14 所示。

1. 以设计为中心的(design-centered)虚拟制造

以设计为核心的虚拟制造将制造信息引入设计过程，利用仿真来优化产品设计，从而在设计阶段就可以对零件甚至整机进行可制造性分析，包括加工工艺分析、铸造过程热力学分析、运动学分析和动力学分析等。它主要解决"产品怎样进行设计"的问题。近期目标是针

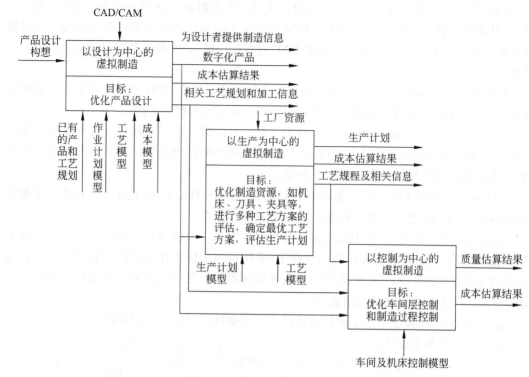

图 4-14 虚拟制造技术的体系图

对设计阶段的某个关注点(如可装配性)进行仿真和评估,长远目标是对整个产品的各方面性能进行仿真和评估。

2. 以生产为中心的(production-centered)虚拟制造

以生产为核心的虚拟制造将仿真技术应用于生产过程模型,以此来评估和优化生产过程,以便以较快的速度和极低的费用评价不同的工艺方案、资源需求计划、生产计划等。它主要是解决"组织生产是否合理"的问题。其主要目标是评价可生产性;近期目标是针对生产中的某个关注点,如生产调度计划进行仿真;长远目标是能够对整个生产过程进行仿真,对各个生产计划进行评估。

3. 以控制为中心的(control-centered)虚拟制造

以控制为核心的虚拟制造将仿真技术加到控制模型和实际处理中,实现基于仿真的最优控制。其中虚拟仪器是当前研究的热点之一,它利用计算机软硬件的强大功能将传统的各种控制仪表、检测仪表的功能数字化,并可灵活地进行各种功能的组合,对生产线或车间的优化等生产组织和管理活动进行仿真。它主要是解决"产品怎样控制"的问题。

总的来说,虚拟制造就是利用仿真与虚拟现实技术,在高性能计算机及高速网络的支持下,采用群组协同工作,通过模型来模拟和预测产品功能、性能及可加工性等各方面可能存在的问题,实现产品制造的本质过程,包括产品的设计、工艺规划、加工制造、性能分析及质量检测等,并进行过程管理和控制。

4.5.3 虚拟制造的体系结构

为了实现"在计算机里进行制造"的目的,虚拟制造技术必须提供从产品设计到生产计划和制造过程优化的建模和模拟环境。由于虚拟制造系统的复杂性,人们从不同角度构建了许多不同的虚拟制造体系结构。如日本大阪大学 Kazuki Iwata 和 Masahiko Onosato 等人基于现实物理系统和现实信息系统提出来虚拟制造体系结构。美国佛罗里达州 FAMU-FSU 工程大学的研究小组提出了基于 step/internet 数据转换的虚拟制造体系结构等。图 4-15 是清华大学国家 CIMS 工程技术中心提出的虚拟制造体系结构,它是一个基于 PDM 集成的虚拟开发、虚拟生产和虚拟企业的系统框架结构,归纳出虚拟制造的目标是对产品的"可制造性""可生产性"和"可合作性"的决策支持。

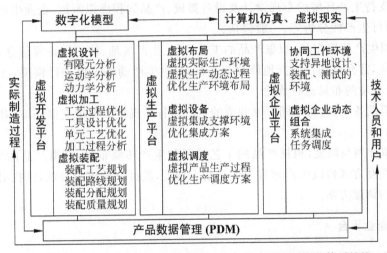

图 4-15 清华大学国家 CIMS 工程技术中心提出的虚拟制造体系结构

所谓"可制造性"是指所涉及的产品(包括零件、部件和整机)的可加工性(铸造、冲压、焊接、切削等)和可装配性;而"可生产性"是指企业在已有资源(广义资源,如设备、人力、原材料等)的约束条件下,如何优化生产计划和调度,以满足市场或顾客的要求;考虑到制造技术的发展,虚拟制造还应为"敏捷制造"提供支持,即为企业动态联盟的"可合作性"提供支持。而且上述三个方面对一个企业来说是相互关联的,应该形成一个集成的环境。因此,应从三个层次(即虚拟开发、虚拟生产和虚拟企业)开展产品全过程的虚拟制造技术及其集成的虚拟制造环境的研究,包括产品全信息模型、支持各层次虚拟制造的技术并开发相应的支撑平台,以及支持三个平台及其集成的产品数据管理技术。

1. 虚拟开发平台

该平台支持产品的并行设计、工艺规划、加工、装配及维修等过程,进行可加工性分析(包括性能分析、费用估计和工时估计等)和可装配性分析。它是以全信息模型为基础的众多仿真分析软件的集成,包括力学、热力学、运动学、动力学等可制造性分析,具有以下研究环境:

(1) 基于产品技术复合化的产品设计与分析,除了几何造型与特征造型等环境外,还包括运动学、动力学、热力学等模型分析环境等。

（2）基于仿真的零部件制造设计与分析，包括工艺生成优化、工具设计优化、刀位轨迹优化、控制代码优化等。

（3）基于仿真的制造过程碰撞干涉检验及运动轨迹检验、虚拟加工、虚拟机器人等。

（4）材料加工成形仿真，包括产品设计、加工成形过程中温度场、应力场、流动场的分析，加工工艺优化等。

（5）产品虚拟装配，根据产品设计的形状特征和精度特征，三维真实地模拟产品的装配过程，并允许用户以交互方式控制产品的三维真实模拟装配过程，以检验产品的可装配性。

2．虚拟生产平台

该平台支持生产环境的布局设计及设备集成、产品远程虚拟测试、企业生产计划及调度的优化，进行可生产性分析等，一般包括：

（1）虚拟生产环境布局，根据产品的工艺特征、生产场地、加工设备等信息，三维真实地模拟生产环境，并允许用户交互地修改有关布局，对生产动态过程进行模拟，统计相应评价参数，对生产环境的布局进行优化。

（2）虚拟设备集成，为不同厂家制造的生产设备实现集成提供支撑环境，对不同集成方案进行比较。

（3）虚拟计划与调度，根据产品的工艺特征和生产环境布局，模拟产品的生产过程，并允许用户以交互方式修改生产过程和进行动态调度，统计有关评价参数，以找出最满意的生产作业计划与调度方案。

3．虚拟企业平台

虚拟企业平台利用虚拟企业的形式，实现劳动力、资源、资本、技术、管理和信息等的最优配置。虚拟企业平台主要包括：

（1）虚拟企业协同工作环境，支持异地设计、装配、测试的环境，特别是基于广域网的三维图形的异地快速传送、过程控制和人机交互等环境。

（2）虚拟企业动态组合及运行支持环境，特别是 Internet 与 Intranet 下的系统集成与任务协调环境。

4．基于 PDM 的虚拟制造集成平台

该虚拟制造平台具有统一的框架、统一的数据模型，并具有开放的体系结构，主要包括：

（1）支持虚拟制造的产品数据模型，包括虚拟制造环境下产品全局数据模型定义的规范，多种产品信息（如设计信息、几何信息、加工信息、装配信息等）的一致组织方式。

（2）基于产品数据管理（product data management，PDM）的虚拟制造集成技术，提供在 PDM 环境下，零件/部件虚拟制造平台、虚拟生产平台、虚拟企业平台的集成技术研究环境。

（3）基于 PDM 的产品开发过程集成，提供研究 PDM 应用接口技术及过程管理技术，实现虚拟制造环境下产品开发全生命周期的过程集成。

4.5.4 基于 Internet 的虚拟制造系统

随着 Internet 技术的发展和全球经济一体化进程的加快,虚拟制造将向 Internet 方向发展。基于 Internet 的虚拟制造系统(IVMS)是一个开放性的分布式虚拟制造环境,其体系结构如图 4-16 所示。

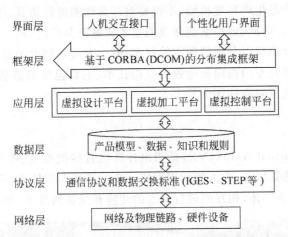

图 4-16 基于 Internet 的虚拟制造系统(IVMS)的体系结构图

这个体系具有高度的开放性,允许分布的异构知识和系统之间的高效集成和相互间透明的互操作。系统各组成部分既相对独立,可以自主完成相应任务,又可以与其他部分密切协作,实现协同工作。在整个体系中,存在一个一致的集成框架,负责应用系统集成,并基于这个框架,在 IVMS 内进行异地工作调度和并行协同过程管理,从而使物理上分散的系统组成逻辑上的有机整体。

基于 Internet 的虚拟制造系统(IVMS)各层的功能如下所述。

(1) 界面层:用户与计算机系统和其他用户进行交流的入口。用户可以根据各自的应用需求对界面进行定制,体现个性化的操作。

(2) 框架层:IVM 系统的中枢。框架层通过 CORBA 或 DCOM 机制实现异构系统和应用之间的集成和互操作,并通过对象管理框架来管理各种应用对象及相互间的关系。在此基础上,通过建立项目管理、过程管理和任务调度机制,如基于 Web 的 PDM 等实现对产品虚拟制造过程的全面控制。界面层用户通过框架实现对各种应用的调用。

(3) 应用层:为实现系统的各种功能提供多种应用工具,包括设计、工艺、分析、装配、制造、质量等,形成一个 IVM 工具集,这些应用遵循 CORBA(或 DCOM)规范,并通过界面层向用户提供各种服务。

(4) 数据层:包括全局共享数据和本地数据,各种应用通过标准数据访问接口实现本地数据和远程数据的访问,并通过数据间的约束关联机制保证数据的一致性、完整性和连续性。

(5) 协议层:规定了 IVM 各部分间的网络通信协议、数据交换标准和应用编程接口(API)协议等。

(6) 网络层:亦可称物理层或硬件层。它为 IVM 系统中各种数据的交换与传输及各种应用系统提供物理链路和设备。

4.5.5 虚拟制造的关键技术

虚拟制造的实现主要依赖于 CAD/CAE/CAM 和虚拟现实等技术，可以看作 CAD/CAE/CAM 发展的更高阶段。虚拟制造不仅要考虑产品，还要考虑生产过程；不仅要建立产品模型，还要建立产品生产环境模型；不仅要对产品性能进行仿真，还要对产品加工、装配和生产过程进行仿真。因此，虚拟制造涉及的技术领域极其广泛，但一般可以归结为两个方面，一方面是侧重于计算机以及虚拟现实的技术；另一方面是侧重于制造应用的技术。前者属于共性技术，后者则是专门面向制造业的应用技术，主要包括制造系统建模、虚拟产品开发、虚拟产品制造以及可制造性评价等。

1. 虚拟现实技术

虚拟现实技术(virtual reality, VR)是指由计算机直接把视觉、听觉和触觉等多种信息合成，并提示给人的感觉器官，在人的周围生成一个三维的虚拟环境，从而把人、现实世界和虚拟空间结合起来融为一体，相互间进行信息的交流和反馈的技术，如图 4-17 所示。

图 4-17　2013 年日本东京工业博览会上虚拟制造展示

虚拟现实系统是一种可以创建和体验虚拟世界的计算机系统，包括操作者、机器和人机接口三个基本要素。和一般的计算机绘图系统或模拟仿真系统不同的是，虚拟现实系统不仅能让用户真实地看到一个环境，而且能让用户真正感到这个环境的存在，并能和这个环境进行自然交互，使人产生一种身临其境的感觉。虚拟现实系统有以下几个特征。

（1）自主性：在虚拟环境中，对象的行为是自主的，是由程序自动完成的，要让操作者感到虚拟环境中的各种生物是"有生命的"和"自主的"，而各种非生物是"可操作的"，其行为符合各种物理规律。

（2）交互性：在虚拟环境中，操作者能够对虚拟环境中的生物进行操作，并且操作的结果能够反过来被操作者准确地、真实地感觉到。

（3）沉浸感：在虚拟环境中，操作者应该能很好地感觉各种不同的刺激，存在感的强弱与虚拟表达的详细度、精确度和真实度有密不可分的关系。强的存在感能使人们深深地"沉浸"于虚拟环境之中。

2. 制造系统建模

制造系统是制造工程及所涉及的硬件和相关软件组成的具有特定功能的一个有机整体，其中硬件包括人员、生产设备、材料、能源和各种辅助装置，软件包括制造理论、制造技术（制造工艺和制造方法）和制造信息等。

虚拟制造要求建立制造系统的全信息模型，也就是运用适当的方法将制造系统的组织结构和运行过程进行抽象表达，并在计算机中以虚拟环境的形式真实地反映出来，同时构成虚拟制造系统的各抽象模型应与真实实体一一对应，并且具有实体相同的性能、行为和功能。

制造系统模型主要包括设备模型、产品模型、工艺模型等。虚拟设备模型主要针对制造系统中各种加工和检测设备，建立其几何模型、运动学模型和功能模型等。制造系统中的产品模型需要建立一个针对产品相关信息进行组织和描述的集成产品模型，它主要强调制造过程中产品和周围环境之间，以及产品的各个加工阶段之间的内在联系。工艺模型是在分析产品加工和装配的复杂过程以及众多影响因素的基础上，建立产品加工和装配过程规划信息模型，是联系设备模型和产品模型的桥梁，并反映两者之间的交互作用。工艺模型主要包括加工工艺模型和装配工艺模型。

制造系统的建模方法主要有广义模型化方法、IDEF0 和 IDEFIX 方法、GRAI 方法、Petri 网方法和面向对象方法等。目前，还没有一种非常合适的方式在描述产品信息时，能保证虚拟制造系统在与 MRP、CAD、CIMS 等其他系统之间交换数据时，完全不丢失数据信息。

3. 虚拟产品开发

虚拟产品开发又称为产品的虚拟设计或数字化设计，主要包括实体建模和仿真两个方面，它是利用计算机来完成整个产品的开发过程，以数字化形式虚拟地、可视地、并行地开发产品，并在制造实物之前对产品结构和性能进行分析和仿真，实现制造过程的早期反馈，及早地发现问题和解决问题，减少产品开发的时间和费用。

产品的虚拟开发要求实现在三维可视化虚拟环境下 CAD 和 CAE 的集成，即将 CAD 设计、运动学、动力学分析、有限元分析、仿真控制等系统模块封装在 PDM 中，实现各个系统的信息共享，并完成产品的动态优化和性能分析，完成虚拟环境下产品全生命周期仿真、磨损分析和故障诊断等，实现产品的并行设计和分析。

虚拟产品开发的主要支持技术是 CAD/CAE/CAM/PDM 技术，其核心是如何实现 PDM 的集成管理，主要涉及虚拟产品开发的产品数据组织体系与数字化产品模型相关数据的组织和管理等研究领域。产品的数字化不仅包括建立产品数字模型，还包括建立模型分析和评估的性能指标。如何解决数据的组织和管理，使之有效地适合虚拟制造的需要是目前研究的热点。

4. 制造过程仿真

制造过程仿真可分为制造系统仿真和具体的生产过程仿真。具体的生产过程仿真又包括加工过程仿真、装配过程仿真和检验过程仿真等。

加工过程仿真(虚拟加工)主要包括产品设计的合理性和可加工性、加工方法、机床和切削工艺参数的选择以及刀具和工件之间的相对运动仿真和分析。

装配过程仿真(虚拟装配)是根据产品的形状特征和精度特征,在虚拟环境下对零件装配情况进行干涉检查,发现设计上的错误,并对装配过程的可行性和装配设备的选择进行评价。

检测过程仿真(虚拟检测)是模拟真实产品的检测过程,如零件几何尺寸和公差的检测。虚拟仪器是目前虚拟检测技术的研究热点。

制造过程的仿真研究目前主要集中于上述具体的生产过程,由于缺乏完善的面向制造的制造系统建模理论和方法,因此目前还难以针对制造系统全过程进行实时逼真的模仿。

5. 可制造性评价

可制造性评价主要包括对技术可行性、加工成本、产品质量和生产效率等方面的评估。虚拟制造的根本目的就是要精确地进行产品的可制造性评价,以便对产品开发和制造过程进行改进和优化。可制造性评价策略主要有基于规则和基于规划两种方法。由于产品开发涉及的影响因素非常多,影响过程又复杂,所以建立适用于全过程的、精确可靠的产品评价体系是虚拟制造一个较为困难的问题。

工业 4.0
生产线
VR 演示

4.6 网络化制造系统

4.6.1 网络化制造的背景及定义

20 世纪 90 年代初,美国里海大学(Lehigh University)在研究和总结美国制造业的现状和潜力后,发表了具有划时代意义的"21 世纪制造业企业发展战略"报告,提出了敏捷制造和虚拟企业的新概念。1994 年,美国能源部制订了"实现敏捷制造的技术"的计划(1994—1999 年),涉及联邦政府机构、著名公司和大学等 100 多个单位,并于 1995 年 12 月发表了该项目的策略规划和技术规划。1995 年美国国防部和自然科学基金会资助 10 个面向美国工业的研究单位,共同制定了以敏捷制造和虚拟企业为核心内容的"下一代的制造"计划。1996 年 5 月美国通用电气公司发表了计算机辅助制造网 CAMNet 的结构和应用,它通过万维网提供多种制造支撑服务,其目的是建立敏捷制造的支撑环境。1997 年美国国际制造企业研究所发表了《美国-俄罗斯虚拟企业网》的研究报告。该项目是美国国家科学基金研究项目,目的是开发一个跨国虚拟企业网的原型,使作为全球制造基础框架一部分的美俄虚拟企业的建立与发展起到实现全球制造的示范作用。英国利物浦大学在欧共体资助下建立英国西北虚拟企业网,该网旨在支持促进英国西北地区中小企业的合作与发展。1998 年 12 月,欧洲联盟公布了"第五框架计划"(1998—2002 年),将虚拟网络列入研究主题。

网络化制造是指通过采用先进的网络技术、制造技术及其他相关技术,构建面向企业特定需求的基于网络的制造系统,并在系统的支持下,突破空间对企业生产经营范围和方式的约束,开展覆盖产品整个生命周期全部或部分环节的企业业务活动(如产品设计、制造、销售、采购、管理等),实现企业间的协同和各种社会资源的共享与集成,高速度、高质量、低成本地为市场提供所需的产品和服务。

网络化制造系统是研究网络化制造的基础,确切地说,实现网络化制造就意味着构建一个智造网络,网络作为由节点与相互作用关系构成的体系,至少包含两个实体,这样的体系被抽象的称为网络化制造系统,而其中包含的试题则被称为网络化制造子系统。也就是说,网络化制造系统是指企业在网络化制造模式的指导思想、相关理论和方法的指导下,在网络化制造集成平台和软件工具的支持下,结合企业具体的业务需求,设计实施的基于网络的制造系统。

4.6.2 网络化制造系统的内涵与特征

1. 基本特征

网络化制造的实质是网络技术(Internet/Intranet/Extranet)和制造技术的结合,网络化制造中网络技术的根本功能是为制造系统和制造过程提供一种快速、方便的信息交互手段和环境,因此网络化制造的基本内涵是基于网络的信息(含数据)的快速传输和交互。

2. 技术特征

(1) 时间特征:网络使信息快速传输与交互,使制造系统中信息传输过程的时间效率发生根本性变化,使信息传输达到"万里之遥一瞬间"。该特征可使制造活动的时间过程发生重大变化,例如可在制造过程中利用地球时差实现不断的 24h 设计作业等。

(2) 空间特征:网络拓展了企业空间,基于网络的异地设计、异地制造是使企业走出围墙,走向全球。网络使得分散在各地的企业根据市场机遇随时组成动态联盟,实现资源共享,形成空间范围广阔、并能动态变化的虚拟企业。

(3) 集成特征:网络和信息快速传输与交互,支持企业内外实现信息集成、功能集成、过程集成、资源集成及企业之间的集成。

3. 功能特征

(1) 敏捷响应特征:基于网络的敏捷制造和并行工程等技术可显著缩短产品开发周期,迅速响应市场。

(2) 资源共享特征:通过网络分散在各地的信息资源、设备资源、人才资源可实现共享和优化利用。

(3) 企业组织模式特征:网络和数据库技术将使得封闭性较强的金字塔式递阶结构的传统企业组织模式向着基于网络的、扁平化、透明度高的、项目主线式的组织模式发展。

(4) 生产方式特征:从过去的大批量、少品种和现在的小批量、多品种将发展到小批量、多品种定制型生产方式。21世纪的市场将越来越体现个性化需求的特点,因此基于网络的定制将是满足这种需求的一种有效模式。

(5) 可参与特征:客户不仅是产品的消费者,而且还将是产品的创意者和设计参与者。基于网络的为用户设计(design for customer,DFC)和由用户设计(design by customer,DBC)技术将为用户参与产品设计提供可能。

(6) 虚拟产品特征:虚拟产品、虚拟超市和网络化销售将是未来市场竞争的重要方式。用户足不出户,可在网上定制所喜爱的产品,并迅速见到其虚拟产品,而且可进行虚拟使用和产品性能评价。

（7）远程控制特征：设备的宽带联网运行，可实现设备的远程控制管理，以及设备资源的异地共享。

（8）远程诊断特征：基于网络可实现设备及生产现场的远程监视及故障诊断。

以上的基本特征、技术特征和功能特征共同组成了网络化制造的内涵特征体系，如图 4-18 所示。

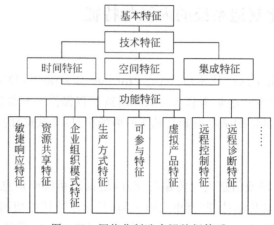

图 4-18　网络化制造内涵特征体系

4.6.3　网络化制造的技术体系

网络化制造的技术体系是指以技术或技术群的方式构成网络化制造技术体系，其中各技术群所包括的若干技术具有相对的功能独立性。

（1）基础支持技术：包括网络技术和数据库技术等开展网络化制造的基础技术。

（2）信息协议及分布式计算机技术：包括网络化制造信息转换协议技术、网络化制造信息传输协议技术、分布式对象计算技术、Agent 技术、Web Services 技术及网络计算技术等。

（3）基于网络的系统集成技术：包括基于网络的企业信息集成/功能集成/过程集成技术和企业间集成技术、面向敏捷制造和全球制造的资源优化技术、产品生命周期全过程信息集成和功能集成技术，以及异构数据库集成与共享技术等。

（4）基于网络的管理技术群：包括企业资源计划（ERP）/联盟资源计划（URP）虚拟企业及企业动态联盟技术、敏捷供应链技术、大规模定制生产组织技术，以及企业决策支持技术等。

（5）基于网络的营销技术群：主要包括基于 Internet 的市场信息技术、网络化销售技术、基于 Internet 的用户定制技术、企业电子商务技术和客户关系管理技术等。

（6）基于网络的产品开发技术群：主要包括基于网络的产品开发动态联盟模式及决策支持技术、产品开发并行工程与协同设计、基于网络的 CAD/CAE/CAPP/CAM 技术、PDM 技术、面向用户参与的设计、虚拟产品及网络化虚拟使用与性能评价技术、设计资源异地共享技术和产品全生命周期管理技术（PLM）等。

(7) 基于网络的制造过程技术群：主要包括基于网络的制造执行系统技术、基于网络的制造过程仿真机虚拟制造技术、基于网络的快速原型与快速模具制造技术、设备资源的联网运行与异地共享技术、基于网络的制造过程监控技术和设备故障远程诊断技术。

上述网络化制造的相关技术群有机结合形成了网络化制造的技术体系，如图 4-19 所示。

4.6.4 网络化制造的关键技术

网络化制造系统所涉及的实施技术涵盖了以下几方面：组织管理与运营管理技术，资源重组技术，网络与通信技术，信息传输、处理与转换技术

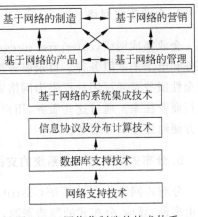

图 4-19 网络化制造的技术体系

等。同时，由于网络化制造是建立在以互联网为标志的信息高速公路的基础上，因此还必须建立和完善相应的法律、法规框架与电子商务环境，建立国家制造资源信息网，形成信息支持环境。

1. AIMS Net

制造系统的敏捷基础设施网络（agile infrastructure for manufacturing system，AIMS net）包括预成员和预资格论证、供应商信息、资源和伙伴选择、合同与协议服务、虚拟企业运作支持和工作小组合作支持等。AIMS Net 是一个开放网络，任何企业都可在其上提供服务，实现了服务无缝化和透明化。通过 AIMS Net 可以减少生产准备时间，使当前的生产更加流畅，并可开辟企业从事生产活动的新途径。利用 AIMS Net 可把能力互补的大、中、小企业连接起来，形成供应链网络。企业更加强调自己的核心专长。通过相互合作，能有效地处理任何不可预测的市场变化。

2. CAM Net

CAM 网络（CAM Net）通过互联网提供多种制造支撑服务，如产品设计的可制造性、加工过程仿真及产品的试验等，使得集成企业的成员能够快速连接和共享制造信息。建立敏捷制造的支撑环境在网络上协调工作，将企业中各种以数据库文本图形和数据文件存储的分布信息通过使能器集成起来以供合作伙伴共享，为各合作企业的过程集成提供支持。

3. 网络化制造模式下的 CAPP 技术

CAPP 是联系设计和制造的桥梁和纽带，所以网络化制造系统的实施必须获得工艺设计理论及其应用系统的支持。因此，在继承传统的 CAPP 系统研究成果的基础上，进一步探索网络化制造模式下的集成化、工具化。CAPP 系统是当前网络化制造系统研究和开发的前沿领域，它包含基于互联网的工具化零件信息输入机制建立、基于互联网的派生式工艺设计方法和基于互联网的创成式工艺设计方法等。

4. 企业集成网络

企业集成网络(enterprise integration net)提供各种增值的服务,包括目录服务、安全性服务和电子汇款服务等。目录服务帮助用户在电子市场或企业内部寻找信息、服务和人员。安全性服务是通过用户权限为网络安全提供保障。在电子汇款服务支持下整个网络上可以进行商业往来。通过这些服务,用户能够快速地确定所需要的信息,安全地进行各种业务以及方便地处理财务事务。

5. 分布式网络化制造系统的支撑技术

分布式网络化制造系统(distributed networked manufacturing system,DNMS),是一种由多种、异构、分布式的制造资源,以一定互联方式,利用计算机网络组成的、开放式的、多平台的、相互协作的、能及时灵活地响应客户需求变化的制造系统,是一种面向群体协同工作并支持开放集成性的系统。其基本目标是将现有的各种在地理位置上或逻辑上分布的异构制造系统/企业,通过其代理连接到计算机网络中去,以提高各个制造系统/企业间的信息交流与合作能力,进而实现制造资源的共享,为寻求市场机遇,及时、快速地响应和适应市场需求变化,赢得竞争优势,求得生存与发展奠定了坚实的基础,从而也为真正实现制造企业研究与开发、生产、营销、组织管理及服务的全球化开辟了道路。

在继承当前制造技术的基础上,构建和实现分布式网络化的制造系统需要计算机网络技术、分布式对象技术、多自主体系统(multi-agent system,MAS)技术以及数据库等关键技术支撑。

1) 分布式对象技术及其标准

为在分布的、多种异构制造资源的基础上构造起分布式网络化的制造系统,以有效地实现资源与信息共享、相互协调与合作以协同完成整体目标,系统集成就成为十分突出的问题。解决系统集成问题的有效途径就是遵循开放系统原则,采用标准化技术,建立集成软件环境。一种可分布的、可互操作的面向对象机制——分布式对象技术,对实现分布异构环境下对象之间的互操作和协同工作以构建起分布式系统具有十分重要的作用和意义。其主要思想是,在分布式系统中引入一种可分布的、可互操作的对象机制,把分布于网络上可用的所有资源封装成各个公共可存取的对象集合,采用客户/服务器(C/S)结构和模式实现对对象的管理和交互,使得不同的面向对象和非面向对象的应用可以集成在一起。

许多计算机厂商、标准化组织等纷纷制定了分布式对象技术的相关标准。其中,国际对象管理组织发布的公共对象请求代理结构(common object broker architecture,CORBA),为分布异构环境下各类应用系统的集成,实现应用系统之间的信息互访、知识共享和协同工作提供了良好的可遵循的规范、技术标准和强有力的支持,它通过客户/服务器对象间的交互而实现资源的实时共享。CORBA 具有软硬件的独立性、分布透明性、语言的中立性,以及面向对象的数据管理等优点,从而成为当前十分有效的一种集成机制,因此得到包括 IBM、HP、DEC、Microsoft 等在内的计算机与软件厂商和 X/open、OSF 以及 COSE Alliance 等国际联盟的积极支持和采纳,目前已有几个遵循此标准的产品问世。

基于 CORBA 标准实现的系统集成和应用开发环境是一个能跨越不同地理位置、穿越不同网络系统、屏蔽实现细节、实现透明传输、集成不同用户特长的基于 C/S 模式、面向对象、开放的分布式计算机集成环境,在企业中将会有潜在的巨大的应用前景,在逐步实现企业生产和管理的自动化与智能化、提高生产率、增强和提高企业及时快速响应和适应市场的能力等方面都将起到积极的推进作用。

2) 多自主体系统技术

制造系统是由若干完成不同制造子任务的环节组成的,如订货、设计、生产、销售等,各个环节上的各功能子系统既相互独立,又相互协同,以提高产品的市场竞争力和企业的经济效益为目标,共同完成制造任务。因此可以说整个制造过程是一种典型的多自主体问题求解过程,系统/企业中的每一部门(或环节)相当于该过程中的一个自主体(agent)。制造系统/企业中的每一子任务、功能、问题或单元设备等都可由单个自主体或组织良好的自主体群来代理或实现,并通过它们的交互和相互协商、协调与合作,来共同完成制造任务。将制造系统/企业模拟成多自主体系统,可以使系统易于设计、实现与维护,降低系统的复杂性,增强系统的可重组性、可扩展性和可靠性,以及提高系统的柔性、适应性和敏捷性等。

4.7 智能制造系统

20世纪是科学发展最迅速的一个世纪,在这个世纪,机械科学发展的最大特征是自动化,特别是20世纪后半叶的计算机科学与机械科学的有机结合,使机械领域发生了一场革命,自动化与智能化成为机械领域的新的重要特征。以智能化、柔性化和高度集成化为特点的智能制造技术成为现代制造技术的发展趋势。

由"工业4.0"、工业互联网和"中国制造2025"有关智能制造的理念和技术可以看出,智能制造融合了新一代信息技术、先进制造技术、自动化技术和人工智能技术等,利用智能装备、智能生产线、智能车间、智能工厂等智能生产系统设施,通过智能研发系统、智能管理和服务系统开发出智能产品,面向客户推进产品智能服务,最终实现企业的智能决策。

加快推进智能制造,是实施"中国制造2025"的主攻方向,是落实工业化和信息化深度融合、打造制造强国的战略举措,更是我国制造业紧跟世界发展趋势、实现转型升级的关键所在。

4.7.1 智能制造系统的定义及特征

智能制造技术(intelligent manufacturing technology,IMT),是指利用计算机模拟制造业领域专家的分析、判断、推理、构思和决策等智能活动,并将这些智能活动和智能机器融合起来,贯穿应用于整个制造企业的子系统(经营决策、采购、产品设计、生产计划、制造装配、质量保证和市场销售等),以实现整个制造企业经营运作的高度柔性化和高度集成化,从而取代或延伸制造环境领域专家的部分脑力劳动,并对制造业领域专家的智能信息进行收集、存储、完善、共享、继承和发展,是一种极大提高生产效率的先进制造技术。

智能制造技术离不开智能制造系统,智能制造系统是实现智能制造的"大脑"。

智能制造系统(intelligent manufacturing system,IMS)是一种智能化的制造系统,是由智能机器和人类专家结合而成的人机一体化的智能系统,它将智能技术融合进制造系统的各个环节,通过模拟人类的智能活动,取代人类专家的部分智能活动,使系统具有智能特征。

智能制造系统最主要的特征是在工作过程中获取知识、表达与使用智能制造系统。根据其知识来源的不同,可分为两种类型:①以专家系统为代表的非自主式的制造系统,其特点是系统的知识是根据人类的制造知识总结归纳而来的,系统知识依赖于人工进行扩展,因而有知识获取瓶颈、适应性差、缺乏创新能力等缺陷;②建立在系统自学习、自进化与自组织基础上的自主型的智能制造系统,其特点是系统的知识可以在使用过程中不断自动学习、完善与进化,从而具有很强的适应性及开放式的创新能力。

4.7.2 智能制造的关键技术

智能制造是一个广义的概念,贯穿于产品设计、制造、服务等全生命周期的各个环节。近20~30年来,面对智能制造涌现出众多的新技术、新理念和新模式,诸如计算机集成制造、敏捷制造、数字化制造、网络化制造等。要实现智能制造技术,需要在许多方向和技术上实现突破和发展。具体归纳起来智能制造的关键技术如下。

1. 数字化制造

数字化制造是指制造领域的数字化,是制造技术、计算机技术、网络技术与管理科学的交叉、融合、发展与应用的结果,也是制造企业、制造系统与生产过程、生产系统不断实现数字化的必然趋势,其内涵包括:产品开发的数字化、数字控制、生产管理数字化、企业写作数字化等(见图4-20)。

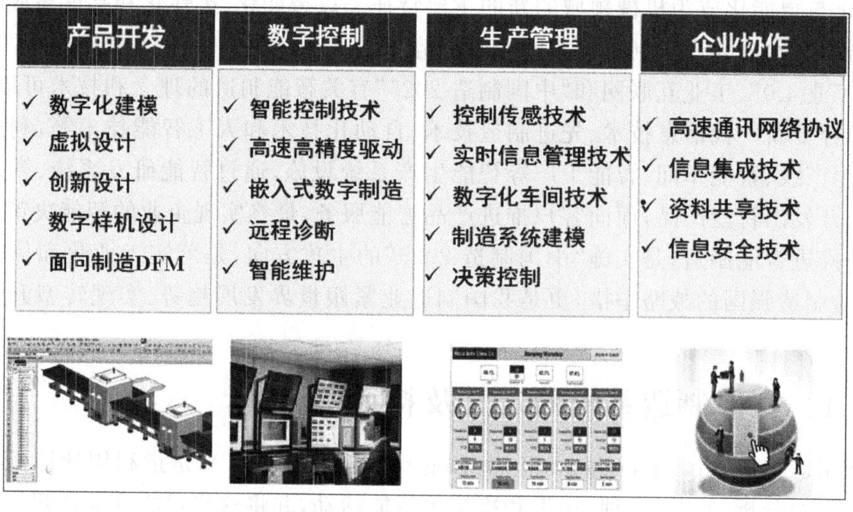

图 4-20 数字化制造的内涵

2. 智能机器人

机器人技术虽然已经过许多年的发展,但仍然仅限于代替人们的劳动技能。一种是固定式机器人,可用于焊接、装配、喷漆、上下料,它其实就是一种机械手;另一种可以自由移动的机器人仍需人们的操作和控制。智能机器人应具备以下功能特性:①视觉功能,机器人能借助其自身所带工业摄像机,像"人眼"一样观察;②听觉功能,机器人的听觉功能实际上是话筒,能将人们发出的指令,变成计算机接收的电信号,从而控制机器人的动作;③触觉功能,就是机器人带有各种传感器;④语音功能,就是机器人可以和人们对话;⑤分析判断功能(理解功能),机器人在接收指令后,可以通过对知识库中的资料进行分析、判断、推理,自动找出最佳的工作方案,做出正确的决策。如图 4-21 所示为智能机器人在汽车生产线上。

图 4-21　智能机器人在汽车生产线上

3. 无线传感网络

无线传感网络是由许多在空间分布的自动装置组成的一种无线通信计算机网络,这些网络使用传感器监测不同位置的物理或环境状况(如温度、声音、振动、压力、运动或污染物等),如图 4-22 所示。无线传感网络的每个节点除配备 1 个或多个传感器外,还装备 1 个无线电收发器、1 个微控制器和 1 个电源。

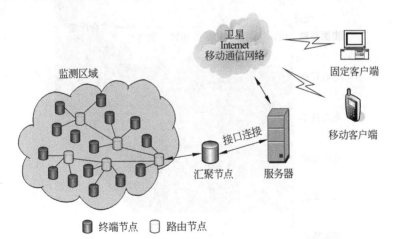

图 4-22　无线传感网络

无线传感网络构成一个信息物理融合系统,连接互联网的网络空间和现实物理世界。它能够与环境进行交互,进而规划和调整自己以适应环境,并且学习新的行为模式和策略,从而实现自我优化。无线传感网络是智能制造信息传递的重要环节,是实现智能制造的关键技术。

4. 信息物理融合系统

信息物理融合系统（cyber-physical system，CPS）是一个综合计算、网络和物理环境的多维复杂系统，通过3C（computation、communication、control）技术的有机融合与深度协作，实现大型工程系统的实时感知、动态控制和信息服务。信息物理融合系统也称为"虚拟网络-实体物理"生产系统，它将彻底改变传统制造业的逻辑。在这样的系统中，一个工件能算出自己需要哪些服务。通过数字化逐步升级现有生产设施，生产系统就可以实现全新的体系构架。

信息物理融合系统是一个综合计算、网络和物理环境的多维复杂系统，它通过计算机、信息和控制技术的有机融合和深度协作，实现大型工程系统的实时感知、动态控制和信息服务。它实现计算、通信与物理系统的一体化设计，可使系统更加可靠、高效、实时协调，具有广泛的应用前景，是智能制造的关键技术之一。

4.7.3 智能制造系统的体系构架

根据《国家智能制造标准体系建设指南（2018年版）》中，智能制造系统架构从生命周期、系统层级和智能特征三个维度对智能制造所涉及的活动、装备、特征等内容进行描述，主要用于明确智能制造的标准化需求、对象和范围，指导国家智能制造标准体系建设。智能制造系统架构如图4-23所示。

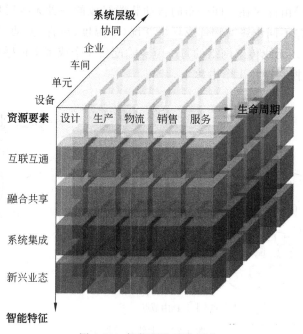

图 4-23 智能制造系统架构

1. 生命周期

生命周期是由设计、生产、物流、销售、服务等一系列相互联系的价值创造活动组成的链式集合。生命周期中各项活动相互关联、相互影响。不同行业的生命周期的构成不尽相同。

（1）设计是指根据企业的所有约束条件以及所选择的技术来对需求进行构造、仿真、验证、优化等研发活动过程。

（2）生产是指通过劳动创造所需要的物质资料的过程。

（3）物流是指物品从供应地向接收地的实体流动过程。

（4）销售是指产品或商品等从企业转移到客户手中的经营活动。

（5）服务是指提供者与客户接触过程中所产生的一系列活动的过程及其结果，包括回收等。

2. 系统层级

系统层级自下而上共五层，分别为设备层、单元层、车间层、企业层和协同层。智能制造系统的层级体现了装备的智能化和网络联网协议（internet protocol，IP）化，以及网络的扁平化趋势。具体包括以下内容。

（1）设备层包括传感器、仪器仪表、条码、射频识别、机器和装置等，是企业进行生产活动的物质技术基础。

（2）单元层包括可编程逻辑控制器（programmable logic controller，PLC）、数据采集与监视控制系统（supervision control and data acquisition，SCADA）、分散控制系统（distributad control system，DCS）和现场总线控制系统（fieldbus control system，FCS）等。

（3）车间层实现面向工厂或车间的生产管理，包括制造执行系统（manufacturing execution system，MES）等。

（4）企业层实现面向企业的经营管理，包括企业资源计划（enterprise resource planning，ERP）系统、产品生命周期管理（product life-cycle managernent，PLM）、供应链管理（supply chain management，SCM）系统和客户关系管理（customer relationship mannagement，CRM）系统等。

（5）协同层由产业链上下不同企业通过互联网络共享信息实现协同研发、智能生产、精准物流和智能服务等。

3. 智能特征

智能特征包括资源要素、互联互通、融合共享、系统集成和新兴业态五层。

（1）资源要素包括设计施工图纸、产品工艺文件、原材料、制造设备、生产车间和工厂等物理实体，也包括电力、燃气等能源。此外，人员也可视为资源的一个组成部分。

（2）互联互通是指通过有线、无线等通信技术，实现机器之间、机器与控制系统之间、企业之间的互联互通。

（3）融合共享是指在系统集成和通信的基础上，利用云计算、大数据等新一代信息技术，在保障信息安全的前提下，实现信息协同共享。

（4）系统集成是指通过二维码、射频识别、软件等信息技术集成原材料、零部件、能源、设备等各种制造资源，由小到大实现从智能装备到智能生产单元、智能生产线、数字化车间、智能工厂，乃至智能制造系统的集成。

（5）新兴业态包括个性化定制、远程运维和工业云等服务型制造模式。

智能制造的关键是实现贯穿企业设备层、单元层、车间层、工厂层、协同层不同层面的纵向集成，跨资源要素、互联互通、融合共享、系统集成和新兴业态不同级别的横向集成，以及

南京上汽
智能产线

覆盖设计、生产、物流、销售、服务的端到端集成。

本章小结

制造自动化技术可以提高劳动生产率和产品质量,减低成本,增强企业竞争力。随着技术的不断进步,要实现制造业的全球化、网络化、敏捷化、虚拟化、智能化和绿色化发展,就需要工业机器人技术、柔性制造系统、计算机集成制造系统、虚拟制造、网络化制造,以及智能制造等先进制造自动化技术的支撑。本章重点阐述了各种技术的定义、结构、性能、原理,关键技术和发展趋势。先进的制造自动化技术为实现可持续发展的有效途径,为高速度、高质量和高效益发展奠定了坚实基础。

思考题及习题

1. 简述制造业自动化技术的内涵发展趋势。
2. 简述工业机器人的结构组成、技术指标和编程方法。
3. 分析直角坐标机器人、圆柱坐标机器人、球坐标机器人和关节机器人坐标轴的构成和工作空间。
4. 分析柔性制造系统的结构组成、特点和应用。请指出柔性制造单元和柔性制造系统的柔性自动化设备的特点和区别。
5. 分析计算机集成制造系统的结构组成和关键技术。
6. 阐述计算机集成系统的递阶控制结构和各层系统的功能特征。
7. 什么是虚拟制造?说明虚拟制造的特点及分类。
8. 试分析为什么制造系统建模是虚拟制造的关键技术之一?
9. 叙述网络化制造系统的概念和特征。
10. 试分析网络化制造的技术体系及关键技术。
11. 阐述智能制造系统的含义和特征。
12. 举例分析智能制造系统的体系构架。

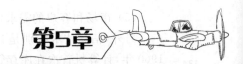

第5章 先进生产管理技术

现代制造系统是以人为主体的人机系统。凡是有人的地方就有管理。管理是企业发展的基石,在企业中,当战略目标被确定后,管理成为其成败的关键因素之一。

市场竞争不仅推动着制造业的迅速发展,也促进了企业生产管理模式的变革。生产管理是有计划、组织、指挥、监督、调节的生产活动,以最少的资源损耗获得最大的成果,是对企业生产系统的设置和运行的各项管理工作的总称。它主要包含生产计划的合理制订,即编制生产计划、生产技术准备计划和生产作业计划等。生产控制工作,即控制生产进度、生产库存、生产质量和生产成本等。生产组织工作,即选择厂址,布置工厂,组织生产线,实行劳动定额和劳动组织,设置生产管理系统等。

计算机和信息技术的发展,使传统的企业生产管理方法得到了改造,企业生产管理状态有了根本的改变。本章侧重介绍现代生产管理信息技术、产品数据管理、产品全生命周期等先进的生产管理技术。

5.1 现代生产管理信息技术

现代生产管理信息系统(management information system,MIS)是以计算机为手段,以信息为对象,对各种生产管理信息进行收集、传输、加工、存储和使用的人机系统。MIS 由计算机参与生产管理体系中的各种功能活动,并通过网络将各功能模块有机地连接起来,形成一个系统的整体,快速地响应市场的变化和生产中的特殊要求,已成为生产管理中不可缺少的工具,受到企业界广泛的重视和关注,发展较为迅速。目前,较有影响的 MIS 有物料需求计划(material requirement planning,MRP),以及先后演变成的闭环 MRP、制造资源计划(MRP Ⅱ)和企业资源计划(ERP)。

5.1.1 物料需求计划

现代化大生产及市场竞争日益激烈,企业尤其是制造业的生产管理所面临的问题很多,主要有如下几种:

(1) 生产所需的原材料不能准时供应或供应不足。
(2) 零部件的生产不配套。
(3) 产品生产周期过长,劳动生产率低。
(4) 资金积压严重,周转缓慢。

(5) 市场和客户的需求多变和快速,使企业不能及时适应。

另外,信息技术特别是计算机技术的发展和应用开辟了企业管理的新纪元。大约在 1960 年,计算机首次在库存管理中获得了应用,这标志着制造业的生产管理迈出了现代化的第一步。也正是这个时候,在美国出现了一种新的库存与计划控制方法——计算机辅助编制的物料需求计划(MRP)。

1. MRP 的基本思想

MRP 的基本指导思想是:在需要的时间向需要的部门按照需要的数量提供该部门所需的物料。当物料短缺影响到整个生产计划时,应该迅速及时地提供物料;当生产计划延迟而推迟物料需求时,物料的供应也应该相应被推延。MRP 的目标是,在提供给顾客最好服务的同时,最大限度地减少库存,以降低库存成本。

把所有物料分成独立需求(independent demand)和相关需求(dependent demand)两种类型。在 MRP 系统中,"物料"是一个广义的概念,泛指原材料、在制品、外购件以及产品。

(1) 独立需求。若某种需求与对其他产品或零部件的需求无关,则称为独立需求。它来自企业外部,其需求量和需求时间由企业外部的需求来决定,如客户订购的产品、售后用的备品备件等。其需求数据一般通过预测和订单来确定,可按订货点方法处理。

(2) 相关需求。对某些项目的需求若取决于对另一些项目的需求,则这种需求为相关需求。它发生在制造过程中,可以通过计算得到。对原材料、毛坯、零件、部件的需求,来自制造过程,是相关需求,MRP 处理的正是这类相关需求。

例如,汽车与零部件的关系。汽车产品的零部件与物料就具备非独立性需求,因为任意时刻所需零部件与原材料的总量都是汽车生产量的函数。相反地,汽车的需求则是独立性需求——汽车并非其他任何东西的组成元件。

根据产品的需求时间和需求数量进行展开,按时间段确定不同时期各种物料的需求。

2. MRP 的基本原理

MRP 的基本原理是,由主生产计划(master production schedule,MPS)和主产品的层次结构逐层逐个地求出主产品所有零部件的出产时间、出产数量,这个计划叫作物料需求计划。其中,如果零部件是靠企业内部生产的,需要根据各自的生产时间长短来提前安排投产时间,形成零部件投产计划;如果零部件需要从企业外部采购,则要根据各自的订货提前期来确定提前发出各自订货的时间、采购的数量,形成采购计划。确实按照这些投产计划进行生产和按照采购计划进行采购,就可以实现所有零部件的出产计划,从而不仅能够保证产品的交货期,而且还能够降低原材料的库存,减少流动资金的占用。MRP 的逻辑原理如图 5-1 所示。

由图 5-1 可以看出,物料需求计划(MRP)是根据主生产计划(MPS)、主产品的结构文件(BOM)和库存文件而形成的。主产品就是企业用以供应市场需求的产成品。例如,汽车制造厂生产的汽车,电视机厂生产的电视机,都是各自企业的主产品。

(1) 主生产计划(MPS)。它指明在某一计划时间段内应生产出的各种产品和备件,它是物料需求计划制订的一个最重要的数据来源。MPS 主要描述主产品及由其结构文件 BOM 决定的零部件的出产进度,表现为各时间段内的生产量,有出产时间、出产数量或装

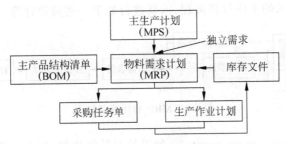

图 5-1　MRP 的逻辑原理图

配时间、装配数量等。

（2）主产品的结构文件——物料清单（BOM）。它指明了物料之间的结构关系，以及每种物料需求的数量，它是物料需求计划系统中最为基础的数据，主要反映出主产品的层次结构、所有零部件的结构关系和数量组，根据这个文件，可以确定主产品及其各个零部件的需要数量、需要时间和它们相互间的装配关系。

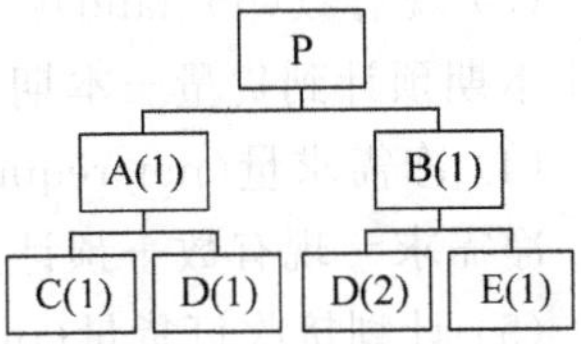

图 5-2 所示为产品 P 的构成示意图，第零层为最终产品 P，它由 1 个 A 部件与 1 个 B 部件组成；第一层中的 A 部件由 1 个 C 零件与 1 个 D 零件组成，而 B 部件由 2 个 D 零件和 1 个 E 零件组成；第二层的 C、D、E 为不可再分的零件或材料。与图 5-2 产品构成图相对应的 BOM 见表 5-1。

图 5-2　产品 P 结构关系示意图

表 5-1　产品 P 的 BOM 表

编号	数量	单位	装配件号	层次	编号	数量	单位	装配件号	层次
P		台		0	D	1	件	A	2
A	1	件	P	1	D	2	件	B	3
B	1	件	P	1	E	1	件	B	3
C	1	件	A	2					

（3）产品库存文件，包括了主产品和其所有的零部件的库存量、已订未到量和已分配但还没有提走的数量。制订物料需求计划有一个指导思想，就是要尽可能减少库存。产品优先从库存物资中供应，仓库中有的，就不再安排生产和采购。仓库中有但数量不够的，只安排不够的那一部分数量投产或采购。

（4）由物料需求计划再产生产品采购计划和生产作业计划，根据产品采购计划和生产作业计划组织物资的生产和采购，生成制造任务单和采购订货单，交制造部门生产或交采购部门去采购。

3. MRP 的计算逻辑

MRP 的计算逻辑是按产品结构层次由上而下逐层展开的，首先根据主生产计划中的最终产品数量确定总需求量；其次查询可用库存量，计算出净需求量；再次根据批量规则计算出每批订货量，即计划交付量；最后根据提前期确定计划投放量及订购时间，可将其计算逻辑简化为如图 5-3 所示的工作计算流程,需要进行如下一些数值计算。

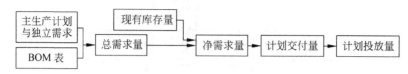

图 5-3　MRP 的计算逻辑图

（1）总需求量（gross requirements）：如果是产品级物料,则总需求由主生产计划 MPS 决定;如果是零件级物料,则总需求来自于上层物料的计划发出订货量。

（2）预计到货量（scheduled receipts）：即计划在某一时刻入库但尚在生产或采购中。在有的系统中也被称为在途量。

（3）现有数（on hand）：表示上期末结转到本期初可用的库存量。现有数＝上期末现有数＋本期预计到货量－本期总需求量。

（4）净需求量（net requirements）：当现有数加上预计到货不能满足需求时产生净需求。净需求＝现有数＋预计到货－总需求。

（5）计划接收订货量（planned order receipts）。当净需求为正时,就需要接收一个订货量,以弥补净需求。计划收货量取决于订货批量的考虑,如果采用逐批订货的方式,则计划收货量就是净需求量。

（6）计划发出订货量（planned order release）。计划发出订货量与计划接收订货量相等,但是时间上提前一个时间段,即订货提前期。订货日期是计划接收订货日期减去订货提前期。

另外,有的系统设计的库存状态数据可能还包括一些辅助数据项,如订货情况、盘点记录、尚未解决的订货、需求的变化等。

5.1.2　闭环 MRP

20 世纪 70 年代,MRP 经过发展形成了闭环 MRP（closed-loop MRP）生产计划和控制系统。闭环 MRP,是在物料需求计划（MRP）的基础上,增加对投入与产出的控制,也就是对企业的能力进行校检、执行和控制。闭环 MRP 理论认为,只有在考虑能力的约束,或者对能力提出需求计划,在满足能力需求的前提下,物料需求计划（MRP）才能保证物料需求的执行和实现。在这种思想要求下,企业必须对投入与产出进行控制,也就是对企业的能力进行校检和执行控制。

所谓闭环有两层意思：一层是指把生产能力需求计划、车间作业计划和采购计划纳入 MRP,形成一个闭环系统;另一层是指计划执行过程中,必须有来自车间、供应商和计划人员的反馈信息,利用这些反馈信息进行生产计划的调整和平衡,从而使生产过程中各个方面能够得到协调和统一。闭环 MRP 系统的作业过程是"计划—实施—评价—反馈—计划"不断反馈的过程,如图 5-4 所示。

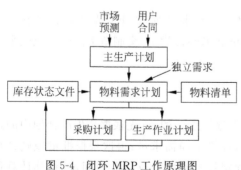

图 5-4　闭环 MRP 工作原理图

由图可以看出闭环 MRP 的特点是：

(1) 主生产计划来源于企业的生产经营计划与市场需求(如合同、订单等)。

(2) 主生产计划与物料需求计划的运行(或执行)伴随着能力与负荷的运行,从而保证计划是可靠的。

(3) 采购与生产加工的作业计划与执行是物流的加工变化过程,同时又是控制能力的投入与产出过程。

(4) 能力的执行情况最终反馈到计划制定层,整个过程是能力的不断执行与调整的过程。

闭环 MRP 系统的出现,对生产能力进行了规划与调整;扩大和延伸了 MRP 的功能,在编制零件进度计划的基础上把系统的功能进一步向车间作业管理和物料采购计划延伸;通过对计划完成情况的信息反馈和用工派工、调度等手段来控制计划的执行,以保证 MRP 计划的实现,加强了计划执行的情况和监控。然而,闭环的 MRP 系统仍然涉及的仅仅是物流部分,与物流密切相关的企业生产的资金流还是由财务人员另行管理,这对生产管理过程中的成本及时核算带来困难。

5.1.3 制造资源计划

20 世纪 70 年代末到 80 年代初,物料需求计划经过发展和扩充逐步形成了制造资源计划的生产管理方式。制造资源计划(MRPⅡ)是指以物料需求计划为核心的闭环生产计划与控制系统,它将 MRP 的信息共享程度扩大,使生产、销售、财务、采购、工程紧密结合在一起,共享有关数据,组成了一个全面生产管理的集成优化模式,即制造资源计划。

MRPⅡ的系统结构如图 5-5 所示。

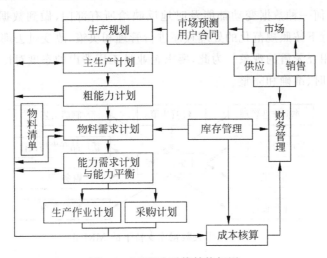

图 5-5 MRPⅡ系统结构框图

企业的 MRPⅡ系统是一个完整的经营生产管理计划体系,是实现企业整体效益的有效管理模式,它包括了以下五大经营运作体系。

(1) 计划管理体系。这是企业运作体系的主线,主要职能是通过经营规划、生产规划、主生产计划、物料需求计划、生产作业控制这 5 个层次的计划,自下而上地逐层反馈信息,进行有效的计划管理。

(2) 作业执行管理体系。该体系的职能是根据计划对企业具体的经营活动进行安排,并对其实施过程进行实时控制。

(3) 工程管理体系。该体系为企业提供各类工程、计划、库存、成本类基本数据,是计划管理体系有效运行的保证。

(4) 物料管理体系。该体系通过对企业各种物流的随时跟踪,如原材料、在制品、产成品等的规范管理,保证了企业各类库存信息的准确性,保障企业物流的高效率。

(5) 财务管理体系。该体系通过对财务信息的收集、财务活动的追踪,为企业各类经营活动提供数据基础,使企业运作处于财务的全面监控之下。

作为一种管理模式,MRPⅡ系统的特点如下:

(1) 计划的一贯性与可行性。MRPⅡ是一个计划主导型的管理模式,包括从宏观的生产规划到微观的生产作业计划,从粗能力计划到能力计划与平衡,这些计划与企业的经营目标始终保持一致。计划由厂级职能部门进行编制,车间班组只是执行计划、进行调度和反馈计划执行中的信息。计划下达前对生产能力进行验证和平衡,并根据反馈信息及时调整,处理好供需矛盾,保证计划的有效性和可执行性。

(2) 管理的系统性。MRPⅡ系统是一种系统工程,它把企业所有与生产经营直接相关部门的工作联成一个整体,每个部门都从系统整体出发做好本岗位工作,每个人都清楚自己的工作同其他职能的关系。只有在"一个计划"下才能成为系统,条框分割各行其是的局面将被团队精神所取代。

(3) 数据共享性。MRPⅡ系统是一种管理信息系统,企业各部门都依据同一数据库的信息进行管理,任何一种数据变动都能及时地反映给所有部门,做到数据共享(见图 5-6),在统一数据库支持下按照规范化的处理程序进行管理和决策,改变过去那种信息不同、情况不明、盲目决策、相互矛盾的现象。为此,要求企业员工用严肃的态度对待数据,专人负责维护,保证数据的及时、准确和完整。

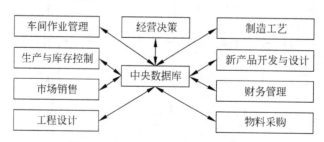

图 5-6 中央数据库支持下的 MRPⅡ

(4) 动态应变性。MRPⅡ系统是一个闭环系统,它要求跟踪、控制和反馈瞬息万变的实际情况,管理人员可随时根据企业内外部环境条件的变化迅速做出响应,及时决策调整,保证生产计划正常进行。它可以保持较低的库存水平,缩短生产周期,及时掌握各种动态信息,因而有较强的应变能力。为了做到这一点,必须树立全员的信息意识,及时准确地把变动的情况输入系统。

(5) 模拟预见性。MRPⅡ系统是生产经营管理客观规律的反映,按照规律建立的信息逻辑必然具有模拟功能。它可以解决"如果……将会……"的问题,可以预见相当长的计划期内可能发生的问题,事先采取措施消除隐患,而不是等问题已经发生了再花几倍的精力去处理。这将使管理人员从忙忙碌碌的事物堆里解脱出来,致力于实质性的分析研究和改进管理工作。

(6) 物流、资金流的统一。MRPⅡ系统包罗了成本会计和财务功能,可以由生产经营活动直接产生财务数字,把实物形态的物料流动直接转换为价值形态的资金流动,保证生产和财会数据一致。财会部门及时得到资金信息用来控制成本,通过资金流动状况反映物流和生产作业情况,随时分析企业的经济效益,参与决策,指导经营和生产活动,真正起到会计师和经济师的作用。同时也要求企业全体员工牢牢树立成本意识,把降低成本作为一项经常性的任务。

5.1.4 企业资源计划

企业资源计划(ERP)是由美国著名管理咨询公司 Gartner Group Inc 于 1990 年提出来的。20 世纪 90 年代随着信息技术不断向制造业管理渗透,为了实现产能、质量和交期的完美统一,合理库存、生产控制问题需要处理大量的、复杂的企业资源信息,要求信息处理的效率更高,传统的管理方法和理论已经无法满足系统的需要,对信息的处理已经扩大到整个企业资源的利用。信息全球化趋势的发展要求企业之间加强信息交流与信息共享,企业之间既是竞争对手又是合作伙伴,信息管理要求扩大到整个供应链的管理,因此在 MRPⅡ 的基础上扩展了管理范围,新一代的综合企业管理系统企业资源计划(ERP)孕育而生。

企业资源计划(ERP)要求企业的注意力不仅在产品生产过程的管理、库存管理和成本控制等企业内部管理上,更需要注重供应商的物资供应、制造工厂的生产、分销与发货以及客户的售后服务这一"供应链"。企业的发展不仅依靠企业本身的资源,更要利用全社会各种市场资源,来快速高效地进行生产经营,以期在市场上获得竞争的优势。

1. ERP 的六大核心思想

对于企业来说,ERP 首先应该是管理思想,其次是管理手段与信息系统。它的先进管理思想主要体现在以下 6 个方面。

(1) 帮助企业实现体制创新。ERP 能够帮助企业建立一种新的管理体制,其特点在于能实现企业内部的相互监督和相互促进,并保证每个员工都自觉发挥最大的潜能去工作,使每个员工的报酬与他的劳动成果紧密相连,管理层也不会出现独裁现象。新的管理机制必须能迅速提高工作效率,节约劳动成本。

(2) "以人为本"的竞争机制。ERP 认为企业内部仅靠员工的自觉性和职业道德是不够的,必须建立一种竞争机制。在此基础上,给每位员工制定一个工作评价标准,并以此作为对员工的奖励标准,使每位员工都必须达到这个标准,并不断超越这个标准。随着标准不断提高,生产效率也必然跟着提高。

(3) 把组织看作一个社会系统。在 ERP 的管理思想中,组织是一个协作的系统。应用

ERP 的现代企业管理思想,结合通信技术和网络技术,在组织内部建立起上情下达、下情上传的有效信息交流沟通系统。这一系统能保证上级及时掌握情况,获得作为决策基础的准确信息,能保证指令的顺利下达和执行。

(4) 以"供应链管理"为核心。ERP 基于 MRP Ⅱ,又超越了 MRP Ⅱ。ERP 系统在 MRP Ⅱ 的基础上扩展了管理范围,它把客户需求和企业内部的制造活动以及供应商的制造资源整合在一起,形成一个完整的供应链(SCM),并对供应链上的所有环节进行有效管理,这样就形成了以供应链为核心的 ERP 管理系统。供应链跨越了部门与企业,形成了以产品或服务为核心的业务流程。

(5) 以"客户关系管理"为前台重要支撑。在以客户为中心的市场经济时代,企业关注的焦点逐渐由过去关注产品转移到关注客户上来。ERP 系统在以供应链为核心的管理基础上,增加了客户关系管理后,将着重解决企业业务活动的自动化和流程改进,尤其是在销售、市场营销、客户服务和支持等与客户直接打交道的前台领域。其目标是通过缩短销售周期和降低销售成本,通过寻求扩展业务所需的新市场和新渠道,并通过改进客户价值、客户满意度、盈利能力以及客户的忠诚度等方面来改善企业的管理。

(6) 实现电子商务,全面整合企业内部资源。电子商务时代的 ERP 系统还将充分利用 Internet 技术及信息集成技术,将供应链管理、客户关系管理、企业办公自动化等功能全面集成优化,以支持产品协同商务等企业经营管理模式。为使企业适应全球化竞争所引起的管理模式的变革,ERP 呈现出数字化、网络化、集成化、智能化、柔性化、行业化和本地化的特点。

2. ERP 与 MRP Ⅱ 的关系

ERP 的理论基础是从 MRP Ⅱ 发展而来的,它继承了 MRP Ⅱ 的基本思想,如制造、进销存和财务管理模块,还大大拓宽了其范围,如多工厂管理、质量管理、设备管理、运输管理、分销资源管理、过程控制接口、数据采集接口、电子通信模块等管理模块。

MRP Ⅱ 的核心是物流,主线是计划,伴随着物流的过程,同时存在资金流和信息流。

ERP 的主线也是物流,但 ERP 已经将管理的重心转移到财务上来,在整个企业的运作中贯穿了财务成本控制的概念。ERP 极大地扩展了业务管理的范围和深度,包括:质量、设备、分销、运输、多工厂管理、数据采集接口等,几乎涉及企业所有的供需过程。

ERP 的管理范围更大,扩展到供应链管理、电子商务、客户关系管理和办公室自动化等。ERP 更好地支持企业的业务流程重组,因为企业内部和外部的环境变化相当快,企业为了更好地适应市场,需要不断调整组织结构和业务流程,ERP 的发展趋势是更好地支持这种变化,以最小的代价完成改变和重组。

随着时代的前进和计算机科学的发展,科学的决策越来越依靠计算机所能提供数据的全面性、准确性、实时性。21 世纪,ERP 已向协同商务等其他活动方向发展。图 5-7 所示为 MRP、MRP Ⅱ、ERP、ERP Ⅱ 之间功能的扩展图。

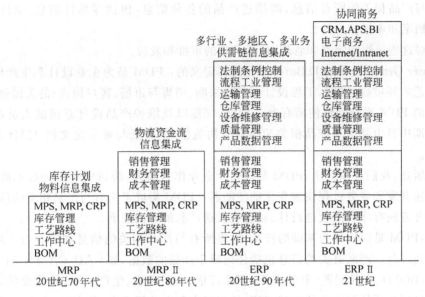

图 5-7 MRP、MRPⅡ、ERP、ERPⅡ功能的扩展图

5.2 产品数据管理

产品数据管理(product data management,PDM)技术产生于 20 世纪 80 年代初期,是为了解决大量工程图样、技术文档管理的困境,以软件为基础的一项管理技术。近年来,随着信息技术的不断进步,产品数据管理技术已经向产品生命全周期管理(PLM)技术发展,建立起在信息和网络技术之上的一整套管理系统,包括市场需求调研、产品开发、产品设计、销售、售后服务等的信息管理,其目的是对产品数据实现全面管理。

产品数据管理技术应用十分广泛,机械、电子、汽车、航空航天以及非制造企业(如交通、商业、石化)等领域大量地引入该技术来进行企业信息化管理。为了促进技术进步,加快产品更新换代,提高企业的市场竞争力,它已成为企业信息化的一种重要技术工具。

5.2.1 产品数据管理概述

产品数据管理(PDM)明确定位为面向制造企业,以软件技术为基础,以产品管理为核心,实现对产品相关的数据、过程、资源一体化的集成管理技术。PDM 进行信息管理的两条主线是静态的产品结构和动态的产品设计流程,所有的信息组织和资源管理都是围绕产品设计展开的。这也是 PDM 系统有别于其他的信息管理系统,如企业信息管理系统(MIS)、制造资源计划(MRPⅡ)、项目管理(project management,PM)系统、企业资源计划(ERP)的关键所在。

要想给 PDM 下个准确的定义并不容易,许多专家学者对 PDM 给出不同的定义,目前人们普遍接受以下的定义。

CIMdata 公司总裁 EdMiller 在 *PDMtoday* 一文中给出了这样的定义:PDM 是管理所有与产品相关的下述信息和过程的技术。

(1) 与产品相关的所有信息,即描述产品的各种信息,包括零部件信息、结构配置、文件、CAD 档案和审批信息等。

(2) 对这些过程的定义和管理,包括信息的审批和发放。

Gartner Group 公司的 D.Burdick 是这样定义的:PDM 是为企业设计和生产构筑一个并行产品艺术环境(由供应、工程设计、制造、采购、销售与市场、客户构成)的关键使能技术。一个成熟的 PDM 系统能够使所有参与创建、交流以及维护产品设计意图的人员在整个产品生命周期中自由共享与产品相关的所有异构数据,如图纸与数字化文档、CAD 文件和产品结构等。

综上所述,我们可以看出,PDM 是以整个企业作为整体,跨越整个工程技术群体,是促使产品快速开发和业务过程快速变化的使能器。PDM 集成了所有与产品相关的信息,使企业的产品开发向有序和高效地设计、制造及发送产品的方向发展。

总之,PDM 是以软件为基础的技术,它将所有与产品相关的信息和所有与产品有关的过程集成到一起。产品有关的信息包括任何属于产品的数据,如 CAD/CAM/CAE 的文件、材料清单(BOM)、产品配置、事务文件、产品订单、电子表格、生产成本、供应商状态等。产品有关的过程包括任何有关的加工工序、加工指南和有关于批准、使用权、安全、工作标准和方法、工作流程、机构关系等所有过程处理的程序,包括了产品生命周期的各个方面。PDM 使最新的数据能为全部有关用户享用,包括工程师、NC 操作人员、财会人员和销售人员等均能按要求方便地存取。

5.2.2 产品数据管理的体系结构与功能

1. 产品数据管理(PDM)的体系结构

PDM 系统的体系结构可以分解为以下四个层次的内容,如图 5-8 所示。

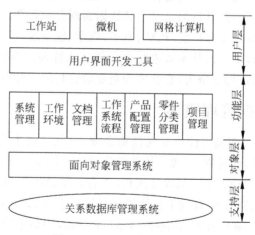

图 5-8 PDM 系统的体系结构

第一层是支持层。目前流行的商业化的关系型数据库是 PDM 系统的支持平台。关系型数据库提供了数据管理的最基本的功能,如存、取、删、改、查等操作。

第二层是对象层(产品主题化层)。由于商用关系型数据库侧重管理事务性数据,不能满足产品数据动态变化的管理要求,因此,在 PDM 系统中,采用若干个二维关系表格来描述产品数据的动态变化。PDM 系统将其管理的动态变化数据的功能转换成几个,甚至几百个二维关系型表格,实现面向产品对象管理的要求。

第三层是功能层。面向对象层提供了描述产品数据动态变化的数学模型。在此基础上,根据 PDM 系统的管理目标,在 PDM 系统中建立相应的功能模块。一类是基本功能模块,包括文档管理、产品配置管理、工作流程管理、零件分类和检索及项目管理等;另一类是系统管理模块,包括系统管理和工作环境。系统管理主要是针对系统管理员如何维护系统,确保数据安全与正常运行的功能模块。工作环境主要保证各类不同的用户能够正常、安全、可靠地使用 PDM 系统,既要求方便、快捷,又要求安全、可靠。

第四层是用户层,包括开发工具层和界面层。不同的用户在不同的计算机上操作 PDM 系统都要提供友好的人机交互界面。根据各自的经营目标,不同企业对人机界面会有不同的要求。因此,在 PDM 系统中,通常除了提供标准的、不同硬件平台上的人机界面外,还要提供开发用户化人机界面的工具,以满足各类用户不同的特殊要求。

整个 PDM 系统和相应的关系型数据库(如 Oracle)都建立在计算机的操作系统和网络系统的平台上。同时,还有各式各样的应用软件,如 CAD、CAPP、CAM、CAE、CAT、文字处理、表格生成、图像显示和音像转换等。在计算机硬件平台上,构成了一个大型的信息管理系统,PDM 将有效地对各类信息进行合理、正确和安全的管理。

2. 产品数据管理(PDM)的功能

PDM 系统为企业提供了许多功能来管理和控制所有与产品相关的信息以及与产品相关的过程。PDM 技术的研究与应用在国外已经非常普遍。目前,全球范围商品化的 PDM 软件有上百种之多。从软件功能模块的组成来看,一般包括电子仓库和文档管理、产品结构与配置管理、工作流和过程管理、零件分类与检索管理、项目管理等功能,如图 5-9 所示。

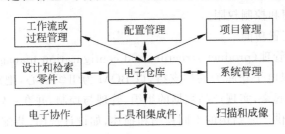

图 5-9 PDM 系统的主要功能模块

1) 电子仓库与文档管理功能

(1) 电子仓库

电子仓库(data vault,DV)是 PDM 系统中最基本、最核心的功能,是实现 PDM 系统中其他相关功能的基础。所谓电子仓库是指在 PDM 系统中实现产品数据存储与管理的元数据及其管理系统,它是连接数据库和数据使用界面的一个逻辑单元。它保存了管理数据的数据(元数据)以及指向描述产品的相关信息的物理数据和文件的指针,它为用户存取数据提供一种安全的控制机制,并允许用户透明地访问全企业的产品信息,而不用考虑用户或数据的物理位置。其主要功能可以归纳为:文件的输入和输出、按属性搜索的机制、动态浏览/导航能力、分布式文件管理和分布式仓库管理、安全机制等。

元数据是管理数据的数据,用于资料的整理、查找、存取、集成、转换和传送。元数据的内容包括指向物理数据和文件的指针、文件的操作状态和版本状态、文件的分类信息、文件的使用权限以及其他的控制管理信息等。

电子仓库主要保证数据的安全性和完整性,并支持 CheckIn/CheckOut、增删、查询等操作,它的建立和使用对用户而言是透明的。

(2) 文档管理功能

在产品的整个生命周期中与产品相关的信息多种多样,这些信息以文件或图档形式存在,统称为文档。它们主要包括产品设计任务书、设计规范、图纸(二维,三维)、技术文件、各种工艺数据文件(如工艺卡、夹具卡、工步文件、刀位文件等)、技术手册、路线原理图、使用手册、维修卡等文档。

PDM 系统中的文档管理用以取代人工方式的档案管理,使用户方便、快捷、安全地存取、维护及处理各种有关产品的文档。因此企业中的文档分类标准有多种,一般按照文档存在的状态进行划分,将其分为文本文件、数据文件、图形文件、表格文件和多媒体文件五种类型。

文档的管理与共享是以电子仓库为基础的。提供对分布式异构数据的存储、检索和管理功能,包括文档对象的浏览、查询与圈阅、文档的分类与归档、文档的版本管理、文档的安全控制等。好的 PDM 系统提供了下列确保管理性和安全性的功能:

- 多结构化管理,一个文件可以与多个项目、装配件、参考图块或零件相关联;
- 用户化界面、属性卡片以表示设计和文档的属性;
- 多种浏览树形结构的选项;
- 所有图纸和文档存储在安全而集中的保险箱中;
- 用户和用户组设计账号和使用权限;
- 生命周期管理和控制权限。

2) 产品结构与配置功能

产品结构与配置管理(product structure and configuration management)是 PDM 系统的重要组成部分,是以电子仓库为底层支持,以 BOM 为组织核心,把定义最终产品的所有工程数据和文档联系起来,实现产品数据的组织、管理与控制,并在一定目标或规则约束下,向用户或应用系统提供产品结构的不同视图和描述,如设计视图、装配视图、制造视图、计划视图等。

产品结构用来反映一个产品由哪些零部件构成以及这些零部件之间的构成关系。产品结构配置就是利用事先建立的完整产品结构,按照满足客户所需功能的要求,设计或选择零部件,把这些零部件按照它们的功能,以某种组合规则(如装配关系)和某种条件进行编组,形成一个具体的产品。其中的条件称为产品结构配置条件。产品结构和产品配置紧密相关,是对产品信息进行组织和管理的形式。只有合理、有效地组织产品结构,才能使产品配置得以顺利进行。如以生产笔为例,笔的产品结构由笔杆、笔帽和笔芯构成,如果每个组成部分有两种规格(例如不同颜色的笔杆、笔帽和笔芯),则共 6 个零件。通过产品结构配置,按照笔杆、笔帽和笔芯的装配关系和各种颜色组合的配置条件,可以产生 8 种不同的具体产品结构。

在产品设计的整个生命周期中,虽然产品结构有可能按各式各样的要求进行重新配置,但产品零部件对象仍然与那些定义它们的数据保持连接关系。红色笔杆可能与黑色笔帽和黑色笔芯配置成一个具体产品,也可能与红色笔帽和黑色笔芯配置成另一个具体产品。

产品结构与配置管理包括产品结构管理与产品配置管理两个部分。其基本功能有以下几个方面:

(1) 产品结构树的创建与修改;
(2) 产品零部件与相关信息(材料、文档、供应商等)的关联;
(3) 产品零部件的版本控制和变量定义,可选件、替换件的管理;
(4) 产品结构配置规则的定义,根据配置规则自动生成 BOM;
(5) 支持结构的查询和零部件及图文档查询;
(6) 产品结构的多视图管理;
(7) 系列化产品的结构视图管理;
(8) 支持与制造资源计划(MRPⅡ)或企业资源计划(ERP)的集成等。

3) 工作流和过程管理

工作流和过程管理(workflow & process management,WPM)是 PDM 系统中重要的基础功能之一,又称工程流程管理,它是用来定义和控制数据操作的基本过程,它主要管理当用户对数据进行操作时会发生什么,人与人之间的数据流向以及在一个项目的生命周期内跟踪所有事务和数据的活动,并对已建立的工作流程进行运行、维护,控制工作状态以及对工作历时过程进行记载,使产品数据与其相关的过程有机地结合起来。在企业中,过程管理广泛用来跟踪和控制产品的设计和修改过程,以增强产品开发过程的自动化。

工作流和过程管理主要包括面向任务或临时插入或变更的工作流管理,规则驱动的结构化工作流管理,触发器、提醒和报警管理,电子邮件接口管理,图形化工作流设计工具等。它是支持工程更改必不可少的工具。

PDM 的生命周期管理模块管理着产品数据的动态定义过程,其中包括宏观过程(产品生命周期)和各种微观过程(如图样的审批流程)。对产品生命周期的管理包括保留和跟踪产品从概念设计、产品开发、生产制造直到停止生产的整个过程中的所有历史记录,以及定义产品从一个状态转换到另一个状态时必须经过的处理步骤。管理员可以通过对产品数据的各基本处理步骤的组合来构造产品设计或更改流程,这些基本的处理步骤包括指定任务、审批和通知相关人员等。流程的构造是建立在对企业中各种业务流程的分析结果基础上的。

4) 零件的分类和检索管理

PDM 系统需要管理大量的数据。为了较好地建立、使用与维护这些数据,PDM 系统提供了快速方便的分类和检索管理功能。

一个产品或部件是由多个不同的零部件组成的,而一个零件又往往用在多个不同的产品或部件上。这就是说零件是不依赖于任何产品或部件而独立存在的,应该有自己的组织管理方式,即零件分类管理。零件的分类管理就是将全厂生产的所有零件按其设计和工艺上的相似性进行分类,形成零件族,分别加以管理。分类技术与面向对象的技术相结合,将具有相似特征的数据与过程分为一类,并赋予其一定属性和方法,使用户能够在分布式环境中高效地查询文档、数据、零件、标准件等对象。分类功能是实现快速查询的支持技术之一。

常用的分类技术有使用智能化的零件序号、成组技术、搜索/检索技术、零件建库技术。

PDM 系统的零件分类能够大幅度提高产品设计的工作效率，但是零件分类并不是 PDM 系统的最终目标。通过零件分类，能够将借助于分类方法检索到的对象直接用于产品开发各阶段，包括支持 CAD、支持工业流程规划和 NC 编程，从而显著地加快产品形成的速度。利用零件基本属性、分类结构、事物特征表和工程图纸，PDM 系统应提供以下查询方法：

（1）查询分类层次（如查询某个零件族）；
（2）查询单个特征或特征组合；
（3）查询某个具体零件的标识号；
（4）利用结构浏览器通过图形导航的分类结构进行查询；
（5）查询某个 CAD 几何图形。

PDM 系统还应支持借用查询和专用查询。借用查询（where used）可找出零部件被哪些产品利用，利用在哪些结构中。专用查询可找出该零部件最先被哪个产品应用。

5）项目管理功能

项目是研发某个产品或完成某个计划所进行的一系列活动的总称。项目管理是在项目的实施过程中对其计划、组织、人员及相关的数据进行管理与配置，对项目的运行状态进行监视，并对完成结果进行反馈。项目管理包括项目自身信息的定义、修改以及与项目相关的信息，如状态、组织等信息的管理。每个项目中的各个阶段又分成不同的状态，如工作状态、归档状态等。具体来说，应该包括项目和任务的描述、研制阶段的状态、项目成员的组成和角色的分配、研制流程、时间管理、费用管理、资源管理等。

项目管理的任务有以下几个方面，根据项目任务制订项目计划，配置资源，安排时间，组织人员，分解并分配任务以及进行项目费用成本核算等；在项目的实施过程中对其计划、组织、人员、资源及相关的数据进行管理与调度，对项目的运行过程和状态进行监控，及时发现项目实施中出现的问题并做出反应，并对其加以记录。

PDM 系统的项目管理功能是为了完成对项目进行管理的任务而设置的。为了进行项目管理，需要制定项目模型，在项目模型中对项目的任务、人员和时间安排进行描述，项目模型一般包括项目文件夹、项目组和项目时间表。

6）电子协作功能

电子协作主要实现人与 PDM 数据之间高速、实时的交互功能，包括设计审查时的在线操作、电子会议等，较为理想的电子协作技术能够无缝地与 PDM 系统一起工作，允许交互访问 PDM 对象，采用 CORBA 或 OLE 消息的发布和签署机制把 PDM 对象紧密结合起来。

7）扫描和成像功能

该模块完成把图纸或缩微胶片扫描转换成数字化图像并把它置于 PDM 系统控制管理之下，在 PDM 发展的早期，以图形重构为中心的扫描和成像系统是大多数技术数据管理系统的基础，但在目前的 PDM 系统中，这部分功能仅是 PDM 中很小的辅助性子集，而且随着计算机在企业中的推广应用，它将变得越来越不重要，因为在不久的将来，几乎所有的文档都将以数字化的形式存在。

8）系统定制与集成功能

系统定制是指 PDM 系统按照客户的要求提供对自身系统的修改、剪裁和添加功能。

PDM 系统的定制工作主要包括两个方面。

(1) 合理配置功能模块

由于 PDM 系统采用面向对象的思想,其中的各功能模块在软件结构上具有相对独立性,采用组件和插件技术构建在系统中,因此,能够按照用户的要求选择安装某些功能模块,用户暂时不需要的功能模块,可不安装。

PDM 系统提供面向对象的定制工具。定制工具提供专门的数据模型定义语言,能够实现对企业模型全方位的再定义,包括软件系统界面的修改、系统的功能扩展等。

PDM 系统涉及的大量原始信息来自不同的应用系统。为了使企业在不同计算机系统和应用系统之间进行信息交换,同时企业不同部门之间能够共享信息,PDM 系统提供完善的集成接口和工具实现应用系统与 PDM 数据库以及应用系统之间的信息集成。系统提供的集成接口包括与 CAD/CAM/CAPP 的接口、与 Office 应用程序的接口、与 nMRPⅡ 和 ERP 的集成接口等。这种集成一般采用 ODMA(开放式文档管理架构)技术实现。

(2) 外部应用系统与 PDM 集成

外部应用系统与 PDM 系统的集成有如下几种方式:

① 基于 OLE 方式集成 Windows 平台下的各种应用;

② 基于文件交换的方式集成应用系统;

③ 基于数据库集成 CAD/CAPP/CAE/CAM 等;

④ 提供 API 函数接口,以集成第三方软件产品。

当用户增添新的功能、规定新的操作方法时,需要集成工具的支持。标准的应用开发接口是其他应用系统能直接对 PDM 对象库中的对象进行操作,或者在 PDM 对象库中添加新的对象类及其对象库表。

PDM 系统的这些管理功能已得到广泛的应用。利用 PDM 这一信息传递的桥梁,可方便地进行 CAD 系统、CAPP 系统、CAM 系统、CAE 系统,以及 MRPⅡ 系统之间的信息交换和传递,实现设计、制造和经营管理部门的集成化管理。

5.2.3 产品数据管理在企业中应用

一个企业要使 PDM 在实施过程中获得成功,一方面要与具体的应用背景和企业文化紧密结合;另一方面必须有正确的实施方法和步骤。PDM 实施的一般方法和步骤模型,可归纳成 5 个阶段。

(1) 范围定义阶段。在此阶段,要明确界定 3 个范围。首先是 PDM 支持的地域范围,是面向工作小组(teamwork)、整个企业,还是跨企业、跨地区;其次是应用范围,是面向图纸管理、设计和制造的数据管理还是更广的应用领域;最后是实施的时间跨度,是一次完成,还是分阶段实施。

(2) 数据分析与收集阶段。这一阶段要求分析清楚与 PDM 实施相关的四方面内容,即人员(people)、数据(data)、活动(activities)与基础设施(infrastructure)。首先要明确人员的组织关系及其履行的职责,明确活动的过程及过程的数据支持和人员配备,以及过程产生的数据。其次是要定义清楚管理的数据对象的组织结构。最后要明确企业现有的信息基础设施(如硬件、软件和通信工具)情况能否满足 PDM 实施时的要求。

(3) 信息建模阶段。这一阶段以上面分析与收集到的数据为基础,建立相应的过程模型、数据模型与用户接口,作为 PDM 实施系统的详细设计。

(4) 开发、实施阶段。这一阶段是将上面定义的详细设计内容映射到具体选择的 PDM 软件工具中,使过程模型、数据模型和用户接口在 PDM 中得以实现。在这一阶段还要求完成 PDM 软件与 CAD/CAM 工具、MRP 工具等应用的集成,并要求给出全面的测试,以验证是否满足用户的要求。

(5) 用户适应、调整阶段。这一阶段是整个实施的最后一个阶段,也是最重要、最容易被忽视的阶段。尽管过程模型、数据模型在 PDM 中得以实现,但电子仓库中是空的,无法支持过程的运行。所以,首先要把相关的数据通过手工或别的手段装入电子仓库中,并着手培训相关的人员,特别是多功能协作队伍的培训,保证他们在 PDM 环境中能运作起来,并通过他们带动其他人员熟悉新环境的工作方式;其次,通过运作发现问题,得到反馈信息,在原来的基础上重新调整原设计,循环反复,最终达到用户的要求,并根据企业的需要和 PDM 功能的许可,不断加入新的内容。

5.3 产品全生命周期管理

20 世纪 90 年代中后期,企业生产经营的全球化和电子商务的兴起,对 PDM 技术的发展产生深刻影响。它要求分布在异地的团队成员之间能实时、同步地开展工作。企业的业务模式也发生改变,为实现利润的最大化,企业开始关注自身的核心业务,将非核心的业务外包出去。于是,企业开始关注产品全生命周期的信息集成问题,PDM 开始走向支持产品协同开发和提供产品全生命周期管理的发展阶段,产品全生命周期管理(PLM)应运而生。

PLM 不仅是技术措施,而且是一种可持续发展的经营战略,通过经营观念的转变,借助管理工具软件形成一系列业务解决方案,促使产品研发和业务过程的创新和全面改进。

5.3.1 产品全生命周期管理的定义

推动 PLM 发展的主要因素有:①网络及信息技术的支持。通过网络可以实现产品生命周期各种数据信息的交换、管理和集成,为 PLM 思想的实现创造了条件。②全球化的市场竞争。在这种背景下,产品开发速度和成本是企业竞争的主要因素,PLM 对缩短开发周期、降低成本具有重要价值。③用户个性化需求。个性化需求要求企业具有强大的产品研发手段,以便更灵活地应付市场变化,PLM 通过信息的高效管理和集成可以提高企业的敏捷性。

20 世纪 90 年代末具有代表性的 PLM 思想包括:协同产品商务(collaborative product commerce,CPC)、协同产品定义管理(collaborative product definition management,CPDM)和产品全生命周期管理(PLM)等,软件系统包括 PTC 公司的 Windchill、EDS 公司(现 Siemens PLM Software 公司)的 Teamcenter、Matrixone 公司(现 Dassault Systems 公司)的 eMatrix 和 SAP 公司的 mySAP 等。它们全部是对 PDM 的扩展,目的都是为实现企业内部和企业之间的信息集成和业务协同,使企业在产品创新、研发速度和质量方面赢得竞争优势。

PDM 建立在网络和 CAD/CAE/CAPP/CAM/PDM 技术的基础上,它面向制造企业,可以为包括需求分析、设计、采购、生产、销售、售后服务直至报废在内的产品全生命数据进行有效管理,建立起生命各阶段数据、过程、资源分配、工具等信息以及上述信息之间的有机联系。无论使用者在产品的商品化过程中担任何种角色、使用什么工具或身处何地,都可以同步共享和使用产品数据。

PLM 仍处于快速发展的过程中,尚没有统一、权威和公认的定义。为深入地理解 PLM,下面给出几种有代表性的观点。

1. CIMdata 的观点

PLM 是企业信息化的商业战略。它实施一整套的业务解决方案,把人员、过程和信息有效地集成在一起,作用于整个企业,遍历产品从概念到报废的全生命周期,支持与产品相关的协作研发、管理、分发和使用产品定义信息。

CIMdata 的 PLM 模型是在传统的 PDM 基础上增加过程管理(program management)。CIMdata 认为,任何工业企业的产品生命周期都是由三个交织在一起的基本生命周期组成:产品定义的生命周期、产品生产的生命周期和运作支持的生命周期。

2. Aberdeen 的观点

PLM 覆盖了产品从诞生到消亡的产品生命全过程,是一个开放的、互操作的、完整的应用方案。

建设这样一个企业信息化环境的关键是要有一个记录所有产品信息的系统化中心产品数据知识库。这个数据库用来保护数据,实现基于任务的访问并作为一个协作平台来共享应用、数据,实现贯穿全企业、跨越所有防火墙的数据访问。PLM 的作用可以覆盖到一个产品从概念设计、制造、使用直到报废的每一个环节。

3. Collaborative Visions 的观点

PLM 是一种商业 IT 战略,它专注于解决与企业新产品开发和交付相关的重要问题。PLM 充分利用跨越供应链的产品智力资产以实现产品创新的最优化,改善产品研发速度和敏捷性,增强产品客户化能力,以最大限度地满足客户的需求。

PLM 是企业信息化的核心,它强调可持续发展的战略思想,支持连续创新和充分利用企业的智力资产。企业 PLM 的组织和实施要围绕以下 6 种需求来构造:①调整(alignment)——平衡企业在信息化建设中的投入、增加对 PLM 的投资;②协同(collaboration)——与业务伙伴交换见解、想法和知识,而不仅仅是产品 CAD 数据;③技术(technology)——获取新的技术以建立智力资产系统;④创新(innovation)——开发客户驱动的、能克敌制胜的创新产品;⑤机会(opportunity)——跨学科的集成,寻找产品新生命周期的机会;⑥智力资产(intellectual property)——将产品知识作为企业的战略财富加以对待和充分利用。

4. AMR 的观点

PLM 是一种技术管理战略,它将跨越不同业务流程和用户群的单点应用集成起来,并使用流程建模工具、可视化工具或其他协作技术整合已有的系统。AMR 将 PLM 分为 4 个部分:①产品数据管理(PDM)——作为中心数据仓库保存着产品的所有信息,并提供企业研发、生产相关的物料管理；②协同产品设计（collaborative product design,CPD)——利用 CAD/CAE/CAM 及相关软件,技术人员以协同方式从事产品研发；③产品组合管理(product portfolio management,PPM)——提供相关工具,为管理产品组合提供决策支持；④客户需求管理(customer needs management,CNM)——获取销售数据和市场反馈,并将之集成到产品设计和研发过程中。

5. EDS 的观点

在战略上,PLM 是一个以产品为核心的商业战略,它应用一系列的商业解决方案（如协同化等）支持产品定义信息的生成、管理、分发和使用,在地域上横跨整个企业和供应链,在时间上覆盖从概念阶段到产品使用报废的全生命周期。

在数据方面,PLM 包括完整的产品定义信息,包括所有机械的、电子的产品数据和软件、文件等信息。在技术上,PLM 结合了一整套技术和方法（如产品数据管理、协同产品商务、仿真、企业应用集成、零部件供应等）,它沟通了产品定义供应链上所有的原始设备制造商(original equipment manufacturer,OEM)、转包商、外协厂商、合作伙伴和客户。在业务上,PLM 能够开拓潜在业务并且能够整合现在的、未来的技术和方法,以便高效地把创新和盈利的产品推向市场。

自 PLM 的概念被提出以来,迅速成为全球制造业关注的焦点。国际知名的制造企业和软件公司纷纷采取行动。例如：IBM 公司、MSC、Software 公司和 Dassault Systems 公司合作,提供产品生命周期管理的支持与服务；SDRC 公司推出协同产品管理策略；EDS 公司提供面向 PLM 的全面解决方案；PTC 公司提出基于 Windchill 的 CPC 解决方案；Teamcenter 提出基于 W-native 环境的可视化和协同解决方案。

其中,CPC 从供应商、合作伙伴、分销商和客户等角度,强调横向产品研发的沟通与协作,涵盖了产品全生命周期的概念；PLM 则是从规划、概念、设计、制造、销售和服务等纵向产品周期的角度考虑各环境之间的协调。两者的核心都是 PDM,都强调产品开发中的协作,出发点都是为了实现企业内部和企业之间的信息集成和业务协同,使企业在产品创新和推向市场的速度等方面获得优势。

根据 Aberdeen 公司提供的数据,企业在全面实施 PLM 后,可以节省 5%～10% 的直接材料成本,库存流转率提高 20%～40%,开发成本降低 10%～20%,产品开发周期缩短 15%～50%,生产率提高 25%～60%。PLM 成为提升制造企业竞争力的重要支撑技术。

5.3.2 产品全生命周期管理的体系结构和功能

根据企业实践及目前 PLM 的解决方案,可以认为,面向互联网环境的基于构件容器的计算机平台是 PLM 普遍采用的体系结构,PLM 系统包含的典型功能集合和系统层次划分如图 5-10 所示。

通信层和对象层的作用是为 PLM 系统提供一个在网络环境下的面向对象的分布式计算基础环境。

中间三层是本项目产品开发的主要内容。其中,基础层为核心层和应用层提供公共的基础服务,包括数据、模型、协同和生命周期等服务；核心层提供对数据和过程的基本操作功

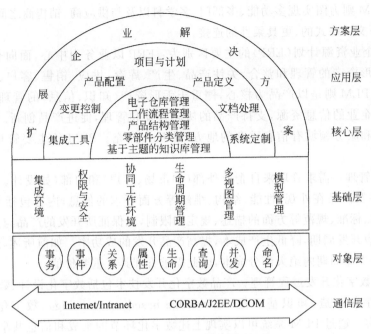

图 5-10 PLM 典型体系结构图

能,如存储、获取、分类和管理等基本功能接口;应用层是主要针对产品全生命周期管理的特定需要而开发的一组应用功能集合;最终方案层支持扩展企业构建与特定产品需求相关的解决方案。

PLM 是数字化开发技术不断成熟和相关思想演变的必然结果,它与 PDM 技术有着不可分割的联系。图 5-11 简要显示了产品生命周期与 PDM、PLM 之间的关系。

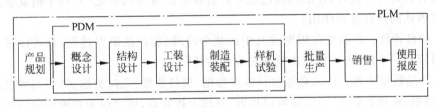

图 5-11 产品生命周期与 PDM、PLM 的关系

从图 5-11 中可以看出,PDM 与 PLM 之间存在如下关系:

(1) PDM 主要管理从产品管理设计到样机试验阶段的产品数据信息,而 PLM 涵盖从产品规划、设计、制造、使用、报废乃至回收的全部过程,并向前延伸至客户需求管理(CNM)和供应链管理(SCM)、向后延伸至客户关系管理(CRM),形成供应链的产品全生命周期所有信息的管理。在功能上 PDM 是 PLM 的一个子集,也是 PLM 的核心内容。

(2) PDM 注重产品开发阶段的数据管理,PLM 关注产品全生命周期的数据的管理。

(3) PDM 侧重于企业内部和产品数据管理,PLM 则强调对支持产品全生命周期的企业内部以及跨越企业的资源信息的管理及应用。

(4) PDM 是以文档为中心的研发流程管理,主要通过建立文档之间刚性的、单纯的连接来实现；PLM则力图实现多功能、多部门、多学科以及与供应商、销售商之间的协同工作，需要提供上下文关联式的、更具柔性的连接。

PLM与企业资源计划(ERP)的主要区别为：ERP以业务为中心，面向企业的物质资源，注重对有形资产的管理和整合，关注产品、生产、库存、供应、销售、客户、财务、人力资源等环节，而PLM则是以产品为核心，侧重于无形资产(知识、信息)的管理，跨越企业和供应链，利用企业的信息资源，支持产品的协同开发和管理，促进产品创新。PLM与ERP在生产、销售和服务领域有信息重合的地方，并互为补充。PLM的主要管理功能包括以下几种。

(1) 需求管理。需求管理来自企业外部(如市场、客户)和内部(如设计、工艺、制造、生产调度等)，涉及产品在外观、性能、结构、维修等方面要求的信息，内容包括对产品性能参数、结构、成本、标准、规范等方面的描述、规定和限制，以保证所开发的产品与实际需求相一致，有效地缩短开发周期，降低生产成本，提高产品开发的成功率。如前所述，产品设计阶段决定了产品全生命周期内绝大部分成本，因此需求管理具有重要价值。

(2) 产品数字化开发过程管理。产品数字化开发技术包括数字化设计、数字化仿真、数字化装配、数字化制造、知识基工程(knowledge based engineering)、数字化工厂(digital factory)等内容。通过PLM系统可以实现上述数字化环节的集成和信息共享，提高数字化开发的效益。此外，PLM还可以对制造工艺、资源、生产计划与调度等制造过程进行管理，以实现制造过程的全局协同和优化。

(3) 质量管理。质量是产品性能的综合评价。质量的定义与产品类型、用户的消费观念、社会环境、技术等因素有关，是动态的和时变的。质量管理贯穿于产品的整个生命周期。

(4) 产品回收管理。从环境保护、资源再生利用和可持续发展等角度，对产品的回收过程进行监督和管理。此外，产品回收已成为售后服务的重要内容之一，对于树立企业形象、获得消费者认同具有重要作用。

(5) 项目管理。产品生命周期或其中的某个阶段(如产品研发过程)都可以视为项目。采用项目管理的手段，可以保质保量地完成产品开发。

(6) 产品数据管理。产品数据包括需求数据、项目数据、几何数据、供应商数据、过程数据、变更数据、资源数据等。PLM可以提取、处理上述数据，使之成为有价值的信息。

(7) 价值链管理。传统的价值链概念着眼于用单个企业的观点来分析企业的价值活动，关注产品从原材料采购到最终产品的所有过程和活动。随着IT技术的发展以及数字化时代的到来，传统的价值链概念得到了扩展，新的价值链概念不仅包括由增加价值的成员构成的链环，而且还包括由虚拟企业构成的网络，称为价值网。

(8) 配置管理。使用各种动态、交互、协作性和可视化工具，帮助制造企业实现"依单设计"的产品需求。

(9) 工作流管理。提供灵活的过程管理构架，支持用户建立、控制和管理自身的业务流程，提高产品开发的效率和效益。

PLM为数字化产品开发提供的一种管理思想和可行的解决方案，能否真正发挥PLM系统的功能还取决于多方面的因素，如领导的重视程度、企业的信息化水平、员工素质以及企业内SCM、ERP、CRM等系统的集成度等。

用友PLM

5.3.3 产品全生命周期管理的发展趋势

PLM 的研究正在从基本概念、体系扩展到面向企业生命周期整体解决方案的技术和实施方法上，希望为企业提供支持产品全生命周期协同运作的支撑环境和功能、提供标准化的实现技术和实施方法。因此，与整体解决方案相关的技术和应用，将成为 PLM 的研究重点，主要包括企业基础信息框架、统一产品模型、单一产品数据源、基于 Web 的产品入口，以及标准与规范体系。

（1）企业基础信息框架。成功的 PLM 实施依赖于健全和可互操作的 IT 信息基础结构。目前，新出现的 J2EE、XML 和 NET 等框架，虽然功能非常强大，但它们并不能保证与企业现有 IT 系统很好地交互。因此，如何利用集成技术，将企业现有的 IT 系统集成到一个统一框架中，是 PLM 实施中的一个关键问题。PLM 基础信息框架将成为今后实施中的核心工作。今后的 PLM 解决方案将建立在崭新的、开放的 Web 服务标准之上，为制造企业在一个集成的框架中优化它们的产品生命周期提供了一个极为灵活的基础信息环境。

（2）统一产品模型。PLM 平台需要能够定义和管理产品生命周期中不同的产品数据及相关的过程和资源，并能够抽取和管理这些不同数据之间的关系，利用这些关系自动地在不同产品数据之间建立关联。因此，PLM 系统需要建立一个统一产品模型，用来存储生命周期所有阶段的产品、过程和资源的开发知识。该模型应是一个统一的、开放的对象模型，连接产品不同生命周期阶段的数据、过程、软硬件系统和组织等企业资源，支持动态的基于知识的产品信息创建和决策支持，优化产品定义、制造准备、生产和服务。它也可以说是一个电子仓库，为应用提供通用的建模功能和数据模型，实际上是为产品定义、制造过程和制造资源提供了一个联结，确保了全生命周期产品定义、过程和资源的一致性。

（3）单一数据源。PLM 对产品开发的关键价值在于：它必须建立一个存放所有与产品有关的数据和知识的唯一数据库，无论历史经验还是新信息都可在产品生命周期中得到。PLM 的内部机制可以保证所有信息均可被捕捉，以供现在和未来产品设计改进的需要，并可在整个产品价值链共享。所有产品数据的单一数据源，可减少或消除产品设计中的错误，包含过时的工程图纸、设计规格和产品资料，信息维护将得到简化。同时，产品单一数据源的建立，也可以解决分布式、异构产品数据之间的一致性和全局共享问题，实现了产品研制全生命周期的数据存储和管理。

（4）基于 Web 的产品入口。PLM 为企业提供了一个统一的产品研发平台。但企业用户必须通过一个入口来获得产品的相关数据、应用程序和相关的服务。基于 Web 的产品入口为 PLM 系统提供了一个门户，使所有参与设计的人员通过浏览器就可以获得所需的设计文档与信息，共同完成某产品的开发设计。产品入口可根据不同的用户需求，实时地提供个性化的信息服务。企业的员工、企业的最终用户和合作伙伴等，都可以跨越时空的限制，参与到企业产品研发设计的各个环节中来。

（5）PLM 标准和规范体系。PLM 必须建立起支持信息共享、交换、通信和集成的规范与标准。根据 PLM 研究体系，PLM 系统需要从以下方面建立其标准和规范体系，它们是系统管理、资源管理、资源使用、运行控制、流程管理、操作协议、本体协议和数据标准。在 PLM 具体实施时，可以根据实际情况选择已有的标准来构建 PLM 标准体系，如采用 STEP

作为数据标准、采用 WFMC 作为流程管理标准、OMG 的对象规范和 W3C 的互联网标准作为运行控制和操作标准等。

本章小结

  本章介绍了现代生产管理信息系统的产生和发展过程,从物料需求计划(MRP)、闭环 MRP 开始,逐步深入介绍了制造资源计划(MRP)、企业资源计划(ERP)、产品数据管理(PDM)、以及产品全生命周期管理(PLM)的概念、特征和功能结构等。

  现代生产管理信息系统是以计算机为手段,对各种生产管理信息通过数据共享,把企业内的各个环节相连接起来,提高企业管理效能,支持企业的经营决策过程,降低运作成本,快速响应客户需求,增强企业的市场竞争力。

思考题及习题

  1. 叙述 MRP、闭环 MRP、MRP Ⅱ、ERP 的结构组成、工作原理,以及它们之间的区别。

  2. 简述 ERP 技术内涵,分析 MRP Ⅱ 及 ERP 的功能特点及应用领域。

  3. 什么是产品数据管理(PDM)? 它的结构体系和功能是什么?

  4. 分析 PDM 的体系结构及其主要功能。指出 PDM 如何实现 CAD、CAPP、CAM 的应用集成?

  5. 什么是产品全生命周期管理(PLM)? 它的产生背景是什么?

  6. 简述 PLM 有哪些基本功能,说明 PDM 与 PLM 之间的区别和联系。

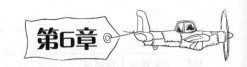

第6章 先进制造战略、理念与模式

20世纪80年代以来,随着市场全球化、经济一体化进程的加快,制造业的竞争越来越激烈。为了提高企业的核心竞争力,相应的制造理念和制造模式也在不断创新,先后出现了一系列先进制造模式,如智能制造、计算机集成制造、虚拟制造、敏捷制造、网络制造、云制造等。面对今天的新形势、新格局,现代制造理念和模式也正朝着更广、更深、更智能化的方向发展。

6.1 制造领域竞争战略与发展

6.1.1 制造领域竞争战略的演变

大量生产方式的困境,使制造企业将价值取向转移到产品市场和顾客,将制造战略重点转移到质量和时间。然而为实施这一转变,人们经历了一个曲折的学习过程。开始人们仍沿袭传统思路,期望依靠制造技术的改进来解决问题。具体地讲就是抓住电子计算机的普及应用所提供的有利契机,以单项的先进制造技术,如计算机辅助设计(CAD)、计算机辅助制造(CAM)、计算机辅助工艺规程设计(CAPP)、制造资源规划(MRP)、成组技术(GT)、并行工程(CE)、柔性制造系统(FMS)等,以及全面质量管理(TQC)作为工具与手段,来全面提高产品质量和赢得供货时间。单项先进制造技术和全面质量管理的应用确实取得了很大成效,但在响应市场的灵活性方面并没有实质性的改观,且巨额投资和实际效果形成了强烈的反差,其中以国外应用柔性制造系统的教训最为深刻。至此,人们才意识到问题不是出在具体制造技术和管理方法本身,而是因为我们仍在大量生产方式的旧框架之中解决问题。

从人类生活质量提高的历程来看,最初受低收入的制约,人们总是先考虑产品能否买得起,当收入增加到一定程度时,才将产品质量放在第一位。现代人认为便利和时间能为自己带来更大的效用,因而时间成为人们主要追求的目标。制造战略的重点是沿着"成本—质量—时间"这样的轨迹转移着。时间一直是制造生产中的一个重要因素,但它从来没有像今天这样被人们所看重。这一方面是市场激烈竞争的结果,另一方面也反映了现代社会生活的快节奏以及人们对时间效用的新理解。时间作为新的制造战略重点,已被学者和企业家们所公认,他们也在实践中做出了多种努力。

表6-1展示了这种制造战略重点的转移。要实现面向顾客的、基于时间的制造战略,就必须采用全新的制造生产方式,突破金字塔式的各层组织结构的束缚。先进制造生产方式正是在对大量生产方式的质疑、反思和扬弃中应运而生的。

表 6-1 制造业战略

顾客	对产品的要求	制造企业对策	制造战略重点	相应制造方式（或技术）
买得起	价格低	降低成本	成本	大量生产
愿意买	质量好	提高质量和广告宣传	质量	全面质量管理、先进制造技术、准时制生产、柔性制造系统等
能买到	交易便利、多样化、个性化	迅速提供	时间	柔性的生产和智能制造、精益生产、敏捷制造等

6.1.2 制造理念和模式的发展

由于制造战略不断变化，制造理念和模式也随之不断创新。图 6-1 给出了制造理念和模式的发展概貌。

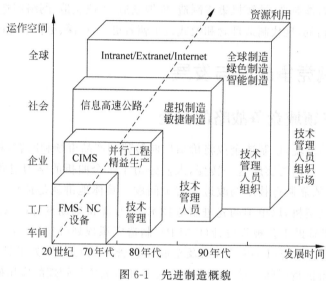

图 6-1 先进制造概貌

从图 6-1 中可以看出：

（1）运作空间不断扩大：从设备到车间，从企业内部到企业外部，从本地区到全球。它表明资源优化配置和开发利用的空间范围越来越大，越来越合理，越来越经济。

（2）资源开发利用越来越广：由设备到技术，由管理到市场，由组织到人员，涉及的领域越来越广，各自的内涵也越来越深刻。它表明资源开发利用的广度和深度不断增加，制造系统的柔性范围越来越宽。

（3）信息技术是支撑技术：制造理念和模式的多维扩展，是在现代信息技术的基础上实现的，特别是因特网的发明改变了世界格局，同时使制造系统的发展进入新纪元。

（4）制造理念和模式的发展永无止境：随着社会经济的新发展，制造理念和制造系统正向着更广、更深、更加智能化的方向发展。

6.2 先进制造模式

6.2.1 精益生产

1. 精益生产提出的背景

20世纪初,从美国福特汽车公司创立第一条汽车生产流水线开始,大规模的生产流水线一直是现代工业生产的主要特征。这种大量生产(mass production)方式的出现对当时的制造业带来了根本性变革,并且帮助美国战胜了当年工业最发达的欧洲,成为世界第一大工业强国。这一生产方式所带来的绩效和优势在第二次世界大战中也有所体现。在随后的数十年间,数控、机器人、可编程序控制器、自动物料搬运器、工厂局域网等先进制造技术和系统也得到了迅速发展,但它们只是着眼于提高制造的效率,减少生产准备时间,却忽略了增加的库存可能带来的成本增加。当时日本丰田汽车公司副总裁大野耐一先生开始注意到制造过程中的浪费是造成生产率低下和增加成本的根结,他从美国的超级市场运作受到启迪,形成了看板系统的构想。在1953年,丰田公司先通过一个车间看板系统的试验,不断加以改进,逐步进行推广,历经10年的努力,发展为准时生产制(just in time, JIT)。同时又在该公司早期发明的自动断丝检测装置的启示下,研制出自动故障报警系统,加之全面质量管理从而形成了丰田生产系统。进而先在公司范围内实现,然后又推广到其协作厂、供应商、代理商,以及汽车以外的各个行业,全面实现丰田生产系统。从20世纪50年代到70年代,丰田公司以这种独特的生产方式取得了显著的成就。

1973年的石油危机,给日本的汽车工业带来了前所未有的发展机遇,同时也将整个西方经济带入了黑暗的缓慢增长期。而与此同时,社会进入了一个市场需求向多样化发展的新阶段,相应地要求工业生产向多品种、小批量的方向发展,单品种、大批量的流水生产方式的弱点就日渐明显了。日本丰田汽车公司为了适应市场环境的变化,改善大批量生产的效益,一种在多品种、小批量混合生产条件下实现高质量、低消耗的生产方式在不断实践中被摸索创造出来了,与此同时,丰田公司的业绩开始上升,与其他汽车制造企业的距离越来越大,这种生产方式开始真正为世人瞩目。

为了解开日本汽车工业成功之谜,1985年美国麻省理工学院筹集500万美元,确定了一个名为"国际汽车研究计划(IMVP)"的研究项目。该项目历经5年,最后于1990年出版了《改变世界的机器》一书,第一次把丰田生产方式定名为 lean production(简称LP),即精益生产方式。该研究成果立即引起汽车业内的轰动,是继大量生产方式之后人类现代生产方式的第3个里程碑,也被人称为"改变世界的机器"。

2. 精益生产的含义

詹姆斯在《改变世界的机器》一书中,并未给精益生产一个确切定义,只认为精益生产基于4条原则:消除一切浪费;完美质量和零缺陷;柔性生产系统;生产不断改进。

相比于大量生产方式,精益生产的精髓是没有冗余,精打细算。精益生产要求生产线上没有一个多余的工人,没有一样多余的物品,没有一点多余的时间;岗位设置必须是增值的,不增值的岗位一律撤除;工人应是多面手,可以互相顶替。由此可见,其中的"精"表示精良、准确;"益"表示利益、效益。概要地说,精益生产就是及时制造,消灭故障,消除一切浪费,向零缺陷、零库存进军。从严格的意义上来说,精益生产方式是指运用多种现代管理方法和手段,以社会需求为依据,以充分发挥人的作用为根本,有效配置和合理使用企业资源,最大限度地为企业谋求经济效益的一种新型生产方式。

3. 精益生产的特征

在《改变世界的机器》一书中,精益生产的归纳者们从5个方面论述了精益生产企业的特征。这5个方面是:工厂组织、产品设计、供货环节、顾客和企业管理。归纳起来,精益生产的主要特征为:对外以用户为"上帝",对内以"人"为中心,在组织机构上以"精简"为手段,在工作方法上采用"team work"和"并行设计",在供货方式上采用"JIT"方式,在最终目标方面为"零缺陷"。

1) 以用户为"上帝"

产品面向用户,与用户保持密切联系,将用户纳入产品开发过程,以多变的产品,尽可能短的交货期来满足用户的需求,真正体现用户是"上帝"的精神。不仅要向用户提供周到的服务,而且要洞悉用户的想法和要求,才能生产出适销对路的产品。产品的适销性、适宜的价格、优良的质量、快的交货速度、优质的服务是面向用户的基本内容。

2) 以"人"为中心

人是企业一切活动的主体,应该以人为中心,大力推行独立自主的小组化工作方式。充分发挥一线职工的积极性和创造性,使他们积极为改进产品的质量献计献策,使一线工人真正成为"零缺陷"生产的主力军。为此,企业对职工进行爱厂如家的教育,并从制度上保证职工的利益与企业的利益挂钩。应下放部分权力,使人人有权、有责任、有义务随时解决碰到的问题。还要满足人们学习新知识和实现自我价值的愿望,形成独特的、具有竞争意识的企业文化。

3) 以"精简"为手段

在组织机构方面实行精简化,去掉一切多余的环节和人员。实现纵向减少层次、横向打破部门壁垒,将层次细分工,管理模式转化为分布式平行网络的管理结构。在生产过程中,采用先进的柔性加工设备,减少非直接生产工人的数量,使每个工人都真正对产品实现增值。另外,采用JIT和看板方式管理物流,大幅度减少甚至实现零库存,也减少了库存管理人员、设备和场所。此外,精益不仅仅是指减少生产过程的复杂性,还包括在减少产品复杂性的同时,提供多样化的产品。

4) Team work 和并行设计

精益生产强调 team work 工作方式进行产品的并行设计。Team work(综合工作组)是指由企业各部门专业人员组成的多功能设计组,对产品的开发和生产具有很强的指导和集成能力。综合工作组全面负责一个产品型号的开发和生产,包括产品设计、工艺设计、编制预算、材料购置、生产准备及投产等工作,并根据实际情况调整原有的设计和计划。综合工作组是企业集成各方面人才的一种组织形式。

5) JIT 供货方式

JIT 供货方式可以保证最小的库存和最少在制品数。为了实现这种供货方式,应与供货商建立起良好的合作关系,相互信任,相互支持,利益共沾。

6)"零缺陷"工作目标

精益生产所追求的目标不是"尽可能好一些",而是"零缺陷",即最低的成本、最好的质量、无废品、零库存与产品的多样性。当然,这样的境界只是一种理想境界,但应无止境地去追求这一目标,才会使企业永远保持进步,永远走在他人的前头。

4. 精益生产的原则

Womack 和 Jones 在《精益思想》一书中,将由丰田开创的精益生产方式总结出 5 个基本原则,成为所有踏上精益道路的组织不厌其烦地理解和遵循的基本原则。

1) 价值

精益价值观认为,企业产品或服务的价值只能由最终客户来确定,以客户的观点来确定企业从设计、生产到交付的全部过程的正确的价值,实现客户需求的最大满足,价值只有满足客户需求才有存在的意义。

以客户为中心的价值观来审视企业的产品设计、制造过程、服务项目就会发现太多的浪费。当然,消灭这些浪费的直接受益者既是客户也是商家。

2) 价值流(value stream mapping)

精益思想将所有业务过程中消耗了资源而不增值的活动叫作浪费。价值流是指从原材料转变为成品,并给它赋予价值的全部活动。这些活动包括:从概念到设计和工程、到投产的技术过程,从订单处理、到计划、到送货的信息过程和从原材料到产品的物质转换过程,以及产品全生命周期的支持和服务过程。按照最终用户的观点全面地考察价值流、寻求全过程的整体最佳,特别是推敲部门之间交接的过程,往往存在着更多的浪费。

精益思想识别价值流的含义是在价值流中找到哪些是真正增值的活动、哪些是可以立即去掉的不增值活动。价值流分析成为实施精益思想最重要的工具。

3) 流动(flow)

如果正确地确定价值是精益思想的基本观点,识别价值流是精益思想的准备和入门的话,"流动(flow)"和"拉动(pull)"则是精益思想实现价值的核心。精益思想要求创造价值的各个活动(步骤)流动起来,强调的是不间断地"流动"。

"价值流"本身的含义就是"动",但是由于根深蒂固的传统观念和做法,如部门的分工(部门间交接和转移时的等待)、大批量生产(机床旁边等待的在制品)等阻断了本应动起来的价值流。精益将所有的停滞作为企业的浪费,号召"所有的人都必须和部门化的、批量生产的思想做斗争",用持续改进、JIT、单件流(one-piece flow)等方法在任何批量生产条件下创造价值的连续流动。

4) 拉动(pull)

"拉动"就是按客户的需求投入和产出,使用户精确地在他们需要的时间得到需要的东西。拉动原则更深远的意义在于企业具备了当用户一旦需要,就能立即进行设计、计划和制造出用户真正需要的产品,最后实现抛开预测,直接按用户的实际需要进行生产。

实现拉动的方法是实行 JIT 生产和单件流。当然,JIT 和单件流的实现最好采用单元布置,对原有的制造流程做深刻的改造。流动和拉动将使产品开发时间减少约 50%、订货周期减少约 75%、生产周期降低约 90%,这对传统的改进来说简直是个奇迹。

5) 尽善尽美(perfection)

奇迹的出现是由于上述4个原则相互作用的结果。改进的结果必然是价值流动速度显著的加快。这样就必须不断地用价值流分析方法找出更隐藏的浪费,做进一步的改进。这样的良性循环成为趋于尽善尽美的过程。近来Womack又反复地阐述了精益制造的目标是:"通过尽善尽美的价值创造过程(包括设计、制造和对产品或服务整个生命周期的支持)为用户提供尽善尽美的价值"。"尽善尽美"是永远达不到的,但持续地对尽善尽美的追求,将造就一个永远充满活力、不断进步的企业。

5. 精益生产的目标

精益生产采用灵活的生产组织形式,根据市场需求变化及时快速地调整生产,依靠严密细致的管理,通过彻底排除浪费,防止过量生产,提高市场的反应能力,使企业以最少的投入获取最佳的运行效益。精益生产的目标就是在持续不断地为客户提供满意产品的同时,追求利润最大化,表现为如下具体目标。

(1)"零"转产工时。通过多品种混流生产,将加工序的品种切换与装配线的转产时间下降为"零"。

(2)"零"库存。将供应、加工和装配之间的物料实现流水化的连接,消除中间库存,将企业库存水平下降为"零"。然而,由于受到不确定供应、不确定需求和生产连续性等因素制约,企业库存不可能真正为零,通过"零"库存目标以最大限度减少库存的浪费。

(3)"零"浪费。通过全面实施生产成本控制消除多余制造、搬运、等待等不同形式的浪费,以实现生产过程"零"浪费。

(4)"零"缺陷。产品缺陷不是检查出来的,而应在缺陷产生的源头就消除它,通过建立缺陷预防观念和"零"缺陷质量体系,以实现产品"零"缺陷。

(5)"零"故障。排查故障产生原因,消除故障产生根源,提高设备运转率,实现设备"零"运行故障。

(6)"零"停滞。采用先进制造技术,提高企业管理水平,最大限度压缩前置时间,实现生产过程的"零"停滞。

(7)"零"灾害。始终将安全生产放在首位,对人、设备、厂房实行全面预防检查制度,实现"零"灾害现象发生。

6. 精益生产的体系结构

精益生产的核心内容是准时制生产方式。如前所述,该种方式可通过看板管理,成功地制止过量生产,实现"在必要的时刻生产必要数量的必要产品",从而彻底消除产品制造过程中的浪费,以及由之衍生出来的种种间接浪费,实现生产过程的合理性、高效性和灵活性。JIT是一个完整的技术综合体,包括经营理念、生产组织、物流控制、质量管理、成本控制、库存管理、现场管理等在内的较为完整的生产管理技术与方法体系。图6-2为丰田准时化生产方式的技术体系结构。

如果把精益生产体系看作一幢大厦,它的基础就是在计算机网络支持下的、以小组方式工作的并行工作方式。在此基础上的三根支柱就是:

(1)全面质量管理,它是保证产品质量,达到零缺陷目标的主要措施;

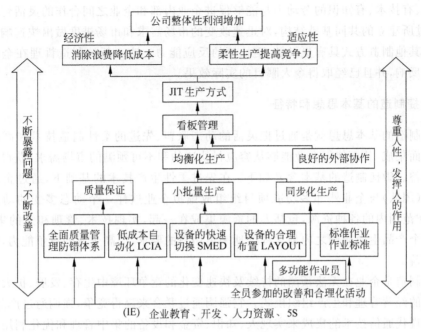

图 6-2　丰田准时化生产方式的技术体系结构

（2）准时生产和零库存，它是缩短生产周期和降低生产成本的主要方法；

（3）成组技术，这是实现多品种、按顾客订单组织生产、扩大批量、降低成本的技术基础。

如图 6-3 所示，这幢大厦的屋顶就是精益生产体系。它强调以社会需求为驱动，以人为中心，主张消除一切不产生附加价值的活动和资源，从系统观点出发将企业中所有的功能合理地加以组合，以利用最少的资源、最低的成本向顾客提供高质量的产品服务，使企业获得最大利润和最佳应变能力。

图 6-3　精益生产体系结构

6.2.2　敏捷制造

1. 敏捷制造的背景

20 世纪七八十年代，美国由于政策导向失误，使制造业众多产品在世界市场所占份额不断下降，美国在制造领域的霸主地位逐渐丧失。为了恢复美国制造业在世界上的领导地位，20 世纪 80 年代末美国国会指示国防部拟订一个制造技术发展规划，要求同时体现美国国防工业与民用工业的共同利益，并要求加强政府、工业界和学术界的合作。在此背景下，美国国防部委托 Lehigh 大学与 GM 等大公司一起研究制定一个振兴美国制造业的长期发展战略，最终于 1991 年完成了"21 世纪制造业发展战略"报告。在此报告中提出了"敏捷制造（agile manufacturing，AM）"的概念。

敏捷制造是在具有创新精神的组织和管理结构、先进制造技术（以信息技术和柔性智能技术为主导）、有技术、有知识的管理人员三大类资源支柱支撑下得以实施的，也就是将柔性生产技术、有技术、有知识的劳动力与能够促进企业内部和企业之间合作的灵活管理集中在一起,通过所建立的共同基础结构,对迅速改变的市场需求和市场进度做出快速响应。敏捷制造比起其他制造方式具有更灵敏、更快捷的反应能力。这一新的制造哲理在全世界产生了巨大的反响,并且已经取得令人瞩目的实际效果。

2. 敏捷制造的基本思想和特征

敏捷制造的基本思想就是通过把灵活的动态联盟、先进的柔性制造技术和高素质的人员进行全面集成,从而使得企业能够从容应付快速的和不可预测的市场需求,获得企业的长期经济效益。敏捷制造的基本含义如下:在先进柔性生产技术的基础下,通过企业的多功能项目组(团队)与企业外部多功能项目组组成虚拟企业这样一个动态多变的动态组织机构,把全球范围内的各种资源,包括人的资源集成在一起,实现技术、管理和人的集成,从而能够在整个产品生命周期之内最大程度地满足用户的要求,提高企业的竞争能力,获取企业的长期效益。

敏捷制造是企业在无法预测的持续及快速变化的竞争环境中生存、发展、扩大竞争优势的一种新的经营管理和生产组织模式。它强调通过联合来赢得竞争,强调通过产品制造、信息处理和现代通信技术的集成来实现人、知识、资金和设备的集中管理和优化利用。

敏捷制造具有以下特点:
(1) 重视发挥人的作用,将人作为企业一切活动的中心;
(2) 根据用户需求、个性化设置和市场变化,能全方位做出快速响应;
(3) 通过动态联盟形成虚拟企业,建立可重组的企业群体经营决策环境和组织形式,在企业和供应商之间形成敏捷供应链,在企业和用户之间形成快速畅通的分销网;
(4) 在加盟企业间快速有效地协调各工作机制,增强企业外部敏捷性;
(5) 推行并行工程技术和虚拟制造技术,保证产品开发一次成功,从而快速推出新产品;
(6) 建立敏捷制造企业,以用户满意产品为经营目标,充分利用可重组、可重用和可扩用思想准则,实现经营企业生产全过程的敏捷化的管理、制造和设计,实现全面集成和整体优化。

3. 敏捷制造的研究内容和现状

目前敏捷制造的研究大致从以下 4 个方面展开:策略、技术、系统和人。

1) 策略

为适应快速变化的市场和顾客化的产品需求,制造业的新策略不断涌现,敏捷制造本身就是一种策略,而且它已成为一种更为广义的策略,使之可以囊括许多成熟的、正被广泛研究的、正显示生命力的制造业策略。典型的代表是敏捷虚拟企业、供应链和并行工程。

(1) 虚拟企业。虚拟企业是一个临时的企业联盟,是成员企业核心能力的集成虚体。为响应某个特定的市场机遇,拥有不同核心能力的企业联合起来,共享技能和资源,其特点是:成员间的合作以计算机网络和信息技术为支持。

(2) 供应链管理。供应链是一个产品或服务的全球传送网络,它覆盖从原材料到最终用户的全过程,供应链管理的重点在于整个供应链上的经营过程及其优化。

(3) 并行工程。并行工程是跨专业的开发团队,是跨越整个产品研发周期的产品开发周期,并行工程要求制造企业能够快速、准确地开发或二次开发出顾客化的产品。

2) 技术

信息技术对敏捷制造起到重要的支持作用。数字制造技术,包括机器人系统、自动导引系统、数控技术、CAD/CAM、快速成形都是敏捷制造的重要使能技术。

(1) 硬件——仪器和工具。敏捷制造系统中的先进制造设备和工具是提高产品质量和服务的重要技术指标。制造单元中的高精度设备(如机械手、传送设备、夹具等),还可以使用智能传感器、虚拟现实技术(如虚拟机床、虚拟检测)来代替工业时代由人完成的许多工作。

(2) 信息技术。信息技术在制造系统中得到广泛的应用,代表的有 CAD/CAM、PDM/MRP、ERP、EDI/EC 等。而 Internet、Intranet 技术又使得这些技术有机地集成起来。这些技术的成功应用取决于对制造决策的理解和贯彻。

3) 系统

这里讨论的系统是指敏捷制造系统中的一些设计、制造、管理、规划和控制方法,前面讨论的信息技术是它们的具体实现。

(1) 设计系统。为了快速地响应市场变化向新产品转型,敏捷制造的一个重要的前提就是新产品的快速设计能力,其特点是重组企业的产品和资源,减少非增值活动,高效满足市场需求。计算机支持的协同工作(computer supported coorperative work,CSCW)是敏捷设计的信息技术支持。

(2) 生产技术和控制系统。敏捷制造环境下的生产计划和控制系统有如下特点:并行的、渐进式的和客户参与的产品开发过程的建模,需求企业生产过程的实时监控,适应市场变化的动态柔性生产过程,自适应性的生产调度方法,生产控制系统的建模等。

(3) 数据管理和系统集成。敏捷制造必须能够在短时间内迅速重构数据和信息系统,包括与伙伴企业的生产模型和信息系统的集成。它们依赖于传统的制造系统方法和基于网络的系统集成技术。

4) 人

作为敏捷制造系统的人,必须是掌握先进知识的知识型工人(knowledge worker),如计算机操作员、制图员、设计工程师、制造工程师、管理工程师。接受特定领域的继续教育和培训是向知识型工人转变的有效途径。敏捷制造系统的研究大多集中在策略、系统和使能技术方面,对人的因素的研究还很有限,但人在敏捷制造系统中扮演着极其重要的角色。

4. 敏捷制造的组织形式——敏捷虚拟企业

在敏捷制造环境下,单一的市场竞争形势正发生变化,取而代之的是全球的合作竞争趋势。顾客需求的个性化和多样化使得越来越多的企业无法快速、独立地抓住稍纵即逝的市场机遇。敏捷制造系统的组织形式——虚拟企业(virtual enterprises,VE)的概念由此产生。

虚拟企业是由许多独立企业(供应商、制造商、开发商、客户)组成的临时性(即为了响应特定的市场机遇而迅速组建,并在完成任务后迅速解体)网络,通过信息技术的连接进行技术、成本、市场的共享。每个企业提供自身的核心竞争力。该网络没有或者只有松散的、临时的、围绕价值链组织的层次关系。在外部，虚拟企业有一个代表核心竞争力的成员或者信息/网络代理表示；在内部，虚拟企业可以有任何管理形式的组织，如领导企业、信息代理、委员会、信息技术（如工作流系统、组件技术、执行信息系统）。

虚拟企业思想最重要的部分就是适应市场迅速变化的敏捷企业的组织与经营管理模式。因此，虚拟企业的建立并不意味着改变所有企业的原有生产过程和结构，而是强调利用企业的原有生产系统，在企业间进行优势互补，构成新的临时机构，以适应市场需求。因此，要求生产系统与生产过程能够做到可重构、可重用、可伸缩，换句话说，就是虚拟企业系统本身有着敏捷性要求。

与传统企业相比，虚拟企业有以下特征：

(1) 组织结构的扁平性。传统的企业组织结构是金字塔式的、多层次的、阶梯控制的组织结构，虚拟企业组织的构成单位从专业化的智能部门演变为随着市场机遇而成立的扁平化组织。这种组织要素在与外界环境要素互动关系的基础上，以提高顾客满意度和自身竞争实力为宗旨，并随企业战略调整和产品方向转移而不断地重新界定和动态演化。

(2) 合作性。虚拟企业往往由一个核心企业与几个非核心企业组成，其存在的出发点是某一共同的市场机会，基点是各企业的专长及其整合效应以实现双赢。因此，虚拟企业是一个由核心单元和非核心单元组成的伙伴性合作企业联盟，核心企业集中力量发现新的市场机会，开展有市场远景的宣传片，进行设计及其制造研究；非核心企业则根据核心企业的要求进行生产与销售，并及时提出改进意见，从而缩短新产品上市的时间，降低整个服务过程的成本，所以虚拟企业从产生到死亡，整个生命过程都充满了合作。而大部分的传统企业在建立时强调法人资产的专有性，尽量把市场功能内部化，实现研发、生产、销售、售后服务的控制，合作在一定程度上受到自身框架的限制。

(3) 虚拟性。虚拟企业往往没有传统企业所拥有的固定的经营场所、办公人员，而是通过信息网络和契约关系把分别在不同地方的资源进行整合。虚拟企业只保留和执行系统本身的关键功能，把其他功能委托给外部企业来实现。

(4) 动态性。虚拟企业往往是为了某一具体的市场机会通过签订契约而组成的契约联盟，合作的对象往往是分别在各自从事的活动方面最具核心能力的企业，所以虚拟企业是经济活动在企业层次上能力分工的结果，各合作成员随着市场机会的更迭及生产过程的变化而进入或退出，甚至整个企业因合作使命的完成而消亡。从一段时间来看，虚拟企业具有动态性。

(5) 全球性。根据供应链管理理论，虚拟企业基于全球供应链并以价值链的整体实现为目标，强调以互联网为基础的全球性的信息开放、共享与集成，整合全球资源。虚拟企业把企业系统的空间扩展到全球，通过信息高速公路，从全球供应链上添加选择合作伙伴，组成动态公司，进行企业的大整合。要建设敏捷制造环境，必须将各企业内部局域网络通过Internet连接起来，如图6-4所示。

(6) 市场机遇的快速应变性。市场机遇的快速应变性是指企业能够快速地聚焦实现市场机遇所需要的资源，从而抓住市场机遇。这种快速应变性不仅使企业能够快速适应可预见的市场机遇，也可以适应未来不可预知的市场环境。

(7) 企业文化的多元性。组成虚拟企业的成员可能来自世界各地，每一个企业都有自己独特的价值观念和行为。这些成员企业中，并没有资本的直接参与和控制，不存在一个成

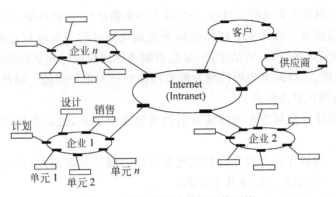

图 6-4 敏捷制造计算机网络环境

员对另一个成员强制支配的纵向从属关系。它们是为了一个共同的目标而合作的非命令性联盟组织,所以在合作过程中,只有充分了解和尊重各成员企业的文化差异,在相互沟通、理解、协调的基础上求同存异,努力形成一个共同认可的、目标一致的联盟文化,从而消除成员之间的习惯性防卫心理和行为,才能建立良好的信赖合作关系。

6.2.3 绿色制造

1. 绿色制造的概念

20世纪高速发展的工业经济给人类带来了高度发达的物质文明,同时也带来了一系列严重的环境污染问题,并制约了人类社会的持续发展。制造业是最大的污染源之一。据统计,造成环境污染的排放物70%以上来自制造业。国内外经验证明,消除或减少工业生产环境污染的根本出路在于实施绿色制造战略。党的二十大指出,大自然是人类赖以生存发展的基本条件。尊重自然、顺应自然、保护自然,是全面建设社会主义现代化国家的内在要求。必须牢固树立和践行绿水青山就是金山银山的理念,站在人与自然和谐共生的高度谋划发展。从20世纪90年代以来,绿色制造技术可持续发展思想的推动下,在我国也得到迅速发展和引起越来越多企业的重视。

绿色制造(green manufacturing,GM),又称为环境意识制造和面向环境的制造,是一个系统地考虑环境影响和资源效率的现代制造技术模式。绿色制造的目标是使产品从设计、制造、包装、运输、使用到报废处理的整个产品生命周期中,对环境的负面影响最小,资源效率最高,并使企业经济效益和社会效益协调优化。这里的环境包含了自然生态环境、社会系统和人类健康等因素。

2. 绿色制造的内涵和特征

绿色制造具有非常深刻的内涵,其要点主要有:

(1)绿色制造涉及制造技术、环境影响和资源利用等多个学科领域的理论、技术和方法,具有多学科交叉、技术集成的特点,是广义的现代制造模式。

(2)绿色制造考虑两个过程,即产品的生命周期过程和物流转化过程,即从原材料到最终产品的过程。

(3) 通过绿色制造要实现两个目标,一是减少污染物排放,保护环境;二是实现资源优化。

(4) 绿色制造技术综合考虑了产品在整个生命周期过程中对环境造成的影响和损害,内容十分广泛,包括绿色设计、清洁生产、绿色再制造等现代设计和制造技术。

(5) 资源、环境、人口是实现可持续发展要面临的三大主要问题。绿色制造是一种充分考虑资源、环境的现代制造模式。

(6) 绿色制造技术是制造业可持续发展的重要生产方式,也是实现社会可持续发展目标的基础和保障。

绿色制造是一种以保护环境和资源优化为目标的现代制造模式,它与传统的制造模式具有本质的不同,主要表现为以下几个方面:

(1) 绿色制造是面对整个产品生命周期过程的广义制造,要求在原材料供应、产品制造、运输、销售、使用、回收的过程中,实现减少环境污染、资源优化的目标。

(2) 绿色制造是以提高企业经济效益、社会效益和生态效益为目标,强调以人为本,集成各种先进技术和现代管理技术,实现企业经济效益、社会效益和生态效益的协调与优化。

(3) 绿色制造致力于包括制造资源、制造模式、制造工艺、制造组织等方面的创新,鼓励采用新的技术方法、使用新的材料资源用于制造过程。

(4) 绿色制造模式具有社会性。相对于传统制造模式,绿色制造需要企业投入更多的人、财、物来减少废物排放,保护生态环境。而收益不仅仅是企业本身,还有整个社会。

3. 绿色制造的研究内容体系

总结国内外已有的研究工作,建立绿色制造的研究内容体系,如图 6-5 所示。

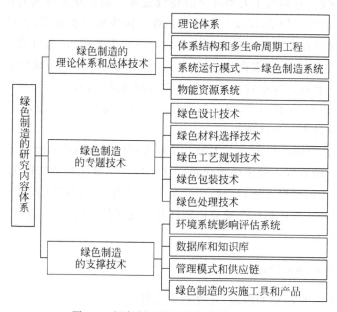

图 6-5　绿色制造的研究内容体系框架

1) 绿色制造的理论体系和总体技术

绿色制造的理论体系和总体技术是从系统的角度,从全局和集成的角度,研究绿色制造的理论体系、共性关键技术和系统集成技术。

（1）绿色制造的理论体系，包括绿色制造的资源属性、建模理论、运行特性、可持续发展战略，以及绿色制造的系统特性和集成特性等。

（2）绿色制造的体系结构和多生命周期工程，包括绿色制造的目标体系、功能体系、过程体系、信息结构、运行模式等。绿色制造涉及产品整个生命周期中的绿色性问题，其中大量资源的循环使用或再生，又涉及产品多生命周期过程这一新概念。

（3）绿色制造的系统运行模式——绿色制造系统。只有从系统集成的角度，才可能真正有效地实施绿色制造，为此需要考虑绿色制造的系统运行模式——绿色制造系统。绿色制造系统将企业各项活动中的人、技术、经营管理、物流资源生态环境，以及信息流、物料流、能量流和资金流有效集成，并实现企业和生态环境的整体优化，从而达到产品上市快、质量高、成本低、服务好、有利于环境，并赢得竞争的目的。绿色制造系统的集成运行模式主要涉及绿色设计、产品全生命周期及其物流过程、产品生命周期的外延及其相关环境等。

（4）绿色制造的物能资源系统。鉴于资源消耗问题在绿色制造中的特殊地位，且涉及绿色制造全过程，因此应建立绿色制造的物能资源系统，并研究制造系统的物能资源消耗规律、面向环境的产品材料选择、物能资源的优化利用技术、面向产品生命周期和多生命周期的物流和能源的管理与控制等问题。在综合考虑绿色制造的内涵和制造系统中资源消耗状态的影响因素的基础上，构造一种绿色制造系统的物能资源流模型。

2）绿色制造的专题技术

（1）绿色设计技术。它是指在产品及其生命周期全过程的设计中，充分考虑对资源和环境的影响，在充分考虑产品的功能、质量、开发周期和成本的同时，优化各有关设计因素，使得产品及其制造过程对环境的总体影响和资源消耗减到最小。

（2）绿色材料选择技术。绿色材料选择技术是一个系统性和综合性很强的复杂问题，一是绿色材料尚无明确界限，实际中选用很难处理；二是选用材料，不能仅考虑其绿色性，还必须考虑产品的功能、质量、成本等多方面的要求。这些更增添了面向环境的产品材料选择的复杂性。美国卡内基梅隆大学的 Rosy 提出了基于成本分析的绿色产品材料选择方法，它将环境因素融入材料的选择过程中，要求在满足工程（包括功能、几何、材料特性等方面的要求）和环境等需求的基础上，使零件的成本最低。

（3）绿色工艺规划技术。大量的研究和实践表明，产品制造过程的工艺方案不一样，物流和能源的消耗将不一样，对环境的影响也不一样。绿色工艺规划就是要根据制造系统的实际，尽量研究和采用物料及能源消耗少、废弃物少、对环境污染小的工艺方案和工艺路线。加州大学伯克利（Bekerley）分校的 Sheng.P 等提出了一种环境友好性的零件工艺规划方法，这种工艺规划方法分为两个层次：一是基于单个特征的微规划，包括环境性微规划和制造微规划；二是基于零件的宏规划，包括环境性宏规划和制造宏规划。

应用基于 Internet 的平台对从零件设计到生成工艺文件中的规划问题进行集成。在这两种工艺规划方法中，对环境规划模块和传统的制造模块进行同等考虑，通过两者之间的平衡协调，得出优化的加工参数。

（4）绿色包装技术。它是从环境保护的角度，优化产品包装方案，使得资源消耗和废弃物产生最少。目前这方面的研究很广泛，但大致可以分为包装材料、包装结构和包装废弃物回收处理 3 个方面。当今世界主要工业国要求包装应做到 3R1D 原则（减量化（reduce），回收重用(reuse)、循环再生(recycle)和可降解(degradable))。

（5）绿色处理技术。产品生命周期终结后,若不回收处理,将造成资源浪费并导致破坏环境。目前的研究认为,面向环境的产品回收处理是一个系统工程,从产品设计开始就要充分考虑这个问题,并作系统分类处理。产品寿命终结后,可以有多种不同的处理方案,如再使用、再利用、废弃等,各种处理方案的处理成本和回收价值都不一样,需要对其进行分析与评估,确定出最佳的回收处理方案,从而以最少的成本代价,获得最高的回收价值,即进行绿色产品回收处理方案设计。评价产品回收处理方案设计主要考察 3 个方面：效益最大化、重新利用的零部件尽可能多,放弃部分尽可能少。

3）绿色制造的支撑技术

（1）制造系统环境影响评估系统。环境影响评估系统要对产品生命周期中的资源消耗和环境影响的情况进行评估,评估的主要内容如下：制造过程的消耗状况,制造过程能源的消耗状况,制造过程对环境的污染状况,产品使用过程中对环境的污染状况,产品寿命终结后对环境的污染状况等。制造系统中资源种类繁多,消耗情况复杂,因而制造过程对环境的污染状况多样、程度不一、极其复杂。如何测算和评估这些状况,如何评估绿色制造实施的状况和程度是一个十分复杂的问题。因此,研究绿色制造的评估体系和评估系统是当前绿色制造研究和实施急需解决的问题,当然此问题涉及面广,又非常复杂,有待于做专门的系统研究。

（2）绿色制造的数据库和知识库。研究绿色制造的数据库和知识库,为绿色设计、绿色材料选择、绿色工艺规划和回收处理方案设计提供数据支撑和知识支撑。绿色设计的目标就是如何将环境需求与其他需求有机地结合在一起。比较理想的方法就是将 CAD 和环境信息集成起来,以便设计人员在设计过程中,像在传统设计中获得有关技术信息与成本信息一样,能够获得所有有关的环境数据,这是绿色设计的前提条件。只有这样,设计人员才能根据环境需求设计开发产品,获取设计决策所造成的影响环境的具体情况,并将设计结果与给定的需求比较,对设计方案进行评价。由此可见,为了满足绿色设计的需求,必须建立相应的绿色设计数据库与知识库,并对其进行管理和维护。

（3）绿色 ERP 管理模式和绿色供应链。在绿色制造的企业中,企业经营和生产管理必须考虑资源消耗和环境影响以及相应的资源成本和环境处理成本,以提高企业的经济效益和环境效益,其中,面向绿色制造的整个产品生命周期的绿色 MRP/ERP 管理模式以及其绿色供应链是重要研究内容。

（4）绿色制造的实施工具和产品。研究绿色制造的支撑软件,包括计算机辅助绿色设计、绿色工艺规划、绿色制造的决策支持系统、ISO 14000 国际认证的支撑系统。

4. 绿色制造的发展趋势

1）全球化——绿色制造的研究和应用将越来越体现全球化的特征和趋势

制造业对环境的影响往往是超越空间的,人类需要团结起来,保护我们共同拥有的唯一的地球。ISO 14000 系列标准的陆续出台为绿色制造的全球化研究和应用奠定了很好的基础,但一些标准尚需进一步完善,许多标准还有待于研究和制定。

近年来,许多国家对进口产品要进行绿色性认定,要有"绿色标志"。特别是有些国家以保护本国环境为由,制定了极为苛刻的产品环境指标来限制国际产品进入本国市场,即设置"绿色贸易壁垒"。绿色制造将为我国企业提高产品绿色性提供技术手段,从而为我国企业消除国际贸易壁垒进入国际市场提供有力的支撑,这也从另一个角度说明了全球化的特点。

2) 社会化——绿色制造的社会支撑系统需要形成

绿色制造的研究和实施需要全社会的共同努力和参与,以建立绿色制造所必需的社会支撑系统。

绿色制造所涉及的社会支撑系统首先是立法和行政规定问题。当前,这方面的法律和行政规定对绿色制造行为还不能形成有力的支持,对违反行为的惩罚力度不够。立法问题现在已经越来越受到各个国家的重视。

其次,政府可制定经济政策,利用市场经济的机制对绿色制造实施导向。例如,制定有效的资源价格政策,利用经济手段对不可再生资源和虽可再生但开采后会对环境产生影响的资源(如树木)严加控制,使得企业和人们不得不尽可能减少直接使用这类资源,转而寻求开发替代资源。

企业要真正有效地实施绿色制造,必须考虑产品寿命终结后的处理,这就可能导致企业、产品、用户三者之间的新型继承关系的形成。例如,有人建议,需要回收处理的主要产品,如汽车、冰箱、空调、电视机等,用户只买了使用权,而企业拥有所有权,企业有责任进行产品报废后的回收处理。

无论是绿色制造所涉及的立法和行政规定以及需要制定的经济政策,还是绿色制造所需要建立的企业、产品、用户三者之间新型的集成关系,均是十分复杂的问题,其中又包含大量的相关技术问题,均有待于深入研究,以形成绿色制造所需要的社会支撑系统。

3) 集成化——将更加注重系统技术和集成技术的研究

要真正有效地实施绿色制造,必须从系统的角度和集成的角度来考虑和研究绿色制造的有关问题。

当前,绿色制造的集成功能目标体系、产品和工艺设计与材料选择系统的集成、用户需求与产品使用的集成、绿色制造的问题领域集成、绿色制造系统中的信息集成、绿色制造过程集成等集成技术的研究将成为绿色制造的重要研究内容。

4) 并行化——绿色并行工程将可能成为绿色产品开发的有效模式

绿色设计仍然是绿色制造中的关键技术。绿色设计今后的一个重要趋势就是与并行工程的结合,从而形成一个新的产品设计和开发模式——绿色并行工程。

绿色并行工程又称为绿色并行设计,是现代绿色产品设计和开发的新模式。它是一个设计一开始就考虑到产品整个生命周期中从概念形成到产品报废处理的所有因素,包括质量、成本、进度计划、用户要求、环境影响、资源消耗状况等。

绿色并行工程设计的一系列关键技术,包括绿色并行工程的协同组织模式、协同支撑平台、绿色设计的数据库和知识库、设计过程的评价技术和方法、绿色并行设计的决策支持系统等,有待于今后的深入研究。

5) 智能化——人工智能和智能制造技术将在绿色制造研究中发挥重要作用

绿色制造的决策目标体系是现有制造系统 TQCS(即产品上市时间 T,产品质量 Q,产品成本 C 和用户提供服务 S)目标体系与环境影响 E 和资源消耗 R 的集成,即形成了 TQCSRE 的决策目标体系。要优化这些目标,是一个难以用一般数学方法处理的十分复杂的多目标优化问题,需要用人工智能方法来支持处理。另外,绿色产品评估指标体系及评估专家系统,均需要人工智能和智能制造技术。

基于知识系统、模糊系统和神经网络等的人工智能技术将在绿色制造研究开发中起到重要作用,如在制造过程中应用专家系统识别和量化产品设计、材料消耗和废弃物产生之间的关系,运用这些关系来比较产品的设计和制造对环境的影响,使用基于知识的原则来选择实用的材料等。

6) 产业化——绿色制造的实施将导致一批新兴产业的形成

除大家已经注意到的废弃物回收处理的装备制造业和废弃物回收处理的服务产业外,另外还有两大类产业值得特别注意。

（1）绿色产品制造业。制造业不断研究、设计和开发各种绿色产品,以取代传统的资源消耗较多和对环境负面影响较大的产品,将使这方面的产业持续兴旺发达。

（2）实施绿色制造的软件产业。企业实施绿色制造,需要大量实施工具和软件产品,如计算机辅助绿色设计系统、绿色工艺规划系统、绿色制造决策系统、产品全生命周期评估系统、ISO 14000 国际认证支撑系统,将会推动新兴软件产业的形成。

6.2.4 服务型制造

1. 服务型制造的产生背景

20 世纪中后期,随着全球经济的发展和制造业的繁荣,物质资料极大丰富,顾客的消费习惯趋向多样化、个性化和体验化等更高层次的需求,传统的大规模生产方式已经不能满足顾客的多种需求,供需矛盾日益突出、亟待解决。同时,制造业也在资源和环境双重压力下开始缓慢发展、止步不前,一些明显的环境和产业的变化使得制造业的服务化成为一种世界范围的新趋势。这些变化主要表现在三个层面:

（1）消费行为的转变。终端客户由传统的对于产品功能的追求转变为基于产品的更为个性化的消费体验和心理满足的追求。这使得在制造环节更加贴近客户的需求和心理满足,最终表现为对客户服务价值实现的追求。

（2）企业间合作和服务的趋势。由传统的单个核心企业转变为企业间密切的合作联系,企业间通过密切的交互行为,充分配置资源,形成密集而动态的企业服务网络。

（3）企业模式转变。世界典型的大型制造企业纷纷由传统的产品生产商转变为基于产品组合加全生命服务的方案解决商(如 GE、IBM 等)。根据德勤会计师事务所的调研,2005 年世界最大的制造企业中,其一半以上的收入来自于企业的服务行为。另一方面,中国制造面临困境也使得制造业转型成为不得不面对的问题。中国制造目前的高能耗、低价值、高社会成本的发展模式无法进一步支撑未来的发展,中国制造亟待转型。

服务型制造正是在这种内在需求和外在需求共同驱动的历史背景下产生的。

2. 服务型制造的概念和内涵

2006 年年底,国内学者独立提出了服务型制造(service-oriented manufacturing)概念,服务型制造是制造与服务相融合的新产业形态,是新的生产模式。将服务与制造相融合,制造企业通过相互提供工艺流程级的制造服务过程服务,合作完成产品的制造;生产性服务企业通过为制造企业和顾客提供覆盖产品全生命周期的业务流程级服务,为顾客提供产品服务系统。这种更深入的制造与服务的融合模式,被称为"服务型制造"。它是基于制造的服务,为了服务的制造。

服务型制造是服务与制造相融合的先进制造模式,是传统制造产品向"产品服务系统"和"整体解决方案"的转变。在服务型制造系统中,制造企业和服务企业以产品的制造和服务的提供为依托,向客户提供覆盖从需求调研、技术开发、产品设计、工程、制造、交付、售后服务、产品回收及再制造等产品服务全生命周期的价值增值活动;制造网络中的合作企业基于工艺流程级的分工,相互提供面向服务的制造活动,以实现低成本、高效率的产品制造,为顾客提供基于制造的服务。服务型制造模式希望通过生产性服务、制造服务和顾客参与的高效协作,融合技术驱动型创新和用户需求驱动型创新,实现分散化服务制造资源的整合和价值链各环节的增值。

以下从概念、形式、组织形态和属性四个层次对服务型制造的概念和内涵加以理解,如图6-6所示。

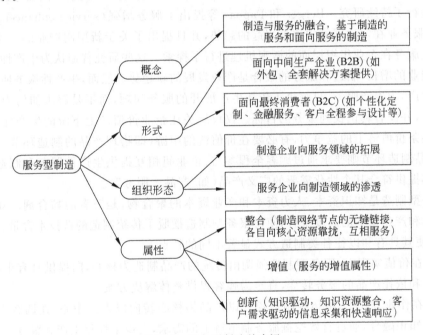

图6-6 服务型制造的内涵

(1)从概念角度。服务型制造是制造与服务在新的世界经济条件下历史性融合的产物,是基于制造的服务和面向服务的制造,是基于生产的产品经济和基于消费的服务经济的融合。

(2)从表现形式。服务型制造包括制造企业面向中间企业的服务(B2B)(如外包、全套解决方案提供)和面向最终消费者的服务(B2C)(如个性化定制、金融服务客户全程参与设计等)。

(3)从组织形态。表现为制造企业与服务企业的交叉融合和相互渗透,制造企业向服务领域拓展(如DELL的直销模式、IBM的方案解决)和服务企业向制造领域的渗透(如沃尔玛对制造企业的控制等)。

(4) 从属性来讲。服务型制造具有整合、增值、创新三大属性。整合来源与企业间的相互服务、相互外包,制造网络节点企业内部资源向核心竞争优势转移,企业间的联系更加紧密和共享资源,使得资源在网络间优化动态分配。增值来源于服务型制造中的服务属性,企业由以前的关注产品功能生产,到关注顾客需求服务,通过服务增值活动,使得依附于产品上的价值大大增加,单位产品价格提高,增加企业获取利润的能力。创新来源于对于知识资源的整合和对消费需求信号的采集和处理,通过整合服务型制造网络间的分布式知识资源,以及在变化条件下的需求和研发信息的交互冲击,不断产生适应新经济条件的知识信息,相应的整体网络的创新能力也大大提高。

服务型制造的产生和发展可以追溯到生产性服务业的兴起。美国经济学家 Greenfield 于 1966 年在研究服务业分类时最早提出了生产性服务业(producer services)的概念,即可用于商业和服务进一步生产的非最终消费服务。在其后的几十年间,众多学者从生产性服务业对国民经济的促进作用、生产性服务和制造业的互动关系,以及生产性服务的产业形态等方面进行了持续研究。Berger 和 Pappas 等提出了服务增强(service enhancement)的概念,指出服务业在发达国家中逐渐兴起的趋势,并且提出了关于新型制造业的一系列概念,对生产性服务在企业组织层面的微观机理进行了探索。这些研究普遍认为生产性服务能够促进制造业的增长,制造和服务的融合是产业发展的新趋势。然而,生产性服务所站的角度是面向生产,为生产服务,只解决了依托生产展开的服务问题,而不是解决如何为最终顾客提供服务,并没有真正找到服务的目标。仅仅靠关注企业价值链上下游的生产性服务不足以塑造整条价值链上的竞争力,有必要在价值链的中游(即物理产品的制造环节)塑造竞争优势,产品制造环节则要求通过顾客全程参与、企业间相互提供生产性服务和制造服务,为最终顾客提供符合其个性化需要的广义产品(如"产品+服务")。

服务型制造是知识资本、人力资本和产业资本的聚合物,是三者的黏合剂。知识资本、人力资本和产业资本的高度聚合,使得服务型制造摆脱了传统制造的低技术含量、低附加值的形象,使其具有和以往各类制造方式显著不同的特点。

(1) 在价值实现上,服务型制造强调由传统的产品制造为核心,向提供具有丰富服务内涵的产品和依托产品的服务转变,直至为顾客提供整体解决方案。

(2) 在作业方式上,由传统制造模式以产品为核心转向以人为中心,强调客户、作业者的认知和知识融合,通过有效挖掘服务制造链上的需求,实现个性化生产和服务。

(3) 在组织模式上,服务型制造的覆盖范围虽然超越了传统的制造及服务的范畴,但是它并不去追求纵向的一体化,它更关注不同类型主体(顾客、服务企业、制造企业)相互通过价值感知,主动参与到服务型制造网络的协作活动中,在相互的动态协作中自发形成资源优化配置,涌现出具有动态稳定结构的服务型制造系统。

(4) 在运作模式上,服务型制造强调主动服务。主动将顾客引进产品制造、应用服务过程,主动发现顾客需求,展开针对性服务。企业间基于业务流程合作,主动实现为上下游客户提供生产性服务和制造服务,协同创造价值。

服务型制造的概念模型如图 6-7 所示。生产性服务、制造服务以及顾客的全程参与构成服务型制造的三个基石,三者协同创造企业价值和顾客价值。服务型制造模式使得价值链的各个环节都成为价值的增值环节,也使得传统的制造环节处于"微笑曲线"底端的模式得以改变,使得整个价值链成为价值增值的聚合体。

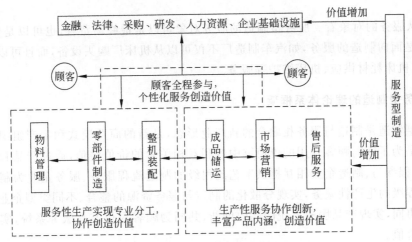

图 6-7 服务型制造的概念模型

3. 服务型制造的分类

服务型制造是一种全新的制造模式,通过制造向服务的拓展和服务向制造的渗透实现制造和服务的有机融合,企业在为顾客创造最大价值的同时获取自身的利益。服务型制造可以从其需求类型、融合方式、服务对象几个角度来理解和分类。

(1) 从满足顾客需求类型看。服务型制造提供的"产品＋服务",即所谓产品服务系统(product service system,PSS),可分为所示三种形态,见表 6-2。

表 6-2 产品服务系统(PSS)分类形态图

PSS 分类	特 征	应用案例
面向产品的 PSS	顾客购买产品,企业在出售产品的同时提供附加于产品功能上的服务,从而在一定时间内保障产品的效用	霍尼韦尔(Honeywell)公司在提供飞机引擎的同时,开发了嵌入式飞机信息管理系统(AIMS),对于飞机故障进行自动检测,取代先前由机械师人工进行的飞机设备测试,提前识别及排除故障,给产品带来更好的保障,同时也产生增值
面向使用的 PSS	顾客无须购买产品,而是购买产品的使用权或者服务	惠普公司向太平洋保险公司提出"打印先锋"金牌服务方案,用户除纸张外无须承担消耗易损件、维修费及耗材等产品相关额外成本,只需为其享受的打印服务付费。采用这种模式的还有英特飞(Interface)公司、电梯巨擘迅达(Schindler)公司、陶氏化学和开利(Carrier)公司
面向结果的 PSS	顾客购买的不是产品也不是产品的使用权,而是直接面向产品的使用结果	陕西鼓风机(集团)有限公司(简称陕鼓)与宝钢集团有限公司签订了"TRT"工程成套项目,以自己的产品为核心,连同配套设备、基础设施、厂房等一起完成"交钥匙"工程,其保障的是产品使用的结果

(2) 从制造与服务的融合方式看。服务型制造包括面向服务的制造和面向制造的服务。前者以满足顾客的服务需求为目的来设计与制造产品。例如中国移动为了抢占 3G 市场,以服务为先导(service dominant),让手机制造厂商为其定制手机,产品成为服务的载

体,后者属于生产性服务,最典型的是制造企业的业务外包,如市场开发外包、IT外包、物流外包等。

（3）从服务的对象看。服务型制造的服务对象可以是最终消费者,也可以是生产企业。后者也就是面向制造的服务,如汽车制造厂不仅可以从机床厂购买设备,而且可以获得其生产线设计、机床耗材供应、机床维护等服务。

4. 服务型制造的理论体系框架

服务型制造是制造与服务相融合的新产业形态,是新的商业模式和生产组织方式。服务型制造是为了面向顾客效用的价值链中各利益相关者的价值增值,通过产品和服务的融合、客户全程参与、制造企业相互提供工艺流程级的制造流程服务、服务企业为制造企业提供业务流程级的生产性服务,实现分散化的制造与服务资源的整合、不同类型企业核心竞争力的高度协同,实现产品服务系统的高效创新,共同为顾客提供产品服务系统,实现企业价值和顾客价值。

从概念内涵来看,服务型制造是基于物质产品生产的产品经济和基于消费的服务经济的融合。它通过产品生产、服务提供和消费的融合将知识资本、人力资本和产业资本聚合在一起,形成价值增值的聚合体。它既是一种新的商业模式,也是一种新的生产组织方式。其体系架构如图6-8所示。

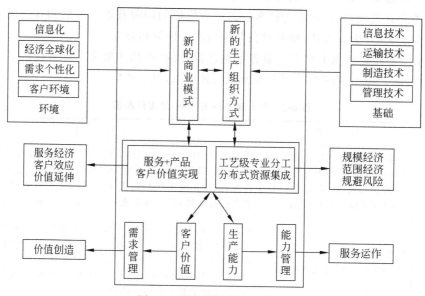

图6-8 服务型制造理论体系

（1）服务型制造是一种新型的可持续商业模式,其可持续表现在企业效益、顾客价值和生态效益等方面。服务型制造不但可以通过更加广泛和有深度的企业间协作关系为企业带来价值,也可以通过业务模式的拓展和交易方式的延伸为企业创造价值。同时,服务型制造将客户需求引入产品生命周期的全过程,是一种可以实现企业与客户双赢的新型商业模式。但不同于以往的商业模式,服务型制造有自身的特征,主要体现在表现形式、业务模式、交易模式和定价模式四个方面,见表6-3。

表 6-3 服务型制造的表现特征

服务型制造的体现方式	具 体 含 义
表现形式	制造企业与服务企业的交叉融合
业务模式	制造企业向服务领域的延伸和转型,以及服务企业向制造领域的渗透
交易模式	变一次性交易模式为多次重复交易模式
定价模式	基于产品全生命周期及客户选定模式的定价

服务型制造模糊了制造领域和服务领域的界限,将制造企业和服务企业融合到产业价值链当中。对于单个企业而言,其业务领域也不仅仅限于制造领域或者服务领域,在服务型制造的初级阶段内,制造企业为其他企业提供生产性服务,表现为制造外包等活动,服务企业为其他企业提供服务性生产,如产品研发、设计和营销等业务流程的外包活动。在价值链上企业之间通力合作,为客户提供了新的"产品"——产品服务系统,以满足客户效用,实现客户价值。产品服务系统融合了产品和服务的特性,使企业与客户之间的交易模式由"一锤子买卖"变为"细水长流",由此所引起的基于整个产品服务生命周期的成本和收益的新定价和交易模式成为企业界与学术界研究的重要问题。

(2) 服务型制造是一种新的生产组织方式,拥有以下传统生产组织方式所不具有的特征。

① 参与主体不同,服务型制造的参与主体包括制造企业、服务企业和客户,而传统生产组织方式的参与主体为制造企业。

② 组织形态不同,服务型制造模式下不同类型主体(客户、服务企业、制造企业等)相互通过价值感知,在互利协作中形成具有动态稳定结构的服务型制造系统,具有表现形式为基于流程分工的集中控制网络或者分散化网络,而不一定以纵向或横向一体化的方式实现。

③ 产品及服务的生产方式不同,服务型制造主要以产品和服务的大规模的定制方式展开,强调客户价值的感知和消费体验。

④ 从分工模式来看,服务型制造是基于工艺流程和业务流程的分工协作,既包括生产制造环节的协作,也涵盖服务流程的跨企业协同。

(3) 服务型制造模式下的不同商业模式和生产组织方式必然形成其全新的运作模式。服务型制造的运作模式拥有以下特征。

① 为了实现企业价值和客户价值的双赢,服务型制造企业关注通过满足客户的效用需求来实现客户价值,并以此实现企业价值,即客户价值的实现是企业价值实现的基础。

② 服务型制造推出的新"产品"——产品服务系统,是基于产品服务组合的新模式,因此需要企业建立新的运作模式与之相匹配。服务的无形性、生产消费过程的不可分割性,使得传统的以库存管理为基础的制造运作管理理论不再适用,需要研究并开发基于能力管理的服务型制造系统的运作管理理论工具。产品服务系统强调客户效用的实现,根据客户的需求实现能力模块的快速发现、配置、运作和重构,是服务型制造系统运作管理的根本特点,这要求服务型制造企业发展不同类型的制造及服务能力,建立制造及服务能力知识库,开发规范化的制造及服务能力协作接口,形成不同模块即插即用的能力。

③ 知识成为服务型制造系统运作的基础。市场的开放性和基于流程的分工使得物质

资源的获取和流程的复杂性不再成为准入壁垒,而技术知识、生产过程知识和客户知识等隐性知识挖掘和利用成为新的知识壁垒。企业需要对应的开发动态制造及服务能力,在不同的流程内部隐性知识封装的基础上,基于模块间开放的知识接口,实现不同流程的高效协作。

6.2.5 生物制造

1. 生物制造产生的背景及定义

早在1995年,有人就提出了生物成形的概念,当时有学者将生长成形与去除成形(切削加工)、受迫成形(铸造)和离散堆积成形并列为四大成形工艺,从学科高度概括了当今和未来的成形方法。"21世纪制造业挑战展望委员会"主席J.Bollinger博士于1995年提出了生物制造的概念,中国学者也于2000年提到了生物制造,可见生物制造的概念早已备受关注。但是,由于概念的定义和内涵不够清晰,对于制造业的发展没有起到太多的指导作用。随着制造业尤其是快速原型技术在生物医学中应用的日渐深入,生物制造工程的概念,也逐渐明确起来。

生物制造可以从比较宽泛和比较狭义两个角度来定义。

宽泛定义为:包括仿生制造、生物质和生物体制造,涉及生物学和医学的制造科学和技术均可视为生物制造,用BM(bio-manufacturing)表示。

狭义定义为:主要指生物体制造,是运用现代制造科学和生命科学的原理和方法,通过单个细胞或细胞团簇的直接和间接受控组装,完成具有新陈代谢特征的生命体成形和制造,经培养和训练,完成用以修复或替代人体病损组织和器官。从某种角度上讲,生物体制造也可视为20世纪80年代出现的组织工程(tissue engineering)的拓展和延伸。

2. 生物制造系统的发展前景

日本三重大学和冈山大学初步证实了微生物加工金属材料的可行性。目前,已将快速成形制造技术与人工骨研究相结合,为颅骨、颌骨等骨骼的人工修复和康复医学提供了很好的技术手段。我国于1982年将生物技术列为八大重点技术之一。生物学科与制造学科相互渗透、相互交叉,形成生物制造系统(biological manufacturing system,BMS)学科。我国在2003年3月和2004年7月,先后两次召开了全国生物制造工程学术研讨会,专家们探讨的主要问题有:①生物制造工程的定义、内涵和意义;②生物医学工程与生物制造的联系;③生物制造的研究特点、方向及方法;④生物制造的应用领域。生物制造系统的体系结构如图6-9所示。

在机器人、微机电系统、微型武器方面,将更多地应用生物动力、生物感知、生物智能,使机器人越来越像人或动物。

在纳米技术方面,实现纳米尺度上裁剪或连接DNA双螺旋,改造生命特征;实现各种蛋白质分子和酶分子的组装,构造纳米人工生物膜,实现跨膜物质选择运输和电子传递。

在医疗方面,三维生物组织培养技术不断突破,人体各种器官将能得到复制,会大大延长人类的生命。

在生物加工方面,通过生物方法制造纳米颗粒、纳米功能涂层、纳米微管、功能材料、微

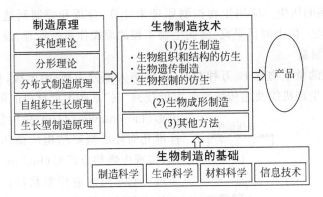

图 6-9　生物制造系统的体系结构

器件、微动力、微传感器、微系统等。

3. 生物制造工程的主要研究方向

生物制造工程的主要任务是如何把制造科学、生命科学、计算机技术、信息技术、材料科学各领域的最新成果组合起来,使其彼此沟通起来用于制造业,目前主要集中在仿生制造和生物成形制造两个方面。生物制造又可细分为 6 个研究方向,如图 6-10 所示。

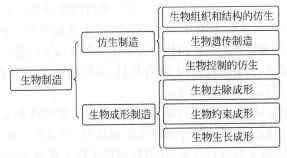

图 6-10　生物制造的 6 个研究方向

1) 仿生制造

(1) 生物组织和结构的仿生,包括生物活性组织的工程化制造和类生物智能体的制造。

① 生物活性组织的工程化制造:将组织工程材料与快速成形制造结合,采用生物相容性和生物可降解性材料,制造生长单元的框架,在生长单元内部注入生长因子,使各生长单元并行生长,以解决与人体的相容性及与个体的适配性,以及快速生成的需求,实现人体器官的人工制造。

② 类生物智能体的制造:利用可以通过控制含水量来控制伸缩的高分子材料,能够制成人工肌肉。类生物智能体的最高发展是依靠生物分子的生物化学作用,制造类人脑的生物计算机芯片,即生物存储体和逻辑装置。

(2) 生物遗传制造。依靠生物 DNA 的自我复制,利用转基因实现一定几何形状、各几何形状位置不同的物理力学性能、生物材料和非生物材料的有机结合,并根据生成物的各种特征,采用人工控制生长单元体内的遗传信息为手段,直接生长出任何人类所需要的产品,如人或动物的骨骼、器官、肢体,以及生物材料结构的机器零部件等。

(3) 生物控制的仿生。应用生物控制原理来计算、分析和控制制造过程。例如：人工神经网络、遗传算法、仿生测量研究、面向生物工程的微操作系统原理、设计与制造基础等。

2) 生物成形制造

目前,已发现的微生物有 10 万种左右,尺度绝大部分为微/纳米级,具有不同的标准几何外形与亚结构、生理机能及遗传特性。可能找到"吃"某些工程材料的菌种,实现生物去除成形(bioremoving forming);复制或金属化不同标准几何外形与亚结构的菌体,再经排序或微操作,实现生物约束成形(biolimited forming);甚至通过控制基因的遗传形状特征和遗传生理特征,生长出所需的外形和生理功能,实现生物生长成形(biogrowing forming)。

(1) 生物去除成形。生物去除成形的原理如图 6-11 所示：氧化亚铁硫杆菌 T-9 菌株是中温、好氧、嗜酸、专性无机化能自氧菌；其主要生物特性是将亚铁离子氧化成高铁离子以及将其他低价无机硫化物氧化成硫酸和硫酸盐；加工时掩膜控制去除区域,利用细菌刻蚀达到成形的目的。

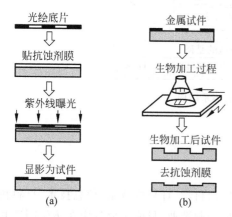

图 6-11 生物去除成形试验过程
(a) 光刻工艺过程；(b) 生物加工过程

(2) 生物约束成形。目前,已发现的微生物中大部分细菌直径有 $1\mu m$ 左右,菌体有各种各样的标准几何外形,用现在的加工手段很难加工出这么小的标准三维形状。这些菌体的金属化将会有以下用途：构造微管道、微电极、微导线；菌体排序与固定,构造蜂窝结构、复合材料、多孔材料、磁性功能材料等；去除蜂窝结构表面,构造微孔过滤膜、光学衍射孔等。

(3) 生物生长成形。与无生命的物质相比,有生命的生物体和生物分子具有繁殖、代谢、生长、遗传、重组等特点；对基因组计划的实施和研究,可以将实现人工控制细胞团的生长外形和生理功能的生物生长成形技术；还可以利用生物生长技术控制基因的遗传形状和遗传生理特征,生长出所需外形和生理功能的人工器官,用于延长人类生命或构造生物型微机电系统。

4. 生物制造的应用案例

1) 生物计算机

大规模集成电路多以硅为材料,但其集成度过高,电路密集引起的散热问题,影响计算机的运算速度提高。目前,科学家确定了以下生物材料研制生物芯片。

(1) 细胞色素 C：具有氧化和还原的两种状态,导电率相差 1000 倍。两种状态的转换通过适当方式加上或撤去 1.5V 电压来实现,可作为记忆元件。

(2) 细菌视紫红质：一种光驱动开关的原型。由光辐射启动的质子泵在膜两边形成的电位,经离子灵敏场效应放大后,可给出较好的开关信号。

(3) DNA 分子：以核苷酸碱基编码方式存储遗传信息,是一种存储器的分子模型。

(4) 采用导电聚合物如聚乙炔与聚硫氮化物制作分子导线,它们传递信息的速度与电子导电情况无多大差别,但能耗极低。

美国约翰斯·霍普金斯大学威尔默眼科研究所的科学家和北卡罗来纳州立大学的机械工程师,共同研制成功了可使盲人重见光明的"眼睛芯片"。这种芯片是由一个无线录像装置和一个激光驱动的、固定在视网膜上的微型计算机芯片组成。其工作原理是,装在眼镜上的微型录像装置拍摄到图像,并把图像进行数字化处理之后发送到计算机芯片,计算机芯片上的电极构成的图像信号则刺激视网膜神经细胞,使图像信号通过视神经传送到大脑,这样盲人就可以见到这些图像。

2) 个性化人造器官

美国每年有数百万的患者患有各种组织、器官的丧失或功能障碍,每年需要进行 800 万次手术,年耗资 400 亿美元。我国约有 150 万尿毒症患者,但是每年仅能做 3000 例肾脏移植手术;有 400 万个白血病患者在等待骨髓移植,而全国骨髓库才 3 万份骨髓;大量的患者都因等不到器官而死亡,而且器官移植存在排斥作用,成活率很低。个性化人造器官是利用患者自身的局部组织或细胞,再利用外来的一些高分子材料,在身体相关部位"长"出一个最"贴己"的器官。生物医学专家希望用人工培养出人体需要的正常组织。医院像工厂生产零部件一样,根据患者的缺失情况,需要什么培养什么,做好了安装就能发挥作用。还可以结合先进的计算机技术,为每一个患者提供与他原器官特别相似的人造器官。

6.2.6 云制造

1. 云制造概念的产生

中国制造业的总体水平仍处于国际产业分工价值链的低端,创新能力较弱,受到资源环境的严重制约。随着我国经济结构的调整与经济发展方式的转变,制造业面临着前所未有的机遇与挑战,迫切需要提高制造企业的核心竞争力。制造的服务化、基于知识的创新能力,以及对各类制造资源的聚合与协同能力、对环境的友好性,已成为构成企业竞争力的关键要素和制造业信息化发展的趋势。

云计算是一种基于互联网的计算新模式,通过云计算平台把大量的高度虚拟化的计算资源管理起来,组成一个大的资源池,用来统一提供服务,通过互联网上异构、自治的服务形式为个人和企业用户提供按需随时获取的计算服务。若将"制造资源"代以"计算资源",云计算的计算模式和运营模式将可以为制造业信息化所用,为制造业信息化走向服务化、高效低耗提供一种可行的新思路,这里的制造资源可以包括制造全生命周期活动中的各类制造设备(如机床、加工中心、计算设备)及制造过程中的各种模型、数据、软件、领域知识等。

云制造就是在这种趋势下被提出来的。结合其运行原理,云制造可以概括为一种利用网络和云的制造服务平台,按用户需求组织网上制造资源(制造云),为用户提供各类按需制造服务的一种网络化制造新模式,如图 6-12 所示,云制造将现有网络化制造和服务技术同云计算、物联网等技术融合,实现各类制造资源统一的智能化管理和经营,为制造全生命周期提供所需要的服务,也是"制造即服务"理念的体现。制造全生命周期涵盖了制造企业的日常经营管理和生产活动,包括论证、设计、仿真、加工、检测等生产环节和企业经营管理活动。

2. 云制造与其他制造模式的区别

云制造与已有的网络化制造、ASP、制造网格、云计算等相比,具有以下异同点:

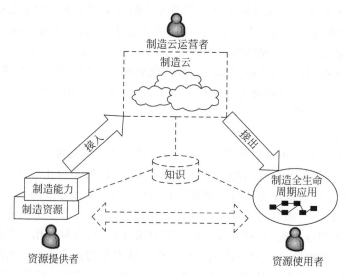

图 6-12 云制造的运行原理图

（1）当前的网络化制造虽然促进了企业基于网络技术的业务协同，但其体现的主要是一个独立系统，是以固定数量的资源或既定的解决方案为用户提供服务，缺乏动态性，同时缺乏智能化的客户端和有效的商业运营模式。另外，网络化制造只实现了局部应用，必须借助云制造等技术实现更大范围的推广和应用。

（2）ASP 技术的远程服务租赁模式，可以较好地解决中小企业应用系统等的信息化软件成本问题，但由于用户端智能性和数据安全性的不足，导致进一步推广和应用比较困难。不过 ASP 技术的已有研究基础和推广经验是实施云制造可借鉴的关键之一。

（3）制造网格强调的是分布式资源服务的汇聚、发现、优化配置等，主要体现的是"分散资源集中使用"的思想，其服务模式主要是"多对一"的形式，即多个分布式资源为一个用户或任务服务，因此同样缺乏商业运营空间。而云制造不仅体现了"分散资源集中使用"的思想，还体现了"集中资源分散服务"的思想，即其服务模式不仅有"多对一"的形式，同时更强调"多对多"，即汇聚分布式资源服务进行集中管理，为多个用户同时提供服务。

（4）云计算以计算资源的服务为中心，它不解决制造企业中各类制造设备的虚拟化和服务化，而云制造主要面向制造业，把企业产品制造所需的软硬件制造资源整合成为云制造服务中心。所有连接到此中心的用户均可向云制造中心提出产品设计、制造、试验、管理等制造全生命周期过程各类活动的业务请求，云制造服务平台将在云层中进行高效能智能匹配、查找、推荐和执行服务，并透明地将各类制造资源以服务的方式提供给用户，其中必须加进一些物联网技术。

3. 云制造的应用模式

云制造不仅体现了"分散资源集中使用"的思想，还体现了"集中资源分散服务"的思想，即将分散在不同地理位置的制造资源通过大型服务器集中起来，形成物理上的服务中心，进而为分布在不同地理位置的用户提供制造服务。

云制造的应用模式如图 6-13 所示。首先，相关行业的用户通过云制造平台提出具体的使用请求。云制造平台是负责制造云管理、运行、维护以及云服务的接入、接出等任务的软件平台。它会对用户请求进行分析、分解,并在制造云里自动寻找最为匹配的云服务,通过调度、优化、组合等一系列操作,向用户返回解决方案。用户无须直接和各个服务节点打交道,也无须了解各服务节点的具体位置和情况。通过云制造平台,用户能够像使用水、电、煤、气一样方便、快捷地使用统一、标准、规范的制造服务,将极大地提升资源应用的综合效能。利用这种方式,资源的拥有者可以通过资源服务来获利,实现资源优化配置,用户是云制造的最大获益者,最终实现多赢的局面。

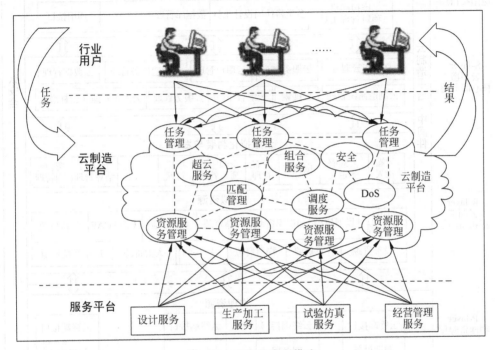

图 6-13 云制造应用模式

4. 云制造的体系架构

云制造体系架构包括物理资源层(P-layer)、云制造虚拟资源层(R-layer)、云制造核心服务层(S-layer)、应用接口层(A-layer)、云制造应用层(U-layer)5 个层次。图 6-14 是云制造体系架构的示意图。

(1) 物理资源层通过嵌入式云终端技术、物联网技术等,将各类物理资源接入到网络中,实现制造物理资源的全面互联,为云制造虚拟资源封装和云制造资源调用提供接口支持。

(2) 云制造虚拟资源层主要是将接入到网络中的各类制造资源汇聚成虚拟制造资源,并通过云制造服务定义工具、虚拟化工具等,将虚拟制造资源封装成云服务,发布到云层中的云制造服务中心。该层提供的主要功能包括云端接入技术、云端服务定义、虚拟化、云端服务发布管理、资源质量管理、资源提供商定价与结算管理和资源分割管理等。

(3) 云制造核心服务层主要面向云制造三类用户(云提供端、云请求端、云服务运营商),为制造云服务的综合管理提供核心服务和功能,包括面向云提供端提供云服务标准化

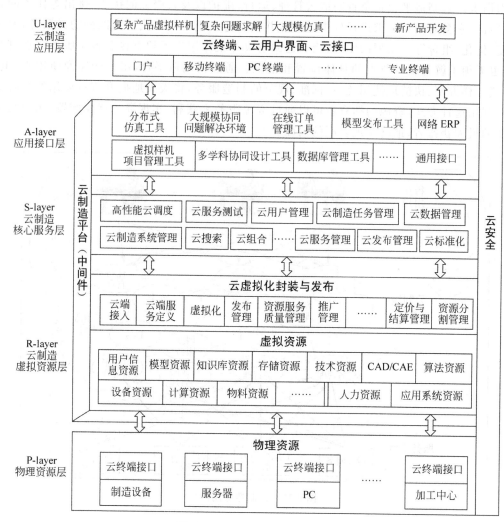

图 6-14 云制造的体系架构图

与测试管理、接口管理等服务;面向云服务运营商提供用户管理、系统管理、云服务管理、数据管理、云服务发布管理服务;面向云请求端提供云任务管理、高性能搜索与调度管理等服务。

(4) 应用接口层主要面向特定制造应用领域,提供不同的专业应用接口以及用户注册、验证等通用管理接口。

(5) 云制造应用层面向制造业的各个领域和行业。不同行业用户只需要通过云制造门户网站、各种用户界面(包括移动终端、PC 终端、专用终端等),就可以访问和使用云制造系统的各类云服务。

5. 云制造的关键技术

如图 6-15 所示,云制造的关键技术大致可以分为:①模式、体系架构、标准和规范;②制造资源和制造能力的云端化技术;③制造云服务的综合管理技术;④云制造安全与可信制造技术；⑤云制造业务管理模式与技术。

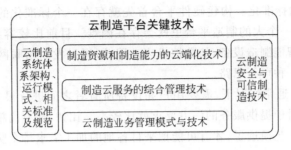

图 6-15　云制造的关键技术

（1）云制造模式、体系架构、相关标准及规范主要是从系统的角度出发,研究云制造系统的结构、组织与运行模式等方面的技术,同时研究支持实施云制造的相关标准和规范。包括：①支持多用户的、商业运行的、面向服务的云制造体系架构；②云制造模式下制造资源的交易、共享、互操作模式；③云制造相关标准、协议、规范等,如云服务接入标准、云服务描述规范、云服务访问协议等。

（2）云端化技术主要研究云制造服务提供端各类制造资源的嵌入式云终端封装、接入、调用等技术,并研究云制造服务请求端接入云制造平台、访问和调用云制造平台中服务的技术,包括：①支持参与云制造的底层终端物理设备智能嵌入式接入技术、云计算互接入技术等；②云终端资源服务定义封装、发布、虚拟化技术及相应工具的开发；③云请求端接入和访问云制造平台技术,以及支持平台用户使用云制造服务的技术；④物联网实现技术等。

（3）制造云服务综合管理技术主要研究和支持云服务运营商对云端服务进行接入、发布、组织与聚合、管理与调度等综合管理操作,包括：①云提供端资源和服务的接入管理,如统一接口定义与管理、认证管理等；②高效、动态的云服务组建、聚合、存储方法；③高效能、智能化云制造服务搜索与动态匹配技术；④云制造任务动态构建与部署、分解、资源服务协同调度优化配置方法；⑤云制造服务提供模式及推广,云用户(包括云提供端和云请求端)管理、授权机制等。

（4）云制造安全与可信制造技术主要研究和支持如何实施安全、可靠的云制造技术,包括：①云制造终端嵌入式可信硬件；②云制造终端可信接入、发布技术；③云制造可信网络技术；④云制造可信运营技术；⑤系统和服务可靠性技术等。

（5）云制造业务管理模式与技术主要研究云制造模式下企业业务和流程管理的相关技术,包括：①云制造模式下企业业务流程的动态构造、管理与执行技术；②云服务的成本构成、定价、议价和运营策略,以及相应的电子支付技术等；③云制造模式各方(云提供端、云请求端、运营商)的信用管理机制与实现技术等。

6．云制造面临的问题

云计算发展到现在仍然面临诸多挑战需要克服,比如服务的高可用性、服务的迁移、服务数据的安全性、同基础软件提供商的合作等问题,因此对于将云计算模式扩展到制造业领域的云制造而言,所面临的问题就更加复杂了。

（1）云制造技术。由于云制造的研究刚刚开始,在云制造关键技术的方面,仍然还有很多具体内容有待研究和探讨。

（2）制造资源的标准化。构建硬件平台首先就存在一个标准化的问题,如果标准不统一,将制造装备融入一个大的制造平台里就会存在困难。目前比较容易能够融入制造平台的设备主要是一些智能制造设备,如数控机床。因此,通过发展物联网技术,将是将制造设备融入制造平台的一种可行思路。

（3）加工工艺。通常情况下,需要用户和设备所有者之间进行很多沟通才能确定下来采用什么工艺。这对于提供服务的一方要求就比较高。比如,拥有高精加工设备的一方,只有把变速箱的生产工艺摸透了,才有可能把来自各地的加工需求排个队,对外提供加工变速箱的服务。所以说,制造工艺问题可能是云制造与云计算之间本质的区别,如果工艺问题解决了,剩下的就和云计算比较相似了,加工设备就可以得以充分利用,可以实现昼夜不停地工作。

（4）物流成本。区别于云计算,云制造服务会带来物流成本的增加,因此不能排除采用云制造服务反而会增加成本的可能性。因此,对于企业而言,云制造不是要替代传统制造方式,只是提供了多一种的选择。

（5）企业管理。云制造模式以及物联网技术,由于其网络化特点,成为了一种新型的产业集群模式,因此对于传统制造业而言,在探讨云制造的同时,对于制造企业的管理方式的研究和探索也是一个重要的方面。

本章小结

20世纪80年代全球化市场形成,消费者对产品呈现出多品种小批量的个性化需求,制造企业面临前所未有的考验。随着科学技术的不断发展,精益生产、敏捷制造、绿色制造、服务型制造、生物制造,以及云制造这些先进的制造模式及生产方式应运而生。本章介绍了各种先进制造模式的定义、内涵、特点、结构组成以及关键技术。

科技发展的脚步永无停歇,制造战略不断变化,制造理念不断创新,先进制造模式正向着更广、更深、更加智能化的方向发展。

思考题及习题

1. 分析精益生产的特点和体系结构。精益生产是如何组织生产和管理的?
2. 什么是敏捷制造?敏捷制造的特点是什么?
3. 什么是虚拟公司?传统企业相比虚拟企业有哪些特点?
4. 简述绿色制造的概念及其研究内容体系。
5. 什么是服务型制造?试举例说明服务型制造产品的特点是什么?
6. 阐述生物制造的含义,以及生物制造的发展前景。
7. 叙述云制造与其他制造模式的区别。
8. 阐述云制造的体系架构及其关键技术。试分析云制造面临的问题及解决方法。

参考文献

[1] 谭建荣,刘达新,刘振宇,等.从数字制造到智能制造的关键技术途径研究[J].中国工程科学,2017,19(3):39-44.

[2] 方毅芳.智能制造技术与标准化体系发展趋势分析[J].中国仪器仪表,2018(3):21-26.

[3] ZHOU J,LI P,ZHOU Y,et al. Toward new-generation intelligent manufacturing[J]. Engineering,2018,4(4):11-20.

[4] 王媛媛.智能制造领域研究现状及未来趋势分析[J].工业经济论坛,2016,3(5):530-537.

[5] 李勇峰,陈芳,王艳红.机械工程导论:基于智能制造[M].北京:电子工业出版社,2018.

[6] 刘敏,严隽薇.智能制造:理念、系统与建模方法[M].北京:清华大学出版社,2019.

[7] 机械工业信息研究院战略与研究所.德国工业4.0战略计划实施建议(摘编)[J].世界制造技术与装备市场,2014(3):42-48.

[8] 袁哲俊,王先逵.精密和超精密加工技术[M].2版.北京:机械工业出版社,2011.

[9] 朱剑英.智能制造的意义、技术与实现[J].航空制造技术,2013(23):30-35.

[10] 任小中,贾晨辉.先进制造技术[M].3版.武汉:华中科技大学出版社,2017.

[11] 张映锋,张党,任杉.智能制造及其关键技术研究现状与趋势综述[J].机械科学与技术,2019,38(3):329-338.

[12] 郑紫铜.机械设计制造及自动化的未来发展思考关键研究[J].山东工业技术,2019(2):62.

[13] 路甬祥.中国机械工程学会第九届理事会工作报告[J].机械工程导报,2011(10):9-24.

[14] 孙大涌,屈贤明,张松滨.先进制造技术[M].北京:机械工业出版社,2002.

[15] 王隆太.先进制造技术[M].北京:机械工业出版社,2020.

[16] 陈宇晨,王大中,吴建民,等.数字制造与数字装备[M].上海:上海科学技术出版社,2011.

[17] 吴澄.现代集成制造系统导论:概论、方法、技术和应用[M].北京:清华大学出版社,2002.

[18] 吴锡英,周伯鑫.计算机集成制造技术[M].北京:机械工业出版社,1996.

[19] 郁鼎文 陈恳.现代制造技术[M].北京:清华大学出版社,2006.

[20] 许超,等.产品数据管理系统应用[M].北京:科学出版社,2004.

[21] 陈中中,王一工.先进制造技术[M].北京:化学工业出版社,2016.

[22] 迈克尔·格里夫斯.产品生命周期管理[M].褚学宁,译.北京:中国财政经济出版社,2007.

[23] 约翰·斯达克.产品生命周期管理:21世纪企业制胜之道[M].杨青海,俞娜,李仁旺,译.北京:机械工业出版社,2008.

[24] 张和明,熊光愣.制造企业的产品生命周期管理[M].北京:清华大学出版社,2006.

[25] 苏玉龙 陈郁钧.PLM的主要体系结构[J].中国计算机用户,2003,72(35):47-49.

[26] 张志煜,崔作林.纳米技术与纳米材料[M].北京:国防工业出版社,2000.

[27] 李长河,丁玉成.先进制造工艺技术[M].北京:科学出版社,2011.

[28] 宾鸿赞,王润孝.先进制造技术[M].北京:高等教育出版社,2006.

[29] 柴国荣,赵雷,宗胜亮.网络化制造的研究框架与未来主题[J].科技管理研究,2014,34(15):193-197.

[30] 庞滔,郭大春,庞楠.超精密加工技术[M].北京:国防工业出版社,2000.

[31] 蔡建国,吴祖育,童劲松,等.现代制造技术导论[M].上海:上海交通大学出版社,2000.

[32] 艾兴,等.高速切削加工技术[M].北京:国防工业出版社,2004.

[33] 孙林岩,汪建.先进制造模式:理论与实践[M].西安:西安交通大学出版社,2003.

[34] 张建明.现代超精密加工技术和装备的研究与发展[J].航空精密制造技术,2008(1):1-7.
[35] 李建勋,胡晓兵,杨洋.微细加工技术的发展及应用[J].现代机械,2007(4):76-78.
[36] 严隽琪,范秀敏,马登哲,等.虚拟制造的理论、技术基础与实践[M].上海:上海交通大学出版社,2003.
[37] 方建军,何广平.智能机器人[M].北京:化学工业出版社,2016.
[38] 肖田元,等.虚拟制造[M].北京:清华大学出版社,2004.